TURING 图灵程序设计丛书

场景化机器学习

Machine Learning for Business

[澳] 道格·哈金 理查德·尼科尔 著

范东来 译

人民邮电出版社
北京

图书在版编目（CIP）数据

场景化机器学习 /（澳）道格·哈金
(Doug Hudgeon)，（澳）理查德·尼科尔
(Richard Nichol) 著 ; 范东来译. -- 北京 : 人民邮电
出版社，2021.1（2023.3重印）
（图灵程序设计丛书）
ISBN 978-7-115-55377-5

Ⅰ. ①场… Ⅱ. ①道… ②理… ③范… Ⅲ. ①机器学
习 Ⅳ. ①TP181

中国版本图书馆CIP数据核字(2020)第230826号

内 容 提 要

本书展示了如何在业务场景中应用机器学习，以使业务流程更快、更灵活地适应变化。本书分为三个部分。第一部分介绍有效的决策如何帮助公司提高生产率以保持竞争力，阐释如何使用开源工具和 AWS 工具将机器学习应用于业务决策中。第二部分以虚拟人物为主线，研究六个场景，这些场景展示了如何使用机器学习来制定各种业务决策。第三部分讨论如何在 Web 上设置和共享机器学习模型，以便公司使用机器学习进行决策，还介绍了一些案例，表明公司如何应对使用机器学习进行决策时所带来的变化。

本书适合那些刚开始接触机器学习的人，也适合技术主管、机器学习从业者以及有兴趣通过机器学习技术提升工作效率的商务人士。

◆ 著　　　[澳] 道格·哈金　理查德·尼科尔
译　　　范东来
责任编辑　温　雪
责任印制　周昇亮
◆ 人民邮电出版社出版发行　　北京市丰台区成寿寺路11号
邮编　100164　　电子邮件　315@ptpress.com.cn
网址　https://www.ptpress.com.cn
北京盛通印刷股份有限公司印刷
◆ 开本：800×1000　1/16
印张：14.25　　　　2021年1月第1版
字数：337千字　　　2023年3月北京第3次印刷
著作权合同登记号　图字：01-2020-1185号

定价：79.00元

读者服务热线：(010)84084456-6009　印装质量热线：(010)81055316

反盗版热线：(010)81055315

广告经营许可证：京东市监广登字 20170147 号

版权声明

本书中的场景均涵盖典型公司的运营相关领域：第 3 章和第 4 章（挽留和支持）涉及客户，第 2 章和第 5 章（采购审批和发票审核）涉及供应商，第 6 章和第 7 章涉及设施管理（能耗预测）。

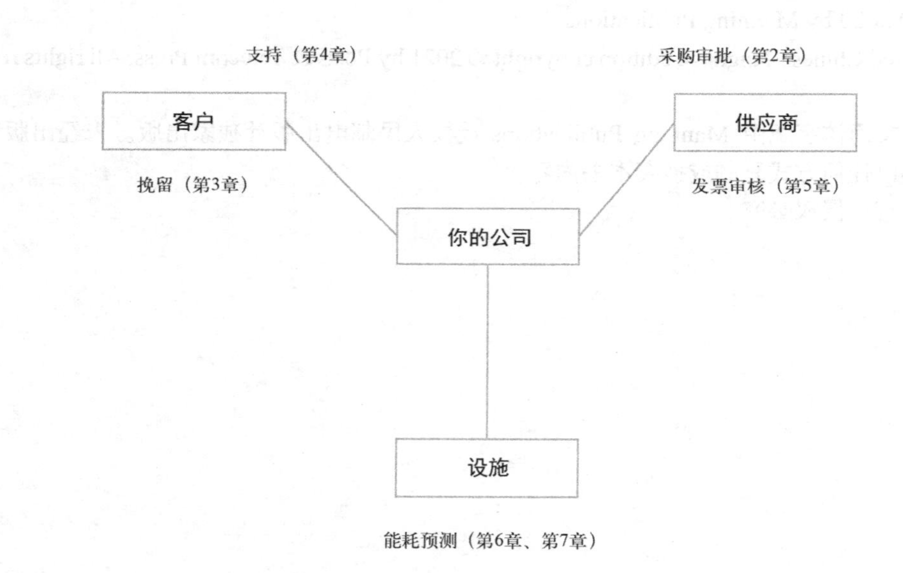

中文版推荐序

《韩非子》中有这样一句话："世之显学，儒墨也。"斗转星移，今天当我们环视四周，试图找出那个对于当下乃至未来发展拥有巨大影响的"显学"时，"人工智能"或许就是那个众口一词的答案。

近五年以来，机器学习方法在人工智能方面取得了瞩目的成就。我们可能并没有意识到，机器学习的应用早已渗入我们的工作与生活。当我们使用搜索引擎搜索的时候，机器学习被用于帮助搜索引擎判断哪个结果更匹配我们的想法。大部分垃圾邮件已不再构成困扰，这是因为机器学习已经为我们做了过滤。我们在网站上购物或者去视频网站消遣的时候，机器学习提供推荐商品并帮助生成字幕。可以说，在现代的信息社会中，在互联网泛化的时代，我们无时无刻不受益于机器学习带来的诸多好处。

传统上，我们解决问题主要依赖开发人员针对具体问题写出特定程序。不同于传统的解决方案，以机器学习为代表的智能化方案不是为计算机设计出一个解决问题的特定方法，而是让计算机在一个场景中基于模型算法自己找到最佳答案。由此可以看出，机器学习方法通常包含三个重要部分：场景、算法和数据。也就是说，当涉及人工智能领域的应用实践时，除了海量的数据、精妙的算法之外，还需要考虑特定领域的场景化实践。从以往的经验来看，一个成功的机器学习项目就是从找到正确的应用场景开始的。

在机器学习领域最典型的两大类问题就是聚类和分类。因此无论哪一个场景，只要能对应上聚类和分类的问题，大多是已经很成熟的应用场景了。但聚焦到公司的业务自动化场景中时，我们就遇到了巨大的挑战。现有的大量关于机器学习的知识与经验，大多以机器学习的研究为中心。如果以烹饪来类比，那么现有的这些知识传授的是如何使用烤箱之类的方法，而不是如何烹制可口食物的创新菜谱。在大多数公司的业务自动化场景中，我们需要的仅仅是烹饪某种具体食物的方法，即解决公司存在的真实问题。这一问题不能归咎于公司，因为当今的人工智能领域存在的问题之一就是，一味地关注学术研究而非工程实践。我们希望看到的适用于公司的机器学习是，它可以在公司中为任何人所用，并且可以解决一些问题，从而立竿见影地提高公司自动化效率，如应付账款（供应商发票）、设施管理（功耗预测）、客户支持（支持通知单）和销售（客户保留）等。

本书可以说是将机器学习带入公司自动化这个场景的最佳实践指南，理由如下：第一，作者道格·哈金与理查德·尼科尔自身就在这个领域拥有二十多年的实战经验；第二，书中列举的六大场景均是公司通用且具有实践意义的领域；第三，书中的实践基于 AWS（Amazon Web Services）

推出的机器学习平台 SageMaker——以我的经验来看，这是一个面向机器学习应用开发的成熟、高效的平台工具，可以极大地降低开发的门槛并提高开发的效率。

公司对于创新和生产效率提高的需求永无止境，而成为“机器学习型公司”将是公司达成这个目标的有效手段。机器学习对公司的真正好处在于，它使公司能够构建可适应变化的决策应用程序。我们不再需要编写数十个或数百个僵化的业务规则，而是输入过去的好坏决策的示例，然后让算法根据当前场景与过去数据的相似度来做出决策。从这一点来看，对于公司来说，机器学习几乎拥有改进一切的潜力。

感谢两位作者分享了他们的经验，感谢我的朋友范东来为翻译本书所付出的辛苦和努力。在这些知识的积累之上，希望有更多的公司在场景化机器学习的实践中为我们续写新的篇章。

费良宏

AWS 首席开发者布道师

前言

本书展示了如何在公司中应用机器学习，以使业务流程更快、更灵活地适应变化。本书适合那些刚开始接触机器学习的人，或者在机器学习方面有些经验但想了解如何在实践中应用它的人。

基于在自动化业务流程和实现机器学习应用程序方面的经验，我们希望写一本书，让所有人都可以开始在公司中使用机器学习。对任何人来说，需要注意的不是你要有一定的技术背景，而是你愿意花时间运行代码以了解发生了什么及其原因。

我们研究不同公司内部的各种不同职能，包括应付账款（供应商发票）、设施管理（能耗预测）、客户支持（支持请求）和销售（客户保留）。目的是让你对机器学习潜在应用的范围和规模有一些了解，并鼓励你自己去发现新的业务应用。

本书的另一个重点是演示如何使用 Amazon SageMaker 云服务来快速、经济、高效地将你的业务构想变为现实。我们提出的大多数想法可以通过其他服务（例如 Google Cloud 或 Microsoft Azure）来实现，但是这些服务之间差异非常大，以至于涵盖多个供应商会超出本书的范围。

希望你喜欢我们的书，也希望你能通过应用其中的技术极大地提高公司的生产率。如果你有任何疑问、建议，或想发表评论，或解决了某些问题，请在 liveBook 上与我们联系。期待你的来信。

致　谢

撰写本书需要做大量的工作，但如果没有理查德编写笔记本代码并贡献章节构想，工作还会更多。对于任何想编写技术书的人，我的建议是找一位合著者并拆分工作。理查德和我有不同的编码风格，通过本书中的代码，我学会了欣赏他解决某些问题的方法。

我要感谢 Manning 团队在整个写作过程中给予的帮助和指导，尤其是 Toni Arritola，她能适应不同时区，并且可以灵活地与两个非常忙碌的人打交道，以将本书整合到一起。

感谢 Manning 团队的所有人：Deirdre Hiam，我们的制作编辑；Frances Buran，我们的文字编辑；Katie Tennant，我们的校对；Arthur Zubarev，我们的技术开发编辑；Ivan Martinović，我们的评论编辑；以及 Karsten Strøbæk，我们的技术校对。感谢我们所有的审阅者，你们的建议使本书变得更好：Aleksandr Novomlinov、Arpit Khandelwal、Burkhard Nestmann、Clemens Baader、Conor Redmond、Dana Arritola、Dary Merckens、Dhivya Sivasubramanian、Dinesh Ghanta、Gerd Klevesaat、James Black、James Nyika、Jeff Smith、Jobinesh Purushothaman Manakkattil、John Bassil、Jorge Ezequiel Bo、Kevin Kraus、Laurens Meulman、Madhavan Ramani、Mark Poler、Muhammad Sohaib Arif、Nikos Kanakaris、Paulo Nuin、Richard Tobias、Ryan Kramer、Sergio Fernandez Gonzalez、Shawn Eion Smith、Syed Nouman Hasany 和 Taylor Delehanty。

当然，还要感谢我的妻子和家人，感谢他们的耐心和理解。

——道格 · 哈金

非常感谢道格邀请我与他共同撰写本书，同时也要感谢他的创造力、积极性、友谊和幽默感。撰写本书需要做大量工作，但这也是一种乐趣。

还要特别感谢我的父母、家人和朋友，感谢他们忍受我因长时间工作而缺席周末相聚。最重要的是，我要感谢我的妻子 Xenie，在我求学和写作本书的这些年里，她给予了我莫大的支持和理解。没有比她更好的妻子了，能与她相伴，我是多么幸运！

——理查德 · 尼科尔

关于本书

公司正处于生产率大幅跃升的风口浪尖。如今，成千上万的人参与到流程工作中去，他们从一个源头获取信息，并将其发送到另一个地方。下面就以采购和应付账款为例。

- 采购人员帮助客户创建一个采购订单，然后将其发送给供应商。
- 供应商的订单处理人员接受采购订单，并将其录入订单处理系统，接着在该系统中履行订单，并将货物运送给下单的客户。
- 客户装卸码头的工作人员接收货物，财务人员将发票输入客户的财务系统。

在未来十年内，几乎每家公司的所有这些流程都将实现完全自动化，并且机器学习将在流程每个阶段的自动化决策点中扮演重要角色。它将帮助公司做出以下决定。

- 批准订单的人是否有权这么做？
- 缺货产品是否可以用其他产品代替？
- 如果供应商替换了产品，收货方会接受吗？
- 可以根据发票直接付款还是应该检查发票？

机器学习对于公司的真正好处是，它可以让你构建能够适应变化的决策应用程序。你无须在系统中编写数十条或者数百条规则，而是输入过去正确的和错误的决策示例，然后让机器根据当前场景与过去示例的相似度来进行决策。

这样做的好处是，当遇到全新的输入时，系统不会中断。而挑战在于，交付机器学习项目与交付正常的IT（信息技术）项目所采用的思维方式和方法不同。

在正常的IT项目中，你可以测试每条规则以确保它们正常运行。而在机器学习项目中，你只能进行测试以查看算法是否对测试场景做出了适当响应。对于全新的输入，你也不知道它将如何应对。相信保障措施能在算法无法正确响应时进行干预，你和利益相关者就要能够接受这种不确定性。

目标读者

本书目标读者是那些更喜欢使用Excel而不是使用Python之类编程语言的人。每章都包含一个完整的Jupyter笔记本，该笔记本将创建机器学习模型、部署模型并根据该章准备的数据集运行模型。你无须进行任何编码即可查看运行的代码。

然后，每一章都会带你一步步了解代码，让你了解它是如何工作的。只要稍加修改，你就可以直接将代码应用到自己的数据中。学完本书，你应该能够处理公司内的各种机器学习项目。

本书组织方式：路线图

本书分为三个部分。

第一部分首先介绍了公司需要提高生产率以保持竞争力的原因，并解释了有效的决策是如何在其中发挥作用的；然后阐释了为什么机器学习是一种很好的商业决策方式，以及如何使用开源工具和 AWS 工具将机器学习应用于业务决策中。

第二部分研究了六个场景（每章一个场景），这些场景展示了如何使用机器学习来制定业务决策。这些场景关注的是普通公司如何使用机器学习，而不是 Facebook、Google 或 Amazon 如何使用机器学习。

第三部分讨论了如何在 Web 上设置和共享你的机器学习模型，以便你的公司可以使用机器学习进行决策；然后介绍了一些案例研究，这些案例研究表明了公司如何应对使用机器学习进行决策时所带来的变化。

关于代码

第二部分的每一章都为你提供了 Jupyter 笔记本以及一个或多个示例数据集，你可以将其上传到 AWS SageMaker 并运行。第三部分提供了设置无服务器 API 的代码，以便为网络用户提供预测结果。

可以在 AWS SageMaker 上运行并编写本书第二部分中使用的代码。你无须在本地安装任何东西，可以用任何联网的计算机（甚至是 Google Chromebook）来运行这些代码。要设置本书第三部分中的无服务器 API，你需要在运行 macOS、Windows 或 Linux 操作系统的笔记本计算机上安装 Python。

本书中包含了很多源代码的例子，有的是代码清单，有的位于正文段落中。在这两种情况下，源代码都是以 `fixed-width font like this` 这样的等宽字体显示的，以便与普通文本分开。

在许多情况下，原始源代码的格式已重新处理过；我们添加了换行符并修改了缩进以适应页面宽度。许多代码清单中有代码注解（注释），突出了重要的概念。此外，当文本中描述了代码时，通常会将源代码中的注释从代码清单中删除。

本书中的示例代码可从 Manning 网站和 GitHub 网站下载。[1]

liveBook 论坛

购买本书可以免费访问由 Manning Publications 运营的私有网络论坛，你可以在其中对本书发表评论、提出技术问题并获得作者和其他用户的帮助。要访问该论坛，请访问 https://livebook.manning.com/book/machine-learning-forbusiness/welcome/v-6/。你还可以在 https://livebook.manning.com/#!/discussion 上了解有关 Manning 论坛和行为准则的更多信息。

---

① 读者也可以访问图灵社区本书页面下载示例代码：ituring.cn/book/2803。——编者注

Manning 承诺为读者提供一个场所，使各个读者之间以及读者与作者之间进行有意义的对话。这不是作者对任何特定参与程度的承诺，他们对论坛的贡献仍然是自愿的（而且是无偿的）。建议你尝试向他们提出一些有挑战性的问题，以免他们失去兴趣！只要本书仍然在销售，就可以从出版商的网站上访问该论坛和以前的讨论的存档。

关于作者

理查德和道格曾在同一家采购软件公司工作。在理查德被聘为数据工程师，帮助该公司对数百万种产品进行分类后不久，道格出任该公司的 CEO。

离开公司后，道格建立了 Managed Functions，这是一个集成/机器学习平台，使用 Python 和 Jupyter 笔记本来实现业务流程自动化。理查德继续在澳大利亚的悉尼大学完成数据科学硕士学位，现在担任 Faethm 的高级数据科学家。

关于封面

本书封面上的插图标题是"Costumes civils actuels de tous les peuples connus"，意思是"目前所有已知民族的平民服装"。这幅插图选自 Jacques Grasset de Saint-Sauveur（1757—1810）于 1797 年在法国出版的 *Costumes de Différents Pays*，其中收集了身着各个国家及地区服饰的人物画像。

每幅插图都是精细的手绘并且手工上色。Jacques Grasset de Saint-Sauveur 的作品集丰富多样，让我们清楚地看到了 200 多年前世界上的城镇和地区在文化上的差异。由于彼此隔绝，人们说着不同的方言和语言。无论是在街道还是乡间，很容易就能通过衣着辨别出人们居住的地方，以及他们的职业和在生活中的地位。

从那以后，我们的穿衣方式发生了变化，当时如此丰富的地域差异已逐渐消失。现在，我们已经很难分辨出不同大陆的居民，更不用说不同的城镇、地区和国家了。也许，我们用文化的多样性换来了更多样的个人生活，当然，也换来了更多样、更快节奏的科技生活。

在这个图书同质化的年代，Manning 将 Jacques Grasset de Saint-Sauveur 的图片作为图书封面，将两个世纪前各个地区生活的丰富多样性还原出来，以此赞扬了计算机事业的创造性和主动性。

电子书

扫描如下二维码，即可购买本书中文版电子书。

目录

第一部分　场景化机器学习

第二部分　公司机器学习的六个场景

第三部分 将机器学习应用到生产环境中

Part 1 第一部分

场景化机器学习

未来十年，随着公司将那些重要但耗费人力的工作自动化，公司的生产率将大大提高。这些工作包括审批采购订单、评估客户流失风险、确定应该立即上报的支持请求、审核供应商发票以及预测运营趋势（比如功耗）等。

第一部分研究了为什么会出现这种趋势，以及机器学习在这股浪潮中的作用。无法努力赶上这一浪潮的公司会很快被竞争对手抛在后面。

第1章 机器学习如何应用于业务

本章要点

- 为什么我们的业务系统如此糟糕
- 什么是机器学习
- 机器学习是生产率的关键
- 机器学习和业务自动化相结合
- 在公司内部使用机器学习

数十年来，技术专家一直预测，公司正处于生产率大幅跃升的风口浪尖，但到目前为止，这一切并没有发生。大多数公司在应付账款、账单、工资单、理赔管理、客户支持、设施管理等方面，仍然使用人力来执行重复性任务。例如，以下所有小决策都会造成延误，使你（和你的同事）响应速度不及预期，效率低于公司的要求。

- 为了提交请假申请，你必须单击十几个步骤，每个步骤都需要你输入系统本应知道的信息，或者做出系统本应能从你的目的推断出的决策。
- 为了确定你的预算为什么会在本月受到影响，你必须从财务系统中手动提取电子报表并浏览 100 行。你的系统本应该能够判断出哪行记录出现了异常并将其呈现给你。
- 在提交新椅子的采购订单时，你知道采购员 Bob 必须人为地做出一些小决策来处理表单，例如是将你的订单发送给人力资源部获得书面批准，还是直接发送给财务审批人。

我们相信，你很快就会有远胜于此的系统投入使用——机器学习应用程序将使当前阻碍流程的所有小决策自动化。这是一个重要的主题，因为在未来十年，那些能够变得更加自动化和更高效的公司将取代那些无法做到这一点的公司。机器学习将成为实现这一转变的关键驱动力之一。

本书向你展示如何通过在公司的决策系统中实现机器学习来加速业务流程。“但是我该怎么做呢？”你会说，“我有技术头脑，而且非常善于使用 Excel，但从来没有做过编程工作。”幸运的是，我们正处于这样一个时刻：任何有技术头脑的人都可以学习如何帮助公司大幅提高生产率。本书将带你踏上这段旅程。在这段旅程中，你将学到以下内容。

- 如何确定机器学习将在哪些领域为你的公司创造巨大的价值，例如：
  - 后台财务（应付账款和账单）；

- 客户支持和留存；
- 销售和市场营销；
- 工资和人力资源。

- 如何构建能在公司内实现的机器学习应用程序。

1.1 为什么我们的业务系统如此糟糕

“独自一个人行走，今天就能出发；和另一个人同行，就得等他准备好。”

——亨利·戴维·梭罗

在探讨机器学习如何帮助你的公司提高生产率之前，我们先来看看为什么在你的公司里部署系统比在你的个人生活中应用系统更困难。以个人理财为例，你可以使用一个理财应用程序来追踪你的支出。这个应用程序会告诉你，你花了多少钱、钱都花到哪儿了，还会建议你如何增加储蓄，它甚至可以将购物款自动四舍五入到最接近的金额，并将零钱存入你的储蓄账户。而在工作中，费用管理是完全不同的体验。要查看你的团队遵循预算计划的情况，你需要向财务团队提出申请，而他们会在下周回复你。如果想深入了解预算中的特定项，那你就没那么幸运了！

我们的业务系统如此糟糕的原因有两个。首先，尽管改变我们自己的行为不容易，但改变一群人的行为更难。在你的个人生活中，如果想使用一个新的理财应用程序，直接开始使用即可。虽然有一点痛苦，因为你需要学习这个新应用程序的工作原理并设置你的个人信息，但这还是可以轻松完成的。然而，当你的公司想开始使用费用管理系统时，公司里的每个人都需要适应新的工作方式，这是一个更大的挑战。其次，管理多个业务系统很难。在个人生活中，你可能会使用几十个系统，例如银行系统、电子邮箱、日历、地图等，但你的公司会使用数百甚至数千个系统。尽管对于 IT 部门来说，管理所有这些系统之间的交互很难，但是他们仍然鼓励你使用**端到端企业软件系统**来完成尽可能多的任务。

SAP 和 Oracle 之类的软件公司提供的端到端企业软件系统是为整个公司的运转而设计的。这些端到端系统处理库存、给员工发工资、管理财务部门以及处理公司其他大部分业务。端到端系统的优势在于一切都是集成的。当你从公司 IT 产品目录中购买某个产品时，目录系统会通过员工记录识别你的身份。这与 HR 用来存储你的请假申请和给你发工资的员工记录相同。端到端系统的问题在于，因为它们能够完成任何工作，所以对于它们完成的每一件事来说，都有更好的系统可用，我们称这些系统为**同类最佳系统**。

同类最佳系统可以很好地完成某一项任务。例如，你的公司可能会使用易用性能与你的个人理财应用程序相媲美的费用管理系统。问题在于，该费用管理系统与你公司使用的其他系统不完全兼容。一些功能与其他系统的现有功能重复，如图 1-1 所示。举例来说，费用管理系统内置了审批流程。该审批流程与你在工作的其他场景中使用的审批流程重复，例如审批员工请假申请。在实现同类最佳的费用管理系统时，公司会面临两个选择：是采用费用管理审批流程并培训员工采用两种不同的审批流程，还是将费用管理系统与端到端系统集成到一起，这样就能在端到端系统里审批费用，然后再将审批回传给费用管理系统？

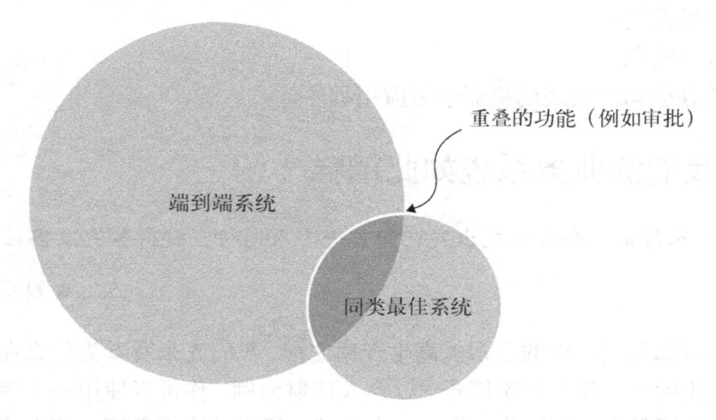

图 1-1　同类最佳系统的审批功能与端到端系统的审批功能重叠

为了了解使用端到端系统与同类最佳系统的利弊，假设你是一个汽车拉力赛车手，该拉力赛起于铺装路面，接着穿过沙漠，最后穿过泥沼。你必须在两种情况中做出选择：一种是在汽车上安装全地形轮胎，另一种是在从铺装路面到沙地和从沙地到泥沼的过程中更换轮胎。如果你选择更换轮胎，就能更快地通过每个路段，但是随着地形变化而停下来更换轮胎，你会浪费时间。你会如何选择呢？如果你能快速更换轮胎，并能更快地通过每个路段，就可以选择随着地形变化更换轮胎。

下面假设你不是车手，你的工作是为车手提供支持保障，在比赛中为他们提供轮胎。你就是首席轮胎官（Chief Tire Officer，CTO）！再假设你需要面对数百种地形而不仅仅有三种地形，你需要服务数千名车手而不仅仅是几名车手。作为 CTO，你可以轻松地做出决定：除了特殊的地形，其余选择全地形轮胎。在特殊的地形，你将不情愿地承认需要提供特种轮胎。作为车手，CTO 的决定有时会让你不满意，因为最终使用的系统没有你在个人生活中使用的好用。

我们相信，在未来十年，机器学习会解决这类问题。回到我们关于比赛的比喻，机器学习应用程序会在你通过不同地形时自动改变轮胎的特性。它可以在使用你公司的端到端解决方案的功能的同时，实现可与同类最佳系统相媲美的性能，从而达到两全其美的效果。

再举一个例子，你的公司可以不用实现同类最佳的费用管理系统，而是选择实现机器学习应用程序来完成以下工作。

- 确定有关费用的信息，例如花费金额和供应商名称。
- 确定费用由哪个员工产生。
- 确定向哪个审批人提交消费报销。

回到审批功能重复的那个案例，通过将机器学习与端到端系统结合使用，你可以自动化和改善公司的流程，而无须实现同类最佳系统，如图 1-2 所示。

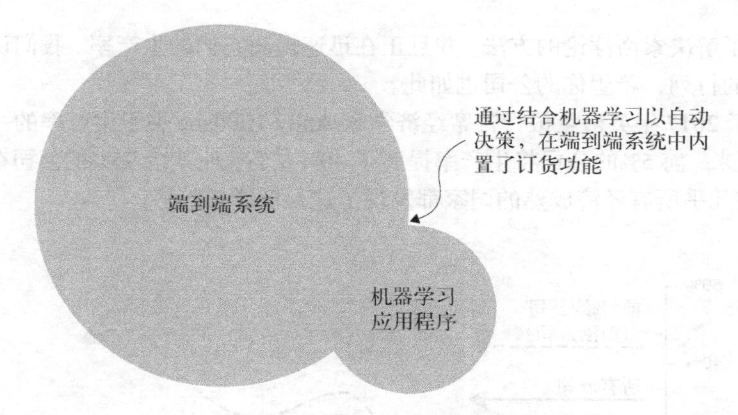

图 1-2　机器学习增强了端到端系统的功能

同类最佳系统在公司中无用武之地了吗

同类最佳系统在企业中仍占有一席之地，但可能与这些系统在过去大约 20 年中扮演的角色不同。可以在下一节中看到，计算机时代（从 1970 年至今）在提高公司生产率方面一直没有取得成功，我们本该目睹使用同类最佳系统给业务性能带来的积极影响，但目前还没有。

那么同类最佳系统将何去何从？在我们看来，同类最佳系统将具有以下发展趋势：

- 更多地集成到公司的端到端系统；
- 更加模块化，以便公司在不采用其中一些功能的情况下采用另一些功能。

同类最佳系统的供应商要么基于特定于问题的机器学习应用程序的用途来制定其业务场景，以使其区别于竞争对手的产品，要么基于其客户内部构建的解决方案来制定其业务场景。相反，随着更多公司自己开发机器学习应用程序，而不是去购买同类最佳解决方案，这些供应商的利润率将受到挤压。

1.2　为什么如今自动化很重要

我们正处于公司生产率大幅跃升的风口浪尖。自 1970 年以来，与计算机处理能力的变化相比，像欧美这样的成熟经济体的公司生产率几乎没有变化，并且这种趋势几十年来一直很明显。在这段时间里，公司生产率仅仅翻了一番，而计算机的处理能力却提高了 2000 万倍！

如果计算机真的有助于提高生产率，为什么那些运算速度更快的计算机没有带来更高的生产率呢？这是现代经济学的谜团之一，经济学家称其为**索洛悖论**。1987 年，美国经济学家罗伯特·索洛打趣道：

> “计算机无处不在，就是不在‘生产率’中。”

无法提高生产率只是公司的通病吗？公司现在是否已达到生产率的峰值？我们认为不是。一些公司已经找到了解决索洛悖论的方法，并且正在迅速提高它们的生产率。我们认为其他很多公司也将加入它们的行列，希望你的公司也如此。

图 1-3 来自于 2017 年英格兰银行首席经济学家 Andy Haldane 关于生产率的一次演讲。它展示了自 2001 年以来，前 5%的公司将生产率提高了 40%左右，而其余 95%的公司在生产率方面几乎止步不前[①]。在几乎所有经济成熟的国家都发现了这种低增长趋势。

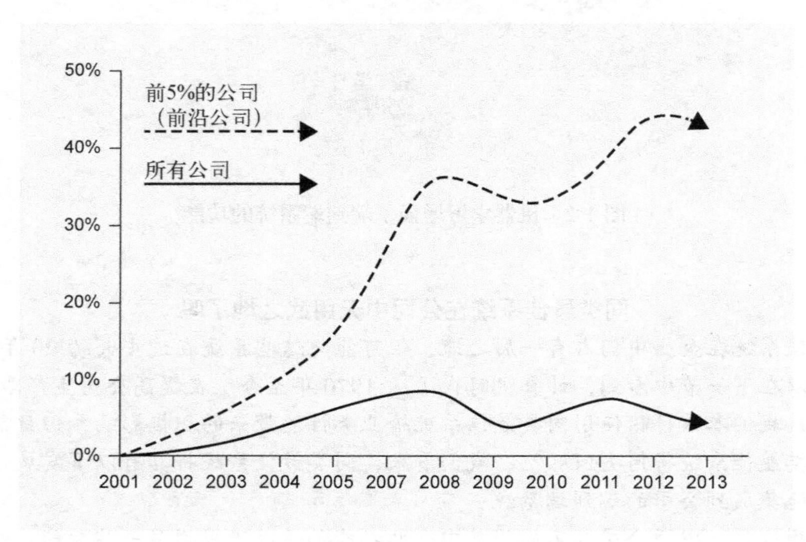

图 1-3　前沿公司（前 5%的公司）与所有公司的生产率比较

1.2.1　什么是生产率

生产率是在国家层面上，用年度国内生产总值（GDP）除以一年中的工作小时数得出的。在英国和美国，每小时产生的 GDP 略高于 100 美元。1970 年，这个数值范围在 45~50 美元。但是在前 5%的公司（前沿公司），这个数值超过了 700 美元并且还在增长。

前沿公司通过最大限度减少每产出 1 美元所消耗的人力才达到了如此可观的每小时 GDP。换句话说，这些公司将一切可以自动化的东西都**自动化**了。我们预测，随着越来越多的公司想出如何复制前沿公司的做法，生产率将急剧增长，并且将从目前水平跃升到峰值水平。

我们相信，我们已到了索洛悖论的尽头。机器学习将使许多公司达到前沿公司的生产率水平。而且，我们相信那些没有参与其中的公司，即没有显著提高生产率的公司，将逐渐凋零甚至灭亡。

1.2.2　机器学习如何提高生产率

前面我们研究了公司努力变得更加自动化的原因，并且有证据表明，尽管在过去 50 年里公

① Andy Haldane 将排名前 5%的公司称为**前沿公司**。

司的生产率并没有得到很大提高，但仍有一批前沿公司通过自动化一切可能自动化的环节提高了生产率。接下来，我们将了解机器学习如何帮助你的公司变成前沿公司，然后再向你展示机器学习如何帮助公司实现转型。

就我们的目的而言，**自动化**是指使用软件来执行重复性任务。在商业世界中，重复性任务无处不在。例如，一个典型的零售业务包括向供应商下单、向客户发送营销材料、管理库存商品、在会计系统里创建条目、向员工支付工资以及其他数百种任务。

为什么将这些流程自动化如此困难？从宏观上来看，这些流程看似非常简单。发送营销材料不过是准备内容然后通过电子邮件发送给客户，而下单只需从产品目录中选择产品，得到批准后将订单发送给供应商，这有多难呢？

自动化难以实现的原因是，尽管这些流程看起来是重复的，但在这个过程中的几个步骤中仍需要做出一些小的决策。这就是机器学习的用武之地。你可以使用机器学习在流程中的每个节点做出这些决策，就像人们目前所做的那样。

1.3 机器如何做出决策

出于本书的目的，请将机器学习看成基于数据集中的模式做出决策的一种方式。我们称其为**基于模式的决策**。这与当今的大多数软件开发相反，大多数软件开发是**基于规则的决策**，程序员编写的代码采用一系列规则来执行任务。

在你的营销人员发送一份产品目录的电子邮件时，营销软件会包含查询数据库的代码，并且只提取那些被选中的客户，如居住在某个服装工厂店方圆 20 千米以内的 25 岁以下的男性。营销数据库中的每个人都可以被识别为属于这个组或不属于这个组。

与此形成对比的是，机器学习对数据库的查询可能是找出所有具有与某个特定的 23 岁男性相似的购买历史的顾客，而该男性恰好住在你的一家工厂店附近。该查询将返回与基于规则的查询相同的顾客，但同时也会返回具有相似购买模式并且愿意多走两步到你的店里的顾客。

1.3.1 人：是否基于规则

许多公司依靠人而非软件来完成日常工作，例如发送营销材料和向供应商下单。这么做的原因有很多，但最普遍的原因是，对于同一个任务，教人如何执行比基于任务所需的规则对计算机进行编程要容易得多。

以 Karen 为例，她的工作是审核采购订单，将其发送至审批人，然后将批准的采购订单邮件发送给供应商。Karen 的工作既枯燥又棘手。每天，Karen 都会做出许多决策，来决定由谁来审批哪些订单。Karen 从事这份工作已有好几年，所以她知道一些简单的规则，例如 IT 产品必须经过 IT 部门的批准。她还知道一些例外情况，例如，她知道当 Jim 从文具类目里采购碳粉时，她需要将订单发送给 IT 部门进行批准，但是当 Jim 从 IT 类目中采购新鼠标时则不需要。

Karen 的角色没有自动化的原因是对所有这些规则进行编程比较困难，但更难的是维护这些规则。Karen 不再经常采用她的“传真机”规则，而是越来越多地采用在过去几年里形成的“平板计算机手写笔”规则。她认为平板计算机手写笔更像是鼠标而不是笔记本计算机，所以她不会将手写笔订单发送给 IT 部门进行审批。如果 Karen 真的不知道如何对特定产品进行分类，她会打电话与 IT 部门进行讨论，但对于大多数情况，她会自己做决定。

使用我们基于规则的决策与基于模式的决策的概念，可以看到 Karen 融合了两者。Karen 大部分时间采用规则，但偶尔会基于模式做出决策。正是由于 Karen 工作中基于模式的部分，使得很难使用基于规则的系统进行自动化。因此，在过去，让 Karen 执行这些任务要比用规则对计算机编程来执行任务容易得多。

1.3.2　你能相信一个基于模式的答案吗

许多公司有人工流程，通常是因为流程中会有不少变化，使得自动化变得困难。这就是机器学习的用武之地。

需要人做出决策的任何时刻，都是使用机器学习来自动决策或者提供有限选项供人考虑的机会。与基于规则的编程不同，机器学习使用数据样例而非规则来确定如何在给定情况下做出响应。这使其比基于规则的系统更加灵活，在面临新情况时，机器学习不会不知所措，而是会以一个较低的置信度做出决策。

我们来看一个例子。一个新产品进入 Karen 的目录，该产品是一款语音控制设备，类似于 Amazon Echo 或者 Google Home。该设备看起来有点像 IT 产品，这就意味着采购订单需要 IT 部门的批准。但是，由于这也是将信息输入计算机的一种途径，因此它看起来有点像手写笔或鼠标之类的配件，这就意味着采购订单不需要 IT 部门的批准。

在基于规则的系统中，这个产品是未知的，并且当被要求确定将产品发送给哪位审批人时，系统可能会中断。在机器学习系统中，新产品不会使系统中断。相反，系统提供的答案的置信度低于系统对以往产品提供的答案。就像 Karen 可能会出错一样，机器学习应用程序也可能会出错。对于公司的管理团队和风险团队来说，接受这种不确定性可能会带来挑战，但这与让 Karen 在办公桌前对新产品做出同样的决定没什么不同。

事实上，用于业务自动化工作流程的机器学习系统可以设计得比人类自己操作效果好。最佳工作流程通常包含系统和人员。系统可以配置为满足绝大多数情况，但也存在一种机制，即当决策结果的置信度较低时，会将流程转交给操作人员进行决策。理想情况下，该决策结果会反馈给机器学习应用程序，这样应用程序未来决策的置信度会变得更高。

对你来说，对结果感到满意是件好事。在许多情况下，为了在公司做出基于模式的决策，你需要获得风险团队和管理团队的批准。下一节将研究基于模式的决策输出，你会了解一些获得批准的潜在方法。

1.3.3　机器学习如何能提升你的业务系统

到目前为止，我们一直将可以在公司中执行多种功能的系统称为端到端系统。通常，这些系统被称为 ERP（企业资源规划）系统。

ERP 系统在 20 世纪八九十年代迅速崛起。许多大中型公司使用 **ERP 系统**来管理其大多数业务功能，例如工资、采购、库存管理、资本折旧等。SAP 和 Oracle 主导着 ERP 市场，但也有几个较小的厂商。

理想情况下，你的所有业务流程都可以内建到你的 ERP 系统中，但现实并没有那么美好。你公司做的业务可能与 ERP 的默认配置略有不同，这就会造成问题。你必须找人来对你的 ERP 进行编程，以便系统能够按照你的业务进行工作。这既昂贵又耗时，并且可能使你的公司难以适应新机会。而且，如果 ERP 系统能够解决所有公司问题，那么我们应该已经在 20 世纪八九十年代采用 ERP 系统时就看到了生产率的提高，但是在此期间，生产率几乎没有提高。

你在实现机器学习支持 Karen 的决策时，内部客户所涉及的管理流程几乎没有变化。他们继续以之前的方式下单。机器学习算法只是自动做出一些决策，然后订单就会正确且自动地发送给审批人和供应商。我们认为，除非可以将该流程与公司的其他流程完全分开，否则最佳方式是先实施机器学习自动化解决方案，然后随着时间的推移将这些流程迁移到你的 ERP 系统。

提示 自动化不是提高生产率的唯一途径。在自动化之前，你应该问自己是否需要这么做。你能否在不自动化的情况下创造所需的业务价值？

1.4 机器能帮 Karen 做决策吗

机器学习的概念很难理解，这在某种程度上是由于**机器学习**这个术语涵盖的主题比较广泛。就本书而言，请将机器学习视为一种识别数据模式的工具，当你向它提供新数据时，它会告诉你新数据拟合效果最好的模式。

浏览有关机器学习的其他相关文献资源时，你会发现机器学习还涵盖了其他许多内容。但其中大多数内容可以分解为一系列决策。以自动驾驶汽车的机器学习系统为例，表面上，这听起来与我们正在研究的机器学习完全不同，但自动驾驶实际上就是一系列决策。一种机器学习算法查看场景并决定如何对场景中的每个物体描框。另一种机器学习算法确定这些框所代表的物体是否能绕过。如果能绕过，第三个算法将决定绕过它们行驶的最佳路线。

为了确定你是否能利用机器学习来帮助 Karen，让我们来看看 Karen 在流程中做出的决策。接到订单后，Karen 需要决定是直接将其发送给申请者对应的财务审批人，还是先将其发送给技术审批人。如果订单是针对计算机或者笔记本计算机之类的技术产品，那么她需要将订单发送给技术审批人。如果不是技术产品，则无须发送给技术审批人。如果申请者来自 IT 部门，那么她无须发送订单给技术审批人。让我们来评估一下 Karen 的案例是否适合机器学习。

在 Karen 的案例中，她对每笔订单提问：“我应该发送此申请来获得技术部门的审批吗？”她的决策结果要么是“是”，要么是“否”。在做决定时，她需要考虑的事情如下所示。

- 产品是技术产品吗？
- 申请者是来自 IT 部门吗？

在机器学习术语中，Karen 的决策被称为**目标变量**，而她在做出决策时考虑的事物类型被称为**特征**。如果你拥有目标变量和特征，就能用机器学习来做决策。

1.4.1 目标变量

目标变量分为两种形式：

- 分类型
- 连续型

分类型变量包含诸如是或否、东南西北等。在本书机器学习相关的工作中，一个重要的区别是，分类型变量仅包含两个类别还是包含两个以上的类别。如果只有两个类别，则称为**二分类目标变量**；如果具有两个以上的类别，则称为**多分类目标变量**。你会在你的机器学习应用程序中设置不同的参数，具体取决于变量是二分类还是多分类，这在本书后面会详细介绍。

连续型变量是数值。如果你的机器学习应用程序基于诸如社区、房间数量、到学校的距离等特征来预测房价，那么你的目标变量（房价的预测值）就是一个连续型变量。房屋的价格可以从数万美元到数千万美元不等。

1.4.2 特征

在本书中，特征或许是需要理解的最重要的机器学习概念之一。我们自己在做决策时无时无刻不用到特征。事实上，你在本书将学习到的有关特征的知识可以帮助你更好地理解自己制定决策的过程。

我们再回到 Karen 的例子，她要决定是否将采购订单发送给 IT 部门进行批准。Karen 在做出决策时考虑的是它的**特征**。Karen 在遇到从未见过的产品时可以考虑的是该产品的制造商。如果该制造商只生产 IT 产品，那么即使她以前从未见过该产品，她仍会认为它很可能是 IT 产品。

对于人类来说，其他类型的特征可能更难考虑，但对于机器学习应用程序而言，则更容易纳入其决策过程中。例如，你可能想找出哪些客户更愿意接听你的销售团队的营销电话。对于回头客来说，可能很重要的一个特征是营销电话是否符合他们常规购买时间表。如果客户通常每两个月购买一次产品，那么现在距离他上次购买有两个月了吗？使用机器学习来帮助你做出决策，可以将这些类型的模式纳入决策结果（打营销电话还是不打）中。然而，人类很难识别这种模式。

请注意 Karen 在做决策时考虑的因素（特征）可能分为多个层次。如果不知道某个产品是否是技术产品，她可能会考虑其他信息，例如制造商是谁，以及申请单中还包括其他哪些产品。机器学习的一大优点是你不需要知道所有特征；构建完成机器学习系统后，你会知道哪些特征最重要。如果你认为某个特征会和决策结果相关，请将该特征放入你的数据集。

1.5 机器如何学习

机器学习的方法与你学习的方法相同，都是通过训练，但如何训练呢？机器学习是在得出正确答案时奖励某个数学函数，以及在得出错误答案时惩罚该函数的过程，但奖励或者惩罚某个函数意味着什么呢？

你可以将函数看成从一个地方到另一个地方的指令集。如图1-4所示，为了从A点到达B点，方向可能如下所示：

(1) 往右走；

(2) 往上走一点；

(3) 往下走一点；

(4) 往下走一大截；

(5) 往上走；

(6) 往右走。

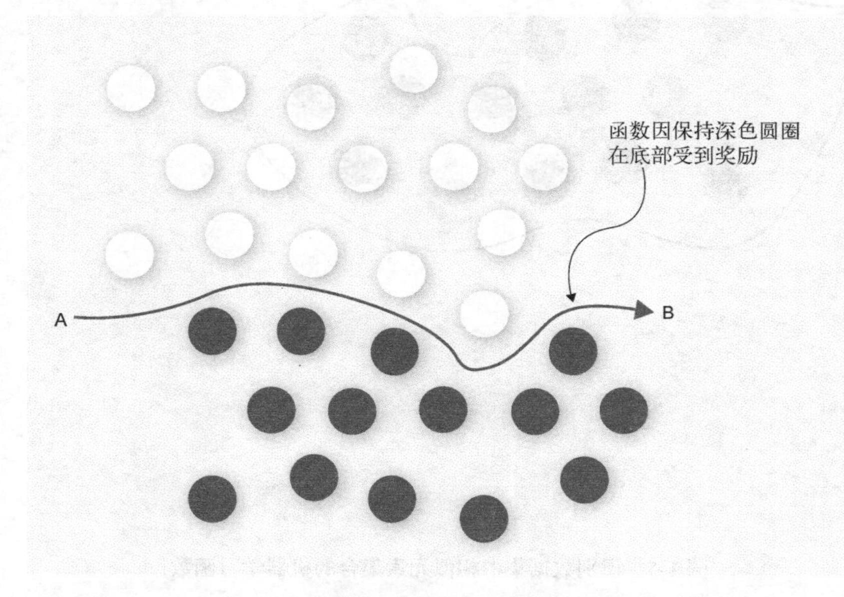

图1-4　机器学习函数可识别数据中的模式

机器学习应用程序是一种工具，可以确定函数何时正确（告诉函数执行更多操作）或错误（告诉函数执行更少的操作）。函数知道自己做对了，因为它在基于特征预测目标变量方面变得更加成功了。

下面我们扩展图1-4中的数据集，来看一个更大的样本，如图1-5所示。可以看到数据集包括两种类型的圆圈：深色圆圈和浅色圆圈。在图1-5中，我们从数据中可以看到一个模式。数据集的四周有很多浅色圆圈，中间有很多深色圆圈。这意味我们的函数给出了如何将深色圆圈与浅色圆圈分开的指令，它将从图的左侧开始，并在其返回起点之前绕着深色圆圈转一大圈。

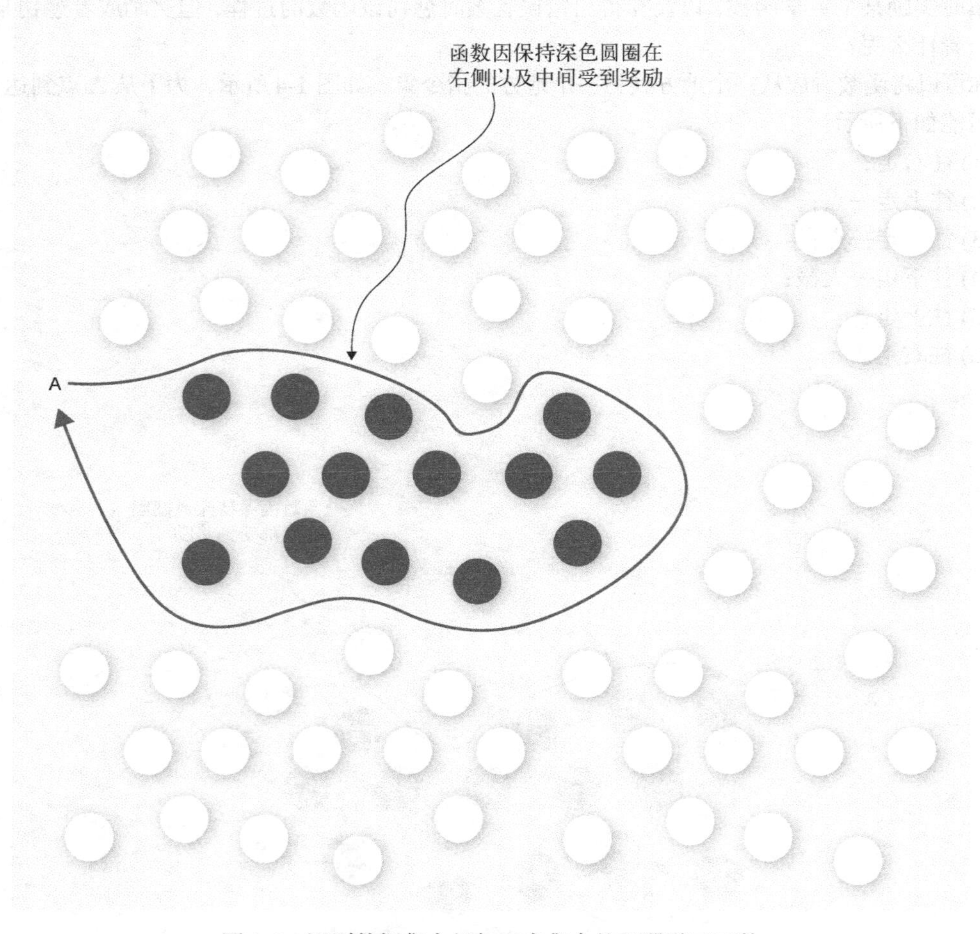

图 1-5　识别数据集中相似元素集合的机器学习函数

函数表现正确时，我们就奖励它。我们可以将这个过程视为奖励深色圆圈出现在其右边的函数，惩罚深色圆圈出现在其左边的函数。如果你还奖励左侧出现浅色圆圈的函数，惩罚右侧出现浅色圆圈的函数，就可以更快地训练它。

因此，在这个背景下训练机器学习应用程序时，你要做的就是向系统展示大量的示例。该系统构建了数学函数来区分数据中的某些内容，这些区分的内容就是**目标变量**。函数区分出更多的目标变量时就会得到奖励，反之则会受到惩罚。

机器学习问题可以分为两种类型：

- 监督机器学习
- 无监督机器学习

除了特征之外，就本书而言，机器学习的另一个重要概念是监督机器学习与无监督机器学习之间的区别。

顾名思义，**无监督**机器学习就是我们将大量数据交给机器学习应用程序并告诉它去做事情。聚类是无监督机器学习的一个示例。例如，我们向机器学习应用程序提供了一些客户数据，它决定如何将客户数据分组到具有相似客户的类别。相比之下，分类是**监督**机器学习的一个示例。例如，你可以利用销售团队历史致电客户的成功率数据作为训练机器学习应用程序如何识别最有可能接听电话的客户的一种方法。

注意 本书的绝大多数章节会专注于监督机器学习，在这种情况下，不是让机器学习应用程序挑选模式，而是为机器学习应用程序提供一个历史数据集，该数据集包含展示正确决策的样本。

利用机器学习解决业务自动化项目的最大优势之一是，你通常可以很容易地得到优质的数据集。在 Karen 的案例中，她有数千笔以前的订单可供提取，对于每笔订单，她都知道它是否已发送给技术审批人。在机器学习术语中，这种数据集称为**有标签的**数据集，这意味着每个样本都包含该样本的目标变量。就 Karen 而言，她需要的历史数据集是这样的：该数据集展示了购买了什么产品，是否由 IT 部门人员购买了产品，以及 Karen 是否将其发送给了技术审批人。

1.6 在你的公司落实使用机器学习进行决策

本章前面介绍了如何使用机器学习来帮助你的公司做出决策。但是，公司需要做什么才能让你所学的充分发挥作用呢？理论上，这并不难，你的公司只需要四个要素。

- 它需要一个能够发现自动化和使用机器学习的机会的人，以及一个能够证明这个机会值得为之努力的人。顺便说一句，这个人就是你。
- 你需要能够访问到机器学习应用程序所需的数据。你的公司可能会要求你填写许多内部表格，以描述为什么要访问这些数据。
- 你的风险团队和管理团队需要习惯于采用基于模式的决策方法。
- 你的公司需要一种将你的工作变成某种可以使用的系统的方法。

在许多组织中，这四个要素中的第三个是最难实现的。解决这个问题的一种办法是让风险团队参与其中，并且让他们能够为何时需要 Karen 审查决策设定一个阈值。

例如，一些送到 Karen 办公桌上的订单很明显需要发送给技术审批人，并且机器学习应用程序必须百分之百确定其应该交由技术审批人批准。而其他订单则没有那么明确，机器学习应用程序可能不会返回 1（100%的置信度），而是返回 0.72（较低的置信度）。你可以采用下面的规则：如果机器学习应用程序的决策的置信度不足 75%，则将申请发送给 Karen 决策。

如果你的风险团队参与设定置信度（低于此，则必须由人工审核订单），这将为他们提供一种建立明确准则的方法，以便在公司中管理基于模式的决策。在第 2 章中，你将了解更多关于 Karen 的信息，并帮助她开展工作。

1.7 工具

在以前（也就是 2017 年），构建可扩展的机器学习系统非常具有挑战性。除了识别特征和生成带标签的数据集之外，你还需要具备广泛的技能，包括 IT 基础设施管理员、数据科学家、后端 Web 开发人员的技能。以下是构建机器学习系统曾涉及的步骤。（在本书中，你将学习如何在不执行这些步骤的情况下构建机器学习系统。）

(1) 设置构建和运行机器学习应用程序的开发环境（IT 基础设施管理员）。

(2) 基于数据训练机器学习应用程序（数据科学家）。

(3) 验证机器学习应用程序（数据科学家）。

(4) 部署机器学习应用程序（IT 基础设施管理员）。

(5) 设置一个端点，用来接收新数据并返回预测结果（后端 Web 开发人员）。

难怪大多数公司还没有广泛使用机器学习！幸运的是，其中一些步骤如今可以用基于云的服务器来完成。因此，尽管你需要了解如何将所有功能组合在一起，但无须了解如何设置开发环境、构建服务器或创建安全的端点。

在接下来的七章中，你将从头开始构建一个能解决常见业务问题的机器学习系统。这听起来可能令人望而生畏，但其实并没有那么难，因为你将使用 Amazon 的一项名为 AWS SageMaker 的服务。

1.7.1 AWS 和 SageMaker 是什么，它们如何帮助你

AWS 全称是 Amazon 云计算服务，它使各种体量的公司都能构建服务器并与云服务进行交互，而无须建立自己的数据中心。AWS 提供了数十种服务，从计算服务［例如基于云的服务器（EC2）］到消息传递与集成服务（例如 SNS 消息传递），再到特定领域的机器学习服务，例如 Amazon Transcribe（用于将语音转换为文本）以及 AWS DeepLens（用于视频流中的机器学习）。

SageMaker 是 Amazon 用于构建和部署机器学习应用程序的环境。我们来看看它基于前面讨论的 5 个步骤提供的功能。SageMaker 是革命性的，因为它

- 提供云上的开发环境，因此你无须在你的计算机上设置开发环境；
- 在你的数据上使用预配置的机器学习应用程序；
- 使用内置工具验证机器学习应用程序的结果；
- 部署你的机器学习应用程序；
- 自动设置一个端点来接收新数据并返回预测结果。

SageMaker 可以为你处理好所有基础设施方面的工作，除此之外，它的一个最佳特性就是，它使用的开发环境是一个名为 Jupyter 笔记本的工具，该工具使用 Python 作为其编程语言之一。但是，你在本书中使用 SageMaker 学习到的知识将使你在任意机器学习环境中受益。Jupyter 笔记本是数据科学家与机器学习应用程序进行交互的事实标准，并且 Python 是数据科学家使用的发展最快的编程语言。

Amazon 决定使用 Jupyter 笔记本和 Python 来与机器学习应用程序进行交互，这既有利于有经验的从业者，又有利于刚接触数据科学和机器学习的人。这对有经验的机器学习从业者来说是好事，因为它能让他们在 SageMaker 中立即高效起来；对新从业者来说也是好事，因为使用 SageMaker 学习到的技能在机器学习和数据科学领域处处适用。

1.7.2 Jupyter 笔记本是什么

Jupyter 笔记本是数据科学中最受欢迎的工具之一。它将文本、代码和图表组合在一个文档中，使用户能够持续地分析数据，从加载和准备数据到分析和展示结果。

Jupyter 项目于 2014 年启动。2017 年，Jupyter 项目指导委员会成员“因其开发的软件系统具有持久影响（体现在对概念的贡献、获得的商业认可上或者两者兼而有之）”被授予了享有盛誉的 ACM 软件系统奖。该奖项意义重大，之前的奖项都是授予像互联网之类的产品。

我们认为，Jupyter 笔记本会变得几乎与 Excel 一样，普遍用于业务分析。实际上，我们选择 SageMaker 作为本书首选工具的主要原因是，你在学习 SageMaker 的同时也在学习 Jupyter。

1.8 配置 SageMaker 为解决第 2~7 章中的场景做准备

你在每章中遵循的工作流程如下所示。

(1) 下载准备好的 Jupyter 笔记本和数据集。每章都有一个 Jupyter 笔记本以及一个或者多个数据集。

(2) 将数据集上传到 S3（你的 AWS 文件存储桶）。

(3) 将 Jupyter 笔记本上传到 SageMaker。

这样，你就可以运行整个笔记本，你的机器学习模型将构建完成。每章的其余部分将带你学习笔记本中的每个代码单元格，并说明其原理。

如果你已经有了 AWS 账户，现在就可以开始使用了。根据每章内容来配置 SageMaker 应该只需要几分钟。附录 B 和附录 C 展示了如何为第 2 章进行设置。

如果你还没有 AWS 账户，请从附录 A 开始操作，直到附录 C。这些附录将逐步指导你注册 AWS，配置并上传你的数据到 S3 存储桶中，以及在 SageMaker 中创建笔记本。各附录的主题如下所示。

- 附录 A：如何注册 AWS。
- 附录 B：设置 S3 来存储文件。
- 附录 C：如何设置并运行 SageMaker。

完成了这些附录中的工作（一直到附录 C 的结尾）后，你的数据集将存储在 S3 中，Jupyter 笔记本配置完成并在 SageMaker 上运行。现在，你已经为第 2 章和后面章节中的场景做好了准备。

1.9 是时候行动了

本章前面已经提到，一些前沿公司正在迅速提高其生产率。现在，这些公司还不多见，和你的公司之间不存在竞争关系。但不可避免的是，其他公司会学习使用诸如机器学习之类的技术来实现业务自动化，从而大大提高生产率。最后，你的公司不可避免地会与它们竞争，我们认为这是一种你死我活的情况。

本书的下一部分由六章组成，这几章将带你完成以下六个场景，使你有能力应对自己公司可能遇到的许多场景。

- 你是否应该将采购订单发送给技术审批人？
- 你是否应该致电客户以防客户流失？
- 客户支持请求应该交由高级支持人员处理？
- 你是否应该审核供应商发送给你的发票？
- 根据历史趋势，你公司下个月的耗电量是多少？
- 你是否应该在能耗预测中添加计划假期和天气预报等额外数据，以优化公司的月度用电量预测？

在完成这几章的学习后，你应该有能力应对工作和公司中将面临的许多机器学习决策场景。本书将带你踏上一段旅程，让你从有技术头脑的非开发人员成为可以在公司设置机器学习应用程序的人。

1.10 小结

- 生产率落后的公司将被生产率领先的公司甩在身后。
- 机器学习是提高公司生产率的关键，因为它可以自动执行那些（如果人来执行就会）降低公司生产率的小决策。
- 机器学习只是生成最适合历史决策的数学函数的一种方式，并且可以用来指导当前的决策。
- Amazon SageMaker 是一项服务，可以让你设置能在业务中使用的机器学习应用程序。
- Jupyter 笔记本是用于数据科学和机器学习的最受欢迎的工具之一。

Part 2 第二部分

公司机器学习的六个场景

这一部分的每一章都介绍了如何使用机器学习来提高单个运营场景的生产率。这些场景如下所示：

- 审批采购订单；
- 评估客户流失的风险；
- 确定应立即上报的支持请求；
- 审核供应商发票；
- 使用时间序列数据预测运营趋势，例如功耗；
- 将其他特征整合到时间序列预测中。

在每一章中，你都会下载 Jupyter 笔记本和数据集，并将其上传到你的 AWS SageMaker 账户。接着你就可以运行笔记本来构建和测试模型。每一章都将详细介绍笔记本的使用以便你了解其工作原理。这样你就能用笔记本和你公司的数据集来完成相同的任务。

第 2 章

你是否应该将采购订单发送给技术审批人

本章要点

- ❑ 找出机器学习的用武之地
- ❑ 确定需要的数据以及数据量
- ❑ 构建机器学习系统
- ❑ 利用机器学习进行决策

在本章中，你会从头到尾地经历一个机器学习场景，该场景会决定是否将订单发送给技术审批人。你无须编写任何规则！你只需要给机器学习系统提供一个数据集，该数据集包含 1000 个历史订单以及对应的标签，标签用于指明该订单是否被发送给技术审批人。机器学习系统从这 1000 个样本中找出模式，在收到新订单时，就能正确决定是否将该订单发送给技术审批人。

在第 1 章中，你了解了 Karen，她在采购部门工作，她的工作是接收员工购买产品或者服务的申请。对于每个申请，Karen 决定需要由哪个审批人来审核与批准订单。接着，在获得批准后，她会将申请发送给供应商。Karen 可能不会这样看自己，但她是**决策者**。当购买产品和服务的申请到来时，Karen 决定由谁来审批每个申请。对于某些产品，例如计算机，Karen 需要将申请发送给技术顾问，由技术顾问决定是否符合规定。Karen 是否需要将此订单发送给技术审批人？你将在本章找出答案。

在本章最后，你就可以助 Karen 一臂之力了。你可以提出一个解决方案，该方案在申请到达 Karen 之前对其进行查看，然后建议她是否应将申请发送给技术审批人。通过研究这些例子，你将熟悉如何使用机器学习进行决策。

2.1 决策

图 2-1 展示了 Karen 的工作流程，从申请者下订单到供应商接收订单。工作流程中的每个人像图标表示采取某项行动的个体。如果有多个箭头从他们指向别人，他们就需要做出决策。

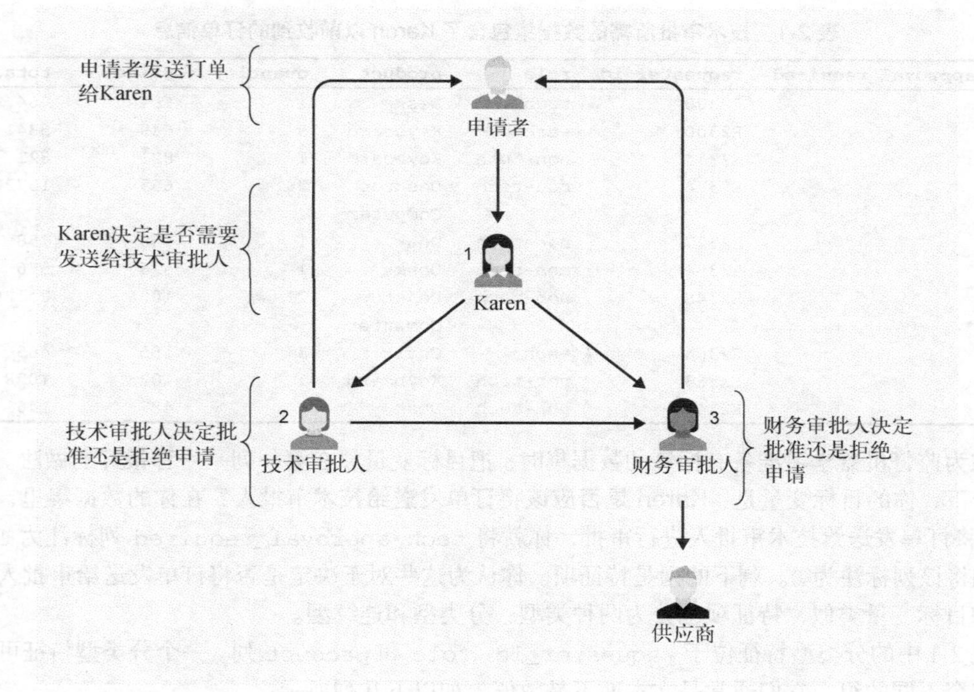

图 2-1 在 Karen 所在的公司里，购买技术设备的审批工作流程

在 Karen 的流程中，出现了 3 个决策（分别编号为 1、2 和 3）。

(1) 第一个决策是将在本章研究的决策：Karen 是否应该将此订单发送给技术审批人？

(2) 第二个决策是 Karen 将订单发送给技术审批人后，由技术审批人做出的：技术审批人应该批准该订单并将其发送给财务审批人，还是应该拒绝该订单并发回给申请者？

(3) 第三个决策由财务审批人做出：他们应该批准订单并将其发送给供应商，还是应该拒绝该订单并发回给申请者？

每个决策都适合用机器学习的方式做出，事实上，的确如此。我们来详细地研究一下第一个决策（Karen 的决策），以理解它为什么适合机器学习。

2.2 数据

在与 Karen 的讨论中，你了解到她通常采用的方法是，如果产品看起来像 IT 产品，她会将其发送给技术审批人。但她的规则有个例外：如果是可以即插即用的产品，如鼠标或者键盘，她不会将其发送给技术审批人进行审批。如果申请来自 IT 部门，那么也不需要技术审批。

表 2-1 展示了在这种场景下将使用的数据集。这份数据集包含了 Karen 过去处理的 1000 个订单。

表 2-1　技术审批所需的数据集包含了 Karen 以前收到的订单信息

tech_approval_required	requester_id	role	product	quantity	price	total
0	E2300	tech	Desk	1	664	664
0	E2300	tech	Keyboard	9	649	5841
0	E2374	non-tech	Keyboard	1	821	821
1	E2374	non-tech	Desktop Computer	24	655	15720
0	E2327	non-tech	Desk	1	758	758
0	E2354	non-tech	Desk	1	576	576
1	E2348	non-tech	Desktop Computer	21	1006	21126
0	E2304	tech	Chair	3	155	465
0	E2363	non-tech	Keyboard	1	1028	1028
0	E2343	non-tech	Desk	3	487	1461

在为监督机器学习准备有标签的数据集时，把目标变量放在第一列是一种很好的做法。在这种场景下，你的目标变量是，**Karen 是否应该将订单发送给技术审批人？**在你的数据集里，如果 Karen 将订单发送给技术审批人进行审批，你就将 `tech_approval_required` 列标注为 `1`。反之，则将该列标注为 `0`。剩下的列是特征项。你认为这些对于决定是否将订单发送给审批人很有用。和目标变量类似，特征项也分为两种类型：分类型和连续型。

表 2-1 中的分类型特征位于 `requester_id`、`role` 和 `product` 列。一个**分类型特征**可以被分为多个不同的组，它们通常是文本而不是数值，如以下几列所示：

- **requester_id**——申请者的 ID；
- **role**——如果申请者来自 IT 部门，则该列标注为 `tech`；
- **product**——产品类型。

连续型特征是表 2-1 的最后 3 列。**连续型特征**通常是数值，该数据集的连续型特征是 `quantity`、`price` 和 `total` 列。

该数据集挑选的字段可以使你再现 Karen 的决策过程。你还可以选择许多其他字段，市面上有一些非常复杂的工具可以帮你挑选这些特性。但是，就本场景而言，你将凭借对要解决问题的直觉来选择需要的特性。如你所见，这种方法可以快速见效。现在，你已经准备好进行机器学习相关的工作了。

- 你的最终目标是能够向机器学习模型提交订单，并获取返回的结果，结果中建议了是否需要将订单发送给技术审批人。
- 你已经确定了为做出决策所依据的特征（产品类型以及申请者是否来自 IT 部门）。
- 你已经创建了带标签的历史数据集，如表 2-1 所示。

2.3　开始你的训练过程

有了带标签的数据集之后，你就可以训练机器学习模型进行决策了，但什么是模型，如何训练它呢？

在接下来的几章里，你会进一步了解机器学习的工作原理。现在，你需要知道的是**机器学习模型**是一个数学函数，它会因为做出正确预测而受到奖励，因为做出错误预测而受到惩罚。为了能够做出更多正确的预测，该函数将每个特征的某些值与预测结果正确与否相关联。随着它处理的样本越来越多，它的预测能力会越来越强。当它处理完所有样本后，你就可以说该模型**训练完成**了。

机器学习模型的基础是数学函数，该函数被称为**机器学习算法**。每个机器学习算法都有许多参数，你可以通过设置它们来获得性能更好的模型。在本章中，你用到的所有算法都使用默认参数。在接下来的章节中，我们会讨论如何对算法进行调优以获得更好的结果。

对于机器学习的初学者来说，最令人困惑的一个方面是确定使用哪种机器学习算法。在本书的监督机器学习实践中，我们仅关注一种算法：XGBoost。XGBoost 是一个不错的选择，原因如下所示。

- XGBoost 适用面广，无须重大调整就能适用于很多问题。
- 不需要大量数据就可以获得良好效果。
- 结果具有很好的可解释性。
- 对于很多参加小数据集机器学习竞赛的参与者来说，这是一种高性能算法，也是首选算法。

在下一章中，你会了解 XGBoost 的工作原理，但现在，我们只讨论如何使用它。

注意　如果你尚未安装和配置本章和本书所需的所有工具，请查阅附录 A、附录 B 和附录 C，按照附录进行操作。完成附录的操作（一直到附录 C 的末尾）后，你的数据集就会存储在 S3（AWS 的文件存储服务）中，也在 SageMaker 中设置并运行了 Jupyter 笔记本。

2.4　运行 Jupyter 笔记本并进行预测

我们来逐步研究 Jupyter 笔记本并预测是否将订单发送给技术审批人。本章将分六个部分来研究 Jupyter 笔记本：

- 加载并检查数据；
- 将数据转换为正确的格式；
- 创建训练集、验证集和测试集；
- 训练机器学习模型；
- 部署机器学习模型；
- 测试机器学习模型并用模型进行决策。

要继续进行，你还应该完成两件事情。

- 将数据集 `orders_with_predicted_value.csv` 加载到 S3 中。
- 将 Jupyter 笔记本 tech_approval_required.ipynb 上传到 SageMaker。

附录 B 和附录 C 详细介绍了如何处理本章使用的数据集。步骤如下所示：

- 下载数据集；
- 将数据集上传到为本书数据集设置的 S3 存储桶中；
- 下载 Jupyter 笔记本；
- 将 Jupyter 笔记本上传到你的 SageMaker 笔记本实例中。

别被 Jupyter 笔记本中的代码吓到了。在阅读本书的过程中，你会逐步了解它的各个方面。在本章中，你只会运行代码而不会修改它。实际上，在本章中，除了前两行代码外，你无须修改任何代码，只需在前两行告诉代码要使用哪个 S3 存储桶以及该存储桶中的哪个文件夹包含了你的数据集。

首先，在浏览器中登录 AWS 控制台，打开 SageMaker 服务。然后单击 SageMaker 左侧菜单中的 Notebook instances，如图 2-2 所示，这将跳转到一个展示你的笔记本实例的界面。

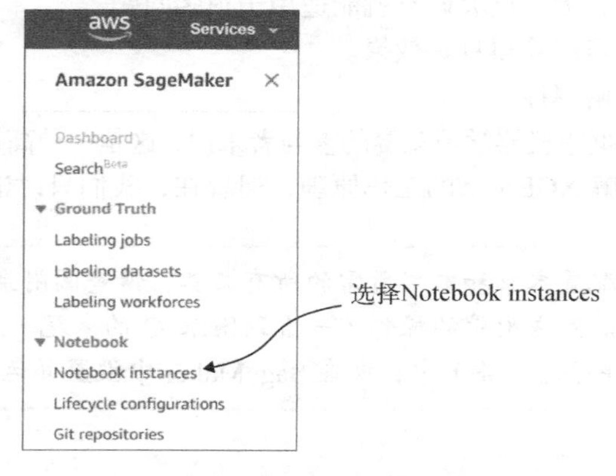

图 2-2　从 Amazon SageMaker 菜单中选择笔记本实例

如果按照附录 C 上传的笔记本没有运行，你会看到如图 2-3 所示的界面。单击 Start 链接启动笔记本实例。

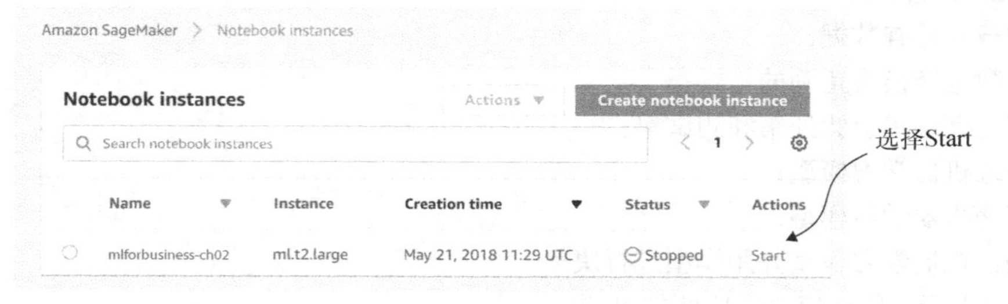

图 2-3　停止状态的笔记本实例

启动你的笔记本实例后，或是你的笔记本实例已经启动了，你会看到如图 2-4 所示的界面，单击 Open 链接。

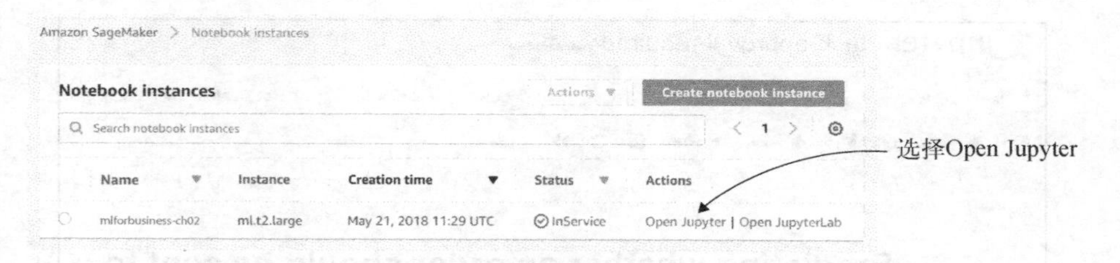

图 2-4 从笔记本实例中打开 Jupyter

单击 Open 链接后，浏览器会跳出一个新标签，你会看到在附录 C 中创建的 ch02 文件夹，如图 2-5 所示。

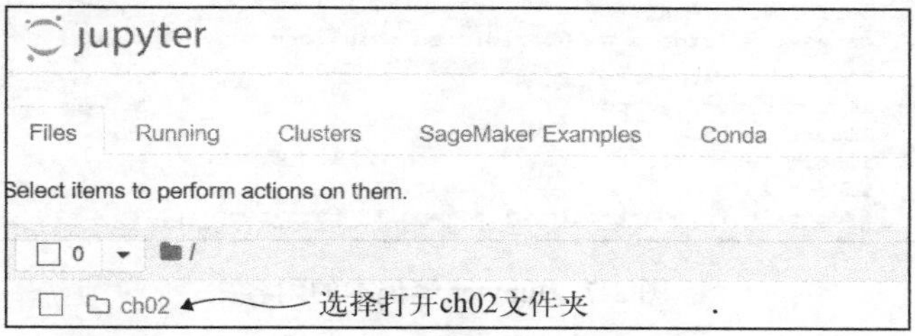

jupyter

Files Running Clusters SageMaker Examples Conda

Select items to perform actions on them.

0 /

ch02 选择打开ch02文件夹

图 2-5 选择 ch02 文件夹

最后，单击 ch02 之后，你会看到按照附录 C 上传的笔记本：tech-approval-required.ipynb。单击该笔记本以在一个新浏览器标签中打开它，如图 2-6 所示。

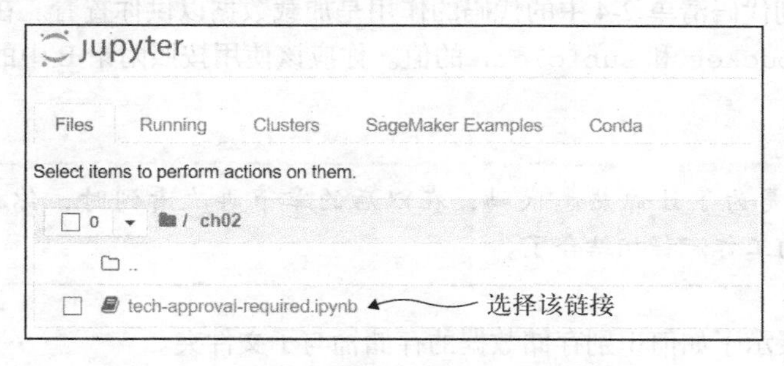

图 2-6 打开 tech-approval-required 笔记本

图 2-7 展示了一个 Jupyter 笔记本。Jupyter 笔记本是极佳的编码环境，它将文本和代码按段落组织在一起。文本单元格的示例如 Part 1：Load and examine the data 所示，代码单元格的示例如下所示：

```
data_bucket = 'mlforbusiness'
subfolder = 'ch02'
dataset = 'orders_with_predicted_value.csv'
```

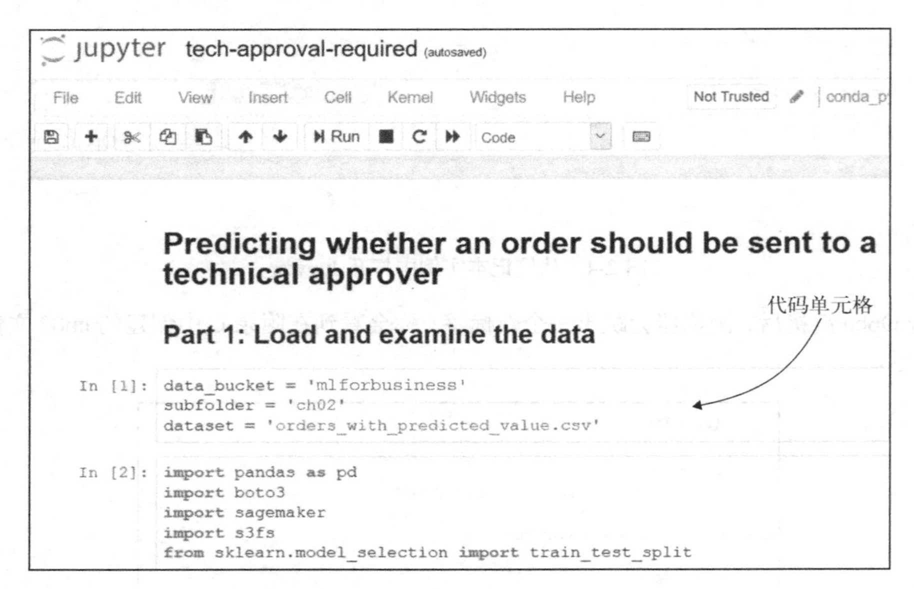

图 2-7　Jupyter 笔记本的内容

要运行 Jupyter 笔记本中的代码，需在光标位于代码单元格内时按 Ctrl+Enter 组合键。

2.4.1　第一部分：加载并检查数据

代码清单 2-1 到代码清单 2-4 中的代码的作用是加载数据以供你查看。在整个笔记本中，你只需要修改 data_bucket 和 subfolder 的值。你应该使用按照附录 B 中的说明设置的存储桶和子文件夹名称。

注意　浏览代码只是为了让你熟悉代码，在以后的章节再次看到时，你就知道代码如何与 SageMaker 的工作流程相结合了。

代码清单 2-1 展示了如何识别存储数据的存储桶与子文件夹。

代码清单 2-1　设置 S3 存储桶与子文件夹

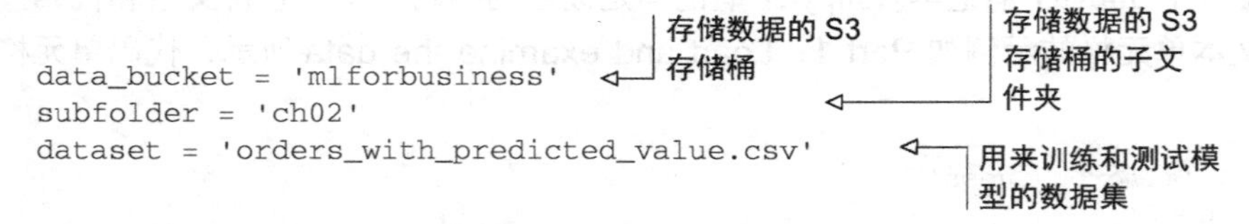


```
data_bucket = 'mlforbusiness'
subfolder = 'ch02'
dataset = 'orders_with_predicted_value.csv'
```

你一定记得，Jupyter 笔记本是编写和运行代码的地方。你可以通过两种方式在 Jupyter 笔记本中运行代码。你可以运行一个单元格的代码，也可以运行多个单元格的代码。

要运行一个单元格的代码，请单击该单元格以将其选中，然后按 Ctrl+Enter 组合键。然后，你会看到一个星号（*）出现在该单元格的左侧。这意味着该单元格中的代码正在运行。当星号变为数字时，代码已运行完毕。该数字表示自打开笔记本以来已运行的单元格数量。

如果需要，在更新完数据桶与子文件的名称后，如代码清单 2-1 所示，你就可以运行笔记本。这将加载数据，构建并训练机器学习模型，设置端点，最后基于测试数据生成预测结果。SageMaker 需要大约 10 分钟的时间来完成基于本书中会用到的数据集的这些操作。如果从你的公司加载大型数据集，则可能需要更长时间。

要运行整个笔记本，请在 Jupyter 笔记本顶部的工具栏中单击 Cell，然后单击 Run All，如图 2-8 所示。

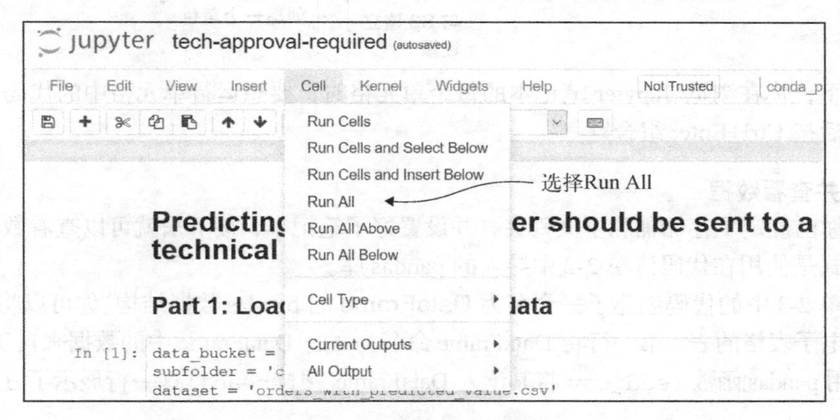

图 2-8 运行 Jupyter 笔记本

1. 设置笔记本

接下来设置笔记本所需的 Python 库，如代码清单 2-2 所示。要运行笔记本，无须修改（代码清单中的）任何值。

- pandas——数据科学项目中常用的 Python 库。在本书中，我们不会深入了解 pandas。你会以 `pd` 加载 pandas 库。在本章后面可以看到，这意味着我们将在 pandas 库的任意模块用 `pd` 作为开头。
- boto3 和 sagemaker——Amazon 创建的用于帮助 Python 用户与 AWS 资源交互的库。boto3 用于与 S3 交互，而 sagemaker 无疑是与 SageMaker 交互。你还会使用一个名为 **`s3fs`** 的模块，该模块使 boto3 与 S3 一起使用更加方便。
- sklearn——你最后要导入的库。sklearn 是 scikit-learn 的缩写，它是一个广泛应用于商业和科学界的全面的机器学习算法库。在这里，我们仅导入稍后将使用的 `train_test_split` 函数。

你还需要在 SageMaker 上创建一个角色，该角色允许 sagemaker 库使用构建和运行机器学习应用程序所需的资源。你可以通过调用 sagemaker 库的 `get_execution_role` 函数来实现。

代码清单 2-2　导入模块

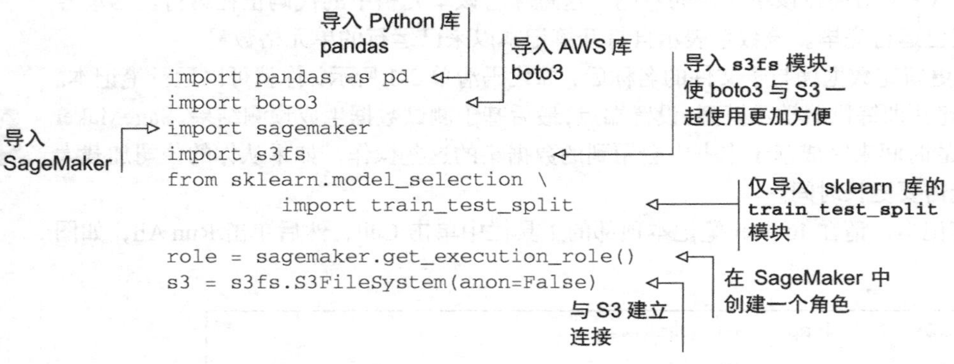

提醒一下，你在浏览 Jupyter 笔记本的每个单元格时，要想运行单元格中的代码，请单击该单元格，然后按 Ctrl+Enter 组合键。

2. 加载并查看数据

现在，你已确定了存储桶和子文件夹，并设置好了笔记本，接下来就可以查看数据。查看数据的最佳方式是使用在代码清单 2-2 中导入的 pandas 库。

代码清单 2-3 中的代码创建了一个名为 DataFrame 的 pandas 数据结构。你可以将 DataFrame 看成类似于电子表格的表。第一行将 DataFrame 命名为 **df**。DataFrame 中的数据来自于 S3 中的订单数据。使用 pandas 函数 `read_csv` 将其读入 DataFrame。`df.head()`这一行展示了 `df` DataFrame 的前 5 行。

代码清单 2-3　查看数据

```
df = pd.read_csv(
    f's3://{data_bucket}/{subfolder}/{dataset}')
df.head()
```

读取代码清单 2-1 中的 S3 数据集 `orders_with_predicted_value.csv`

展示在前面代码中读取的 DataFrame 的前 5 行

运行代码将展示数据集的前 5 行。（要运行代码，请单击单元格，然后按 Ctrl+Enter 组合键。）数据集内容与表 2-2 类似。

表 2-2　在 Excel 中展示的技术审批情况数据集

tech_approval_required	requester_id	role	product	quantity	price	total
0	E2300	tech	Desk	1	664	664
0	E2300	tech	Keyboard	9	649	5841
0	E2374	non-tech	Keyboard	1	821	821
1	E2374	non-tech	Desktop Computer	24	655	15720
0	E2327	non-tech	Desk	1	758	758

回顾一下，你上传到 S3 的数据集现在由 df DataFrame 展示，其中列出了 Karen 处理的最近的 1000 个订单。她将其中一些订单发送给了技术审批人，而有些则没有。

代码清单 2-4 中的代码展示了数据集的行数，以及发送给技术审批人的行数。运行代码，会显示数据集有 1000 行，其中 807 行没有发送给技术审批人，193 行已经发送。

代码清单 2-4 确定进行技术审批的行数

```
print(f'Number of rows in dataset: {df.shape[0]}')    ← 显示行数
print(df[df.columns[0]].value_counts())               ← 你不需要理解这一行代码。输出显示了进行
                                                        技术审批的行数和没有进行技术审批的行数
```

在代码清单 2-4 中，DataFrame 的 shape 属性提供了行数和列数的信息。这里 df.shape[0] 展示了行数，df.shape[1] 展示了列数。DataFrame（df）的 value_counts 属性展示了数据集中进行技术审批的行数。结果中，如果进行了技术审批则显示 1，如果没有进行技术审批则显示 0。

2.4.2 第二部分：将数据转换为正确的格式

对于笔记本的这一部分，你要准备数据以供机器学习模型使用。在后续章节中，你将学到有关该主题的更多内容，但就目前来说，知道准备数据的标准方法就够了。在每个机器学习练习中，我们都会使用一种方法。

关于大多数机器学习模型，需要了解的重要的一点是，它们通常处理的是数值而非基于文本的数据。下一章详细研究 XGBoost 算法的时候会讨论其原因。此刻，你只需要知道先将基于文本的数据转换为数值型数据，才能使用这些数据训练你的机器学习模型。幸运的是，有一些易用的工具可以助我们一臂之力。

首先，我们将使用 pandas 的 get_dummies 函数将所有文本数据转换成数值。它的做法是为每个唯一的文本值创建一个单独的列。例如，product 列包含文本值，比如 Desk、Keyboard 和 Mouse。使用 get_dummies 函数时，它会将每个值都转换成一列，并在相应的行里填上 0 或 1，这取决于该行是否包含值。

表 2-3 展示了一个包含 3 行的简表。该表展示了写字台、键盘和鼠标的价格。

表 2-3 简单的 3 行数据集，其中包含写字台、键盘和鼠标的价格

product	price
Desk	664
Keyboard	69
Mouse	89

使用 get_dummies 函数，它会获取非数值型列的每个唯一值，并根据这些值创建新列。在我们的示例中，这将如表 2-4 所示。请注意，get_dummies 函数删除了 product 列，并根据数

据集中的 3 个唯一值创建了 3 列。如果新列包含该行中原来的值，则填入 1，并在其他列填入 0。

表 2-4　使用 get_dummies 函数处理后的 3 行数据集

price	product_Desk	product_Keyboard	product_Mouse
664	1	0	0
69	0	1	0
89	0	0	1

代码清单 2-5 展示了生成表 2-4 的代码。要运行代码，需将光标移动到单元格内，然后按 Ctrl+Enter 组合键。可以看到该数据集的列非常多，在我们的例子中有 111 列。

代码清单 2-5　将文本值转换为列

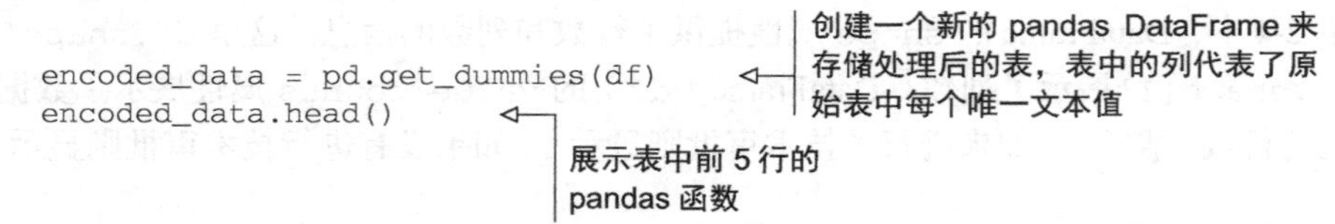

```
encoded_data = pd.get_dummies(df)
encoded_data.head()
```


现在该数据集可以用于机器模型算法了，因为它全是数值。但有一个问题，你的数据集列数可能非常多。在图 2-3 和图 2-4 中的样本数据集中，数据集从 2 列变为 4 列。在真实的数据集中，可以扩展到数千列。你运行单元格中的代码时，即使是我们在 SageMaker Jupyter 笔记本中的样例数据集也会扩展到 111 列。

对于机器学习算法来说，这不是问题，它可以轻松处理具有数千列的数据集，但对你来说是个问题，因为解释数据将变得更加困难。因此，针对本书中涉及的机器学习决策问题，你通常可以将列数减少到只包含和决策结果最相关的那些列，结果同样准确。这对于你向别人解释清楚算法是如何工作的非常重要。例如，在本章使用的数据集中，相关性最高的列是与技术产品类型有关的列以及与申请者是否为技术人员有关的列。这是合理的，并且能够简单明了地向别人解释。

对于这个机器学习问题，**相关列**是指该列包含的值与要预测的值相关。你可以说当一个值随着另一个值的变化而变化时，这两个值就是相关的。如果这两个值一起增大或者减小，则表示它们是**正相关的**——它们沿相同的方向变动。当一个值增大而另一个值减小（反之亦然）时，则表示它们是**负相关的**——它们沿相反的方向变动。就我们这个问题来说，机器学习算法并不关心两个列是正相关还是负相关，而只关心它们是否相关。

相关性非常重要，因为机器学习算法就是尝试根据数据集中其他列的值来预测结果。数据集中对预测贡献最大的值就是那些与预测值相关的值。

通过调用另一个名为 corr 的 pandas 函数，你可以找到相关性最大的列。通过在代码清单 2-5 中 encoded_data DataFrame 后面添加 .corr()，你就可以调用 corr 函数。在该函数后面，你需要提供表示预测结果的列的名称。在这个例子里，你要尝试预测的是 tech_approval_required 列。代码清单 2-6 显示了执行上述操作的代码。请注意，该代码清单末尾的 .abs() 函数只是返回相关性的绝对值。

代码清单 2-6　找出相关的列

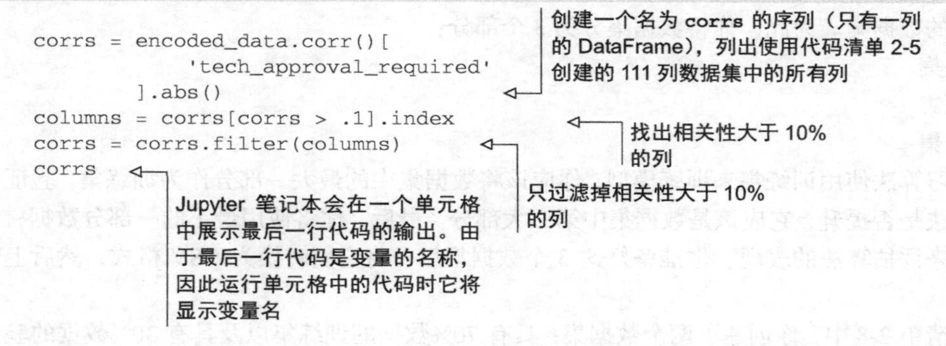

代码清单 2-6 中的代码找出了相关性大于 10%的列。你无须清楚地知道代码的工作原理。你只是在查找与 tech_approval_required 列的相关性大于 10%的所有列。为什么是 10%呢？这个值可以过滤掉数据集中不相关的干扰，尽管此步骤对机器学习算法本身没什么帮助，但可以帮助你卓有成效地解释数据。需要考虑的列少了，你可以更轻松地向别人解释算法在干什么了。

表 2-5 展示了相关性大于 10%的列。

表 2-5　与预测值的相关性

Column name	Correlation with predicted value
tech_approval_required	1.000000
role_non-tech	0.122454
role_tech	0.122454
product_Chair	0.134168
product_Cleaning	0.191539
product_Desk	0.292137
product_Desktop Computer	0.752144
product_Keyboard	0.242224
product_Laptop Computer	0.516693
product_Mouse	0.190708

现在，你已经确定了相关性最高的列，需要对 encoded_data 表进行过滤操作以只保留这些列。你可以使用代码清单 2-7 中的代码进行操作，第一行代码对原有列进行过滤，仅留下相关列，而运行第二行代码会展示该表。请记住，要运行代码，请单击单元格，然后按 Ctrl+Enter 组合键。

代码清单 2-7　只展示相关列

```
encoded_data = encoded_data[columns]
encoded_data.head()
```

过滤，以保留与 tech_approval_required 列相关的列

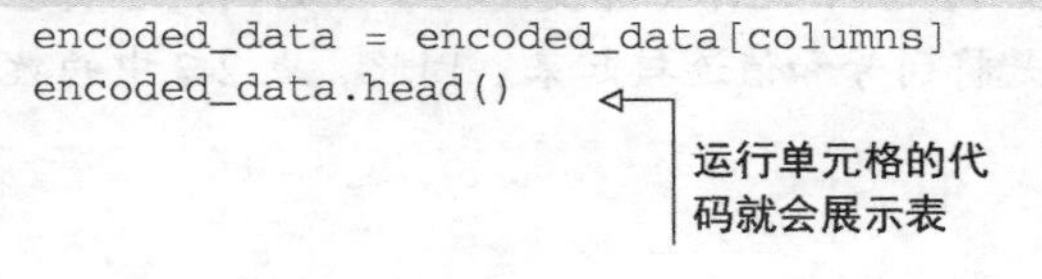

2.4.3　第三部分：创建训练集、验证集和测试集

机器学习过程的下一步是创建用于训练算法的数据集。在训练过程中，你还将创建用于验证和测试结果的数据集。为此，你将数据集分为 3 个部分：

- ❑ 训练集
- ❑ 验证集
- ❑ 测试集

机器学习算法使用训练集来训练模型，你应该将数据集中的最大一部分作为训练集。验证集用于检验算法是否提升，它应该是数据集中第二大部分。最后，你将使用最小的一部分数据，也就是测试集来评估算法的表现。你准备好这 3 个数据集后，将它们转换为 CSV 格式，然后上传至 S3。

在代码清单 2-8 中，你创建了两个数据集：具有 70%数据的训练集以及具有 30%数据的验证和测试集。然后，将验证和测试数据拆分为两个单独的数据集：验证集和测试集。验证集将包含总数据的 20%，相当于验证和测试集的 66.7%。测试集将包含总数据的 10%，相当于验证和测试集的 33.3%。要运行代码，请选中单元格，然后按 Ctrl+Enter 组合键。

代码清单 2-8　将数据分为训练集、验证集和测试集

```
train_df, val_and_test_data = train_test_split(
        encoded_data,
        test_size=0.3,
        random_state=0)          <-- 将 70%的数据作为训练集
val_df, test_df = train_test_split(
        val_and_test_data,
        test_size=0.333,
        random_state=0)      <-- 将 20%的数据作为验证集，10%的数据作为测试集
```

注意　random_state 参数确保重复执行代码，拆分数据的方式不变。

在代码清单 2-8 中，我们将数据拆分为 3 个 DataFrame。在代码清单 2-9 中，我们将数据集转化为 CSV 格式。

输入和 CSV 格式

CSV 是 XGBoost 机器学习模型的两种输入格式之一。本书代码采用 CSV 格式。这是因为如果要查看电子表格中的数据，可以很容易地将其导入 Microsoft Excel 等电子表格应用程序中。使用 CSV 格式的缺点是，如果数据集中包含很多列（如代码清单 2-5 中使用 get_dummies 函数之后的 encode_data 数据集），就会占用大量空间。

XGBoost 可以使用的另一种格式是 libsvm。与 CSV 文件（即使是包含 0 的列，也要包含进去）不同，libsvm 格式只包含非零列，方法是将列号和值连接起来。因此，表 2-2 中的数据将如下所示：

```
1:664 2:1
1:69 3:1
1:89 4:1
```

每行的第一个元素展示了价格（664、69 或 89）。价格前面的数字表示了这是数据集中的第一列。每行的第二个元素包含了列号（2、3 或者 4）和该列的非零值（在我们的例子中，始终为 1）。因此 `1:89 4:1` 表示该行第一列的值为 89，第四列的值为 1，所有其他列的值为 0。

可以看到，在 CSV 文件上使用 libsvm 将我们的数据集从 4 列变成了 2 列。不过不必纠结于此。SageMaker 和 XGBoost 可以很好地处理包含数千列的 CSV 文件。但是，如果你的数据集非常宽（有数万列），你可能需要使用 libsvm 而不是 CSV；否则，使用 CSV，因为它更容易处理。

2

代码清单 2-9 展示了如何使用 pandas 函数 `to_csv` 从代码清单 2-8 中创建的 DataFrame 中创建 CSV 数据集。要运行代码，单击单元格，然后按 Ctrl+Enter 组合键。

代码清单 2-9 将数据转换为 CSV

```
train_data = train_df.to_csv(None, header=False, index=False).encode()
val_data = val_df.to_csv(None, header=False, index=False).encode()
test_data = test_df.to_csv(None, header=True, index=False).encode()
```

`to_csv` 函数的 `None` 参数表示你不想保存为文件。`header` 参数表示 CSV 文件是否包含表头。对于 `train_data` 和 `val_data` 数据集，不用包含表头（`header=False`），因为机器学习算法要求每一列的值均为数值。对于 `test_data` 数据集，则最好包含表头，因为你会在测试数据上运行训练后的算法，包含表头会有助于此。`index=False` 参数则告诉函数不包括有行号的列。`encode()` 函数可确保 CSV 文件中的文本格式正确。

注意 以正确的格式编码文本可能是机器学习中最令人恼火的一部分。幸运的是，其中很多复杂的地方是由 pandas 库处理的，因此一般来说你不用担心。只需要记住，如果将文件保存为 CSV，就要使用 `encode()` 函数。

在代码清单 2-9 中，你从 `train`、`val` 和 `test` 这 3 个 DataFrame 中创建了 CSV 文件。但是，除了保存在 Jupyter 笔记本的内存里，CSV 文件还没有保存到任何其他地方。在代码清单 2-10 中，你将把 CSV 文件保存到 S3 中。

在代码清单 2-2 的第四行，你导入了一个名为 `s3fs` 的 Python 模块。该模块使 S3 使用起来更方便。在该代码清单的最后一行，你将 `s3` 变量赋值给了 S3 文件系统。现在，你将使用该变量来操作 S3。为此，你将使用 Python 的 `with...open` 语法表示要写入的文件名和位置，并使用 `write` 函数将变量的内容写入该位置，如代码清单 2-10 所示。

请记住，在创建文件时要使用'wb'来表示你正在以二进制模式而不是文本模式写入文件的内容（你无须知道它是如何工作的，只需要知道这样保存后，读取到的数据与保存的完全一致）。要运行代码，请单击单元格，然后按 Ctrl+Enter 组合键。

代码清单 2-10　保存 CSV 文件到 S3

```
with s3.open(f'{data_bucket}/{subfolder}/processed/train.csv', 'wb') as f:
    f.write(train_data)          <-- 将 train.csv 文件写入 S3

with s3.open(f'{data_bucket}/{subfolder}/processed/val.csv', 'wb') as f:
    f.write(val_data)            <-- 将 val.csv 文件写入 S3

with s3.open(f'{data_bucket}/{subfolder}/processed/test.csv', 'wb') as f:
    f.write(test_data)           <-- 将 test.csv 文件写入 S3
```

2.4.4　第四部分：训练模型

下面可以开始训练模型了。此时你无须详细了解其工作原理，只需要了解它的作用即可，因此本部分的代码不会像前面代码清单中那样进行注释。

首先，你需要将你的 CSV 数据加载到 SageMaker 中。这可以通过 SageMaker 函数 s3_input 来完成。在代码清单 2-11 中，s3_input 文件称为 train_input 和 test_input。请注意，你不需要将 test.csv 文件加载到 SageMaker 中，因为它不用于训练和验证模型，而是在最后用于测试模型结果。要运行代码，单击单元格，然后按 Ctrl+Enter 组合键。

代码清单 2-11　为 SageMaker 准备 CSV 数据

```
train_input = sagemaker.s3_input(
    s3_data=f's3://{data_bucket}/{subfolder}/processed/train.csv',
    content_type='csv')
val_input = sagemaker.s3_input(
    s3_data=f's3://{data_bucket}/{subfolder}/processed/val.csv',
    content_type='csv')
```

代码清单 2-12 才是真正神奇之处。正是它使没有系统工程经验的人能够做机器学习相关的工作。在这个代码清单中，你要训练机器学习模型。尽管这听起来很简单，但是使用 SageMaker 可以轻松地做到这一点，与必须自己建立基础架构来训练机器学习模型相比，迈出了一大步。在代码清单 2-12 中，你可以

(1) 设置一个名叫 sess 的变量来保存 SageMaker 会话；

(2) 定义 AWS 在哪个容器中存储模型（使用代码清单 2-12 中给出的容器）；

(3) 创建模型（保存在代码清单 2-12 中的变量 estimator 中）；

(4) 为 estimator 设置超参数。

你将在接下来的几章里详细了解上述每一个步骤，因此，此刻你无须对此进行深入了解，只需要知道代码清单中的代码会生成模型，启动服务器来运行模型，然后基于数据进行模型训练。如果在笔记本单元格里按 Ctrl+Enter 组合键，模型就会运行。

代码清单 2-12 训练模型

```
sess = sagemaker.Session()

container = sagemaker.amazon.amazon_estimator.get_image_uri(
    boto3.Session().region_name,
    'xgboost',
    'latest')

estimator = sagemaker.estimator.Estimator(
    container,
    role,
    train_instance_count=1,
    train_instance_type='ml.m5.large',
    output_path= \
        f's3://{data_bucket}/{subfolder}/output',
    sagemaker_session=sess)

estimator.set_hyperparameters(
    max_depth=5,
    subsample=0.7,
    objective='binary:logistic',
    eval_metric = 'auc',
    num_round=100,
    early_stopping_rounds=10)

estimator.fit({'train': train_input, 'validation': val_input})
```

设置 SageMaker 用于运行模型的服务器类型

将模型输出保存在 S3 中的该位置

SageMaker 具有非常复杂的超参数调优能力。要使用调优函数，你只需保证正确设置目标。对于当前的数据集（你要预测的结果非 0 即 1），你应该将其设置为 **binary:logistic**。后续章节会详细介绍该内容

训练迭代次数的最大值。第 3 章会详细介绍该内容

告诉 SageMaker 对超参数进行调优以得到最优曲线下面积。同样，后续章节将详细介绍该内容

在训练终止前，模型没有改善的情况下的训练迭代次数

训练模型大约需要 5 分钟，你可以坐下来想想不用手动配置服务器和安装软件来训练模型是多么令人高兴。服务器仅运行大约一分钟的时间，因此你只需要支付一分钟计算时间的费用。在撰写本书时，m5 大型服务器的价格低于每小时 0.1 美元。将模型存储在 S3 中，这样你就可以随时使用它，而无须重新训练模型。后续章节将对此进行更多的介绍。

2.4.5 第五部分：部署模型

本节代码也很神奇。在本节中，你将启动另一个服务器来部署模型。这个服务器用于基于训练好的模型进行预测。

同样，你暂时不需要了解本节代码清单中代码的工作原理，只需要了解它正在创建用于预测的服务器即可。代码清单 2-13 调用端点 `order-approval`，并使用 Python 的 `try-except` 代码块创建该端点。

`try-except` 代码块会试着运行代码，如果报错，它将运行 `except` 行后面的代码。这么做的原因是你只想用尚未使用的名称设置端点。代码清单 2-13 试图设置一个名为 `order-approval` 的端点。如果没有名为 `order-approval` 的端点，则设置一个。如果已经存在一个 `order-`

approval 端点，则 try 代码块会报错，然后运行 except 代码块。在本例中，except 代码块只是继续使用 order-approval 端点。

代码清单 2-13　部署模型

```
endpoint_name = 'order-approval'
try:
    sess.delete_endpoint(
        sagemaker.predictor.RealTimePredictor(
            endpoint=endpoint_name).endpoint)
    print('Warning: Existing endpoint deleted\
to make way for your new endpoint.')
except:
    pass
predictor = estimator.deploy(initial_instance_count=1,
               instance_type='ml.t2.medium',        <-- 在本例中，你使用的服务器类型为 ml.t2.medium 服务器
               endpoint_name=endpoint_name)

from sagemaker.predictor import csv_serializer, json_serializer
predictor.content_type = 'text/csv'
predictor.serializer = csv_serializer
predictor.deserializer = None
```

代码清单 2-13 设置了 t2.medium 级别的服务器，与用于训练模型的 m5.large 服务器相比，这是一个性能较弱的服务器，因为基于模型进行预测比创建模型需要的计算量少。try 代码块和 except 代码块创建了一个名为 predictor 的变量，你将使用该变量来测试和使用该模型。最后 4 行代码设置以 CSV 文件作为输入的 predictor，以便于你更轻松地使用。

请注意，当你在笔记本单元格中按 Ctrl+Enter 组合键时，代码需要 5 分钟才能完成首次运行。因为它正在设置服务器以部署模型和创建端点，以便你可以使用模型，所以这需要时间。

2.4.6　第六部分：测试模型

现在你已经训练完模型，并部署在了服务器（名为 predictor 的端点）上，你可以开始使用模型进行预测了。代码清单 2-14 的前 3 行代码会创建一个函数，你可以用它测试每一条测试数据。

代码清单 2-14　获得预测结果

```
def get_prediction(row):
    prediction = round(float(predictor.predict(row[1:]).decode('utf-8')))
    return prediction

with s3.open(f'{data_bucket}/{subfolder}/processed/test.csv') as f:
    test_data = pd.read_csv(f)

test_data['prediction'] = test_data.apply(get_prediction, axis=1)
test_data.set_index('prediction', inplace=True)
test_data
```

代码清单 2-14 中的 get_prediction 函数读取测试数据中的每一列（第一列除外，因为这

是你要预测的值），然后将其发送给 predictor，并返回预测结果。在这个例子中，如果应该将订单发送给审批人，则预测结果为 1；如果不应该将订单发送给审批人，则预测结果为 0。

接下来的两行代码将打开 test.csv 文件，并将内容读入名为 test_data 的 pandas DataFrame 中。现在，你可以使用与代码清单 2-7 中处理原始数据集相同的方法来处理该 DataFrame。最后 3 行代码调用了在前 3 行代码中创建的函数。

你在包含代码清单 2-14 的单元格中按 Ctrl+Enter 组合键时，会看到测试文件中每一行数据的结果。表 2-6 展示了测试数据的前两行。每一行代表一个订单。例如，如果某位技术人员下了办公桌订单，则 role_tech 和 product_desk 列为 1，其他所有列为 0。

表 2-6 来自 predictor 的测试结果

Prediction	tech_approval_required	role_non-tech	role_tech	product_Chair	product_Cleaning	product_Desk	product_Desktop Computer	product_Keyboard	product_Laptop Computer	product_Mouse
1	1	1	0	0	0	0	1	0	0	0
0	0	1	0	0	1	0	0	0	0	0

第一行 prediction 列中的 1 表示模型预测应将此订单发送给技术审批人。tech_approval_required 列中的 1 表示在你的测试数据中，此订单被标记为需要进行技术审批。这意味着机器学习模型预测正确。

要了解原因，请查看 tech_approval_required 列右边列的值。你会看到此订单是非技术人员下的，因为 role_non-tech 列的值为 1，而 role_tech 列的值为 0。你还可以看到订购的产品是台式计算机，因为 product_Desktop Computer 列的值为 1。

第二行 prediction 列中的 0 表示模型预测此订单不需要技术审批。tech_approval_required 列中的 0（与 prediction 列中的值相同）表示模型预测正确。

role_non-tech 列中的 1 表示该订单也是由非技术人员下的，但 product_Cleaning 列中的 1 表示该订单为保洁产品，因此不需要技术审批。

查看结果时，你可以看到机器学习模型几乎完全正确！你构建了一个机器学习模型，无须编写任何规则，该模型就可以正确地判断是否将订单发送给技术审批人。要确定结果的准确性，你可以计算与测试结果一致的预测结果数，如代码清单 2-15 所示。

代码清单 2-15 测试模型

```
(test_data['prediction'] == \
    test_data['tech_approval_required']).mean()
```

展示与测试集结果一致的预测结果所占的百分比

2.5 删除端点并停止你的笔记本实例

在不需要使用的时候，请停止你的笔记本实例并删除端点，这一点很重要。如果你让它们一直运行，则每时每刻都在计费。本书中使用的服务器费用不高（如果你将一个笔记本实例或者端点保留一个月，大约需要花费 20 美元），但为没有使用的东西付钱是没有意义的。

2.5.1 删除端点

要删除端点，请在 SageMaker 选项卡的左侧菜单上单击 Endpoints，如图 2-9 所示。

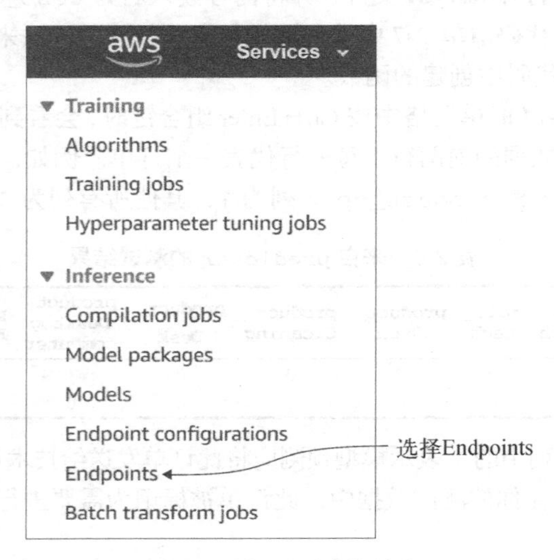

图 2-9　选择要删除的端点

你会看到所有正在运行的端点列表，如图 2-10 所示。为确保未使用的端点不产生费用，你应删除所有未使用的端点。（请记住，端点很容易创建，因此即使是几个小时不使用该端点，你也应该删除它。）

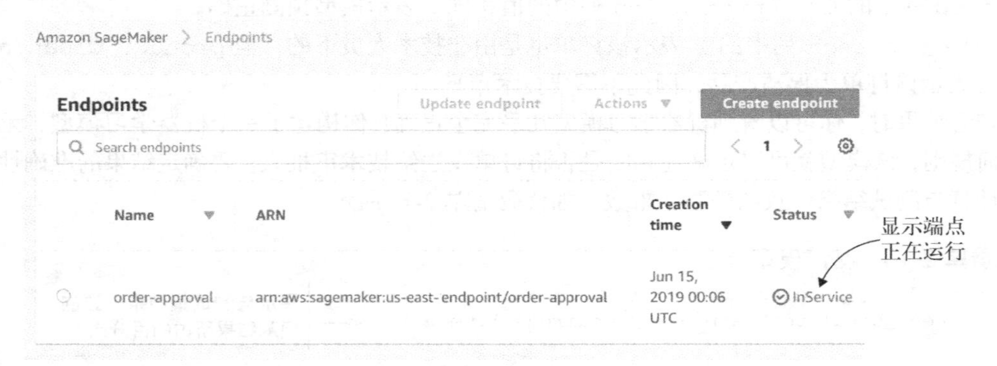

图 2-10　查看运行的端点

要删除端点，请单击 order-approval 左侧的单选按钮，然后单击 Actions 菜单项，接着单击出现的 Delete 菜单项，如图 2-11 所示。

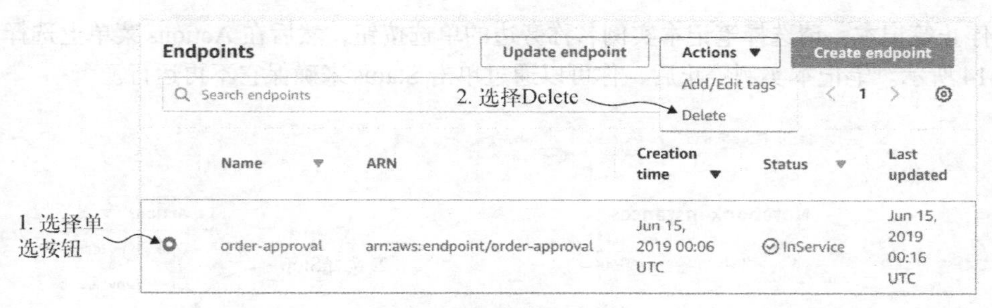

图 2-11　删除端点

现在，你已经删除了该端点，也就不再产生 AWS 费用了。你在 Endpoints 页面上看到"There are currently no resources"字样时，可以确定所有端点已经删除完毕，如图 2-12 所示。

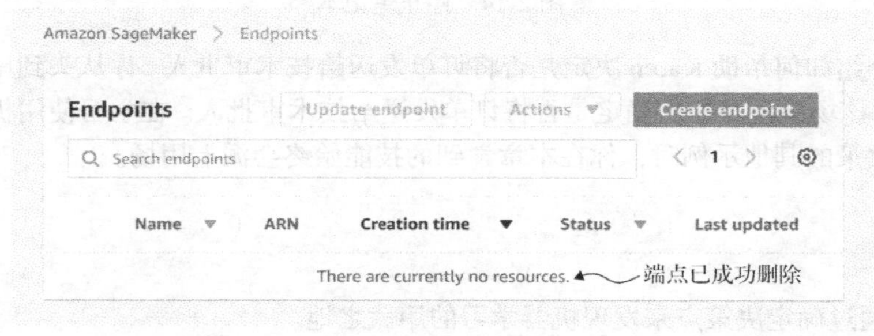

图 2-12　端点已删除

2.5.2　停止笔记本实例

最后一步是停止笔记本实例。与端点不同，你不用删除笔记本，只需将其停止，以便再次启动，启动后笔记本中的所有代码都可以再次运行。要停止笔记本实例，请单击 SageMaker 左侧菜单中的 Notebook instances，如图 2-13 所示。

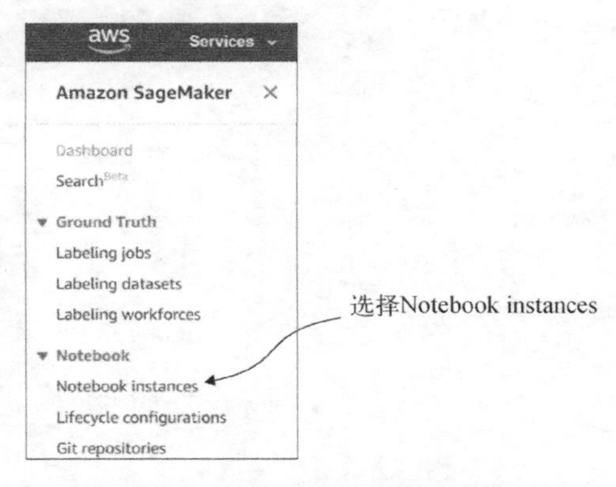

图 2-13　选择笔记本实例以准备终止

要停止笔记本，请选择笔记本实例名称旁边的单选按钮，然后在 Actions 菜单上选择 Stop，如图 2-14 所示。笔记本实例停止后，你可以通过单击 Status 来确保它不再运行。

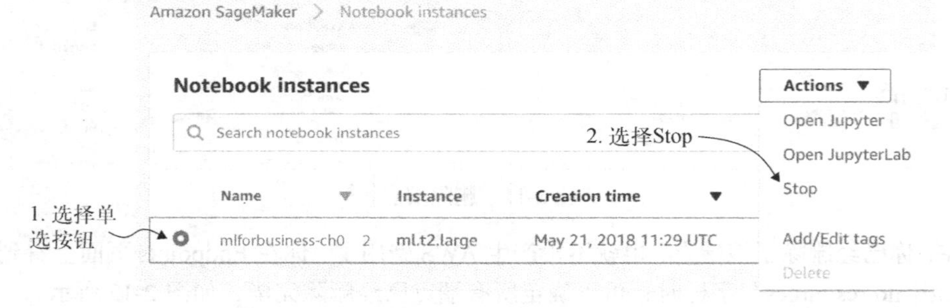

图 2-14　停止笔记本

本章主要介绍如何帮助 Karen 决定是否将订单发送给技术审批人。你从头到尾地经历了一个机器学习场景。该场景涉及如何确定是否将订单发送给技术审批人。在学习使用机器学习在业务自动化中进行决策的其他示例时，你在本章学到的技能始终会派上用场。

2.6　小结

- 你可以通过确定决策点来发现机器学习的用武之地。
- 使用 AWS SageMaker 和 Jupyter 笔记本配置 SageMaker 并构建机器学习系统非常简单。
- 你将数据发送到机器学习端点来进行预测。
- 你可以通过将数据转换为 CSV 文件来查看预测结果。
- 为确保未使用的端点不会产生费用，你应删除所有未使用的端点。

第3章 你是否应该致电客户以防客户流失

本章要点

- ❑ 识别将要流失的客户
- ❑ 如何在分析中处理倾斜的数据
- ❑ XGBoost 的工作原理
- ❑ S3 和 SageMaker 的其他实践

当客户不再向公司订货时，Carlos 会亲自处理。他是一家面包店的运营负责人，该面包店向饭店和旅馆出售优质面包和其他烘焙食品。他和大多数客户已建立了长期的合作关系，但还是经常会被竞争对手抢走一些客户。为了留住客户，Carlos 会给那些不再订购的客户致电。他从每个客户那里听到了类似的说辞：他们喜欢他的面包，但他的面包太贵了，他们的利润率降低了，因此，他们试用了另一家较便宜面包店的面包。经过试用，他的客户得出结论，尽管面包店提供的面包质量较低，但他们的饭菜质量仍可接受。

流失是表示失去客户的术语。这对 Carlos 来说还是个好词，因为这表明客户可能还没有停止订购面包，他们只是从别人那里订购而已。

Carlos 来向你寻求帮助，以找出正在尝试另一家面包店的客户。一旦确定了这些客户，他就可以给他们打电话，以确定是否可以挽留他们。在 Carlos 与那些失去的客户的对话中，他发现了一种常见的模式。

- ❑ 客户定期（通常每天）下订单。
- ❑ 客户试用了另一家面包店，导致 Carlos 面包店的订单数量下降了。
- ❑ 客户与另一家面包店达成了协议，该协议可能会也可能不会导致暂时中止向 Carlos 的面包店下单。
- ❑ 客户完全停止从他的面包店订购面包。

在本章中，你将帮助 Carlos 了解哪些客户有流失的风险，这样他就可以向他们致电，以确定是否有办法解决客户转向其他供应商的问题。为了帮助 Carlos，你将以第 2 章中了解 Karen 的流程类似的方式来了解该业务流程。

对于 Karen 的流程，你研究了订单如何从申请者流转到审批人，以及 Karen 用来决定是否将订单发送给技术审批人的特征。接着，你构建了一个 SageMaker XGBoost 应用程序来自动执行决策。同样，对于 Carlos 因为客户流失风险而决定是否致电客户的问题，你将构建一个 SageMaker XGBoost 应用程序，该应用程序每周都会检查 Carlos 的客户，并为 Carlos 决定是否应致电这些客户。

3.1 你在决策什么

乍一看，这很像第 2 章中的处理订单数据，Karen 查看订单并决定是否发送给技术审批人。在本章中，Carlos 查看客户订单，决定是否致电该客户。第 2 章中 Karen 的处理流程与本章中 Carlos 的处理流程之间的区别在于，在第 2 章中，你对订单做了决策——Karen 是否应该将订单发送给审批人，而在本章中，你制定有关客户的决策——Carlos 是否应该致电客户。

这意味着你不仅需要获取订单数据作为你的数据集，而且还需要先将订单数据转换为客户相关的数据。在后续几章中，你将了解如何使用一些自动化工具来执行此操作，但在本章中，你将先了解该过程的概念，且本章会为你提供转换后的数据集。不过在查看数据之前，先来看一下我们想要自动化的流程。

3.2 处理流程

图 3-1 展示了处理流程。下面从订单数据库开始，该数据库包含哪些客户何时购买了哪些产品的记录。

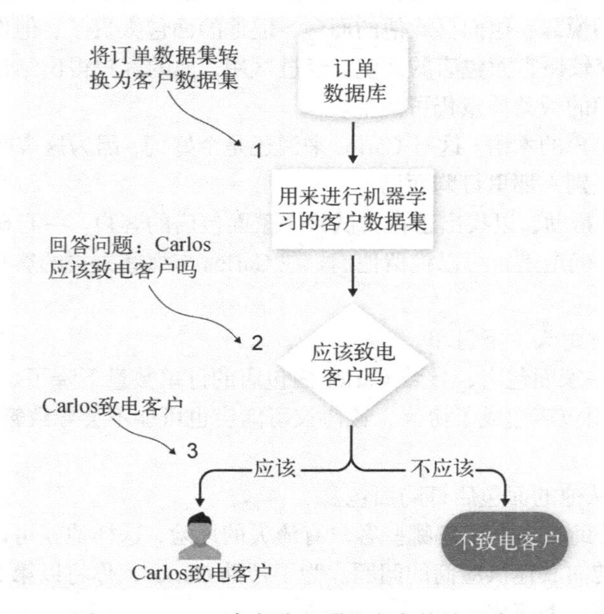

图 3-1 Carlos 决定致电哪些客户的处理流程

Carlos 认为，在客户决定转向竞争对手之前，客户订单存在一种模式。这意味着你需要将订单数据转换为客户数据。要做到这一点简单的方式是将数据以表格的形式显示，就像在 Excel 中显示的那样。每个订单都是一行数据。如果有 1000 个订单，则表就有 1000 行。如果这 1000 个订单来自于 100 个客户，则当你将订单数据转换为客户数据时，这个 1000 行的表将变为 100 行的表。

如图 3-1 的步骤 1 所示：将订单数据集转换为客户数据集。下一节你将看到如何做到这一点。现在，让我们进入步骤 2，这是本章的重点。在步骤 2 中，你将回答“Carlos 应该致电客户吗”。

准备好客户数据库后，用该数据准备一个 SageMaker 笔记本。准备好笔记本后，将有关某个客户的数据发送到 SageMaker 端点，并返回有关 Carlos 是否应该致电该客户的决策。

3.3 准备数据集

基本数据集非常简单。它包含客户代码、客户名称、订单日期和订单价值等信息。Carlos 有 3000 个客户，平均每个客户每周要下 3 笔订单。这意味着，在过去 3 个月里，Carlos 共收到 117 000 笔订单（3000 个客户 × 每周 3 笔订单 × 13 周）。

注意 本书使用的数据集都是在你工作中可能遇到的数据集的基础上进行的简化。这样做是为了突出机器学习技术，而不是将每一章的大部分篇幅花在理解数据上。

要将 117 000 行的表转换为 3000 行的表（每个客户一行），你需要按照非数值数据进行分组，并汇总数值数据。在表 3-1 所示的数据集中，非数值字段是 customer_code、customer_name 和 date，唯一的数值字段是 amount。

表 3-1 Carlos 的客户订单数据集

customer_code	customer_name	date	amount
393	Gibson Group	2018-08-18	264.18
393	Gibson Group	2018-08-17	320.14
393	Gibson Group	2018-08-16	145.95
393	Gibson Group	2018-08-15	280.59
840	Meadows, Carroll, and Cunningham	2018-08-18	284.12
840	Meadows, Carroll, and Cunningham	2018-08-17	232.41
840	Meadows, Carroll, and Cunningham	2018-08-16	235.95
840	Meadows, Carroll, and Cunningham	2018-08-15	184.59

按 customer_code 和 customer_name 分组很容易。每个 customer_code 为一行。你也可以简单地使用每个客户代码关联的客户名称。在表 3-1 中，393 行和 840 行有两个不同的 customer_code，每个都有与之对应的公司：Gibson Group 与 Meadows、Carroll 和 Cunningham。

本章中按日期分组是数据集准备中有趣的一部分。在与 Carlos 的讨论中，你了解到，他认为不再与其面包店合作的客户都有一种模式，如下所示。

(1) 客户认为他们可以使用质量较低的产品而不影响生意。

(2) 他们尝试另一家面包店的产品。

(3) 他们与另一家面包店签订了合同。

(4) 他们停止使用 Carlos 面包店的产品。

Carlos 的订单模式是订单数量随着时间的推移保持稳定，在客户试用竞争对手的产品时开始下降，接着与竞争对手签订合同后，数量再次回归稳定。Carlos 认为，客户的订单行为应该反映出这种模式。

在本章中，你将使用 XGBoost 算法来查看是否可以确定哪些客户会停止使用 Carlos 面包店的产品。尽管有几种工具可以帮助准备数据，但本章不会使用这些工具，因为本章的重点是机器学习而非数据准备。不过下一章会展示如何有效使用这些工具。在本章中，你将采纳 Carlos 的建议，即他的大多数客户遵循按周订购的模式，因此你要按周来汇总数据。

你将对数据进行两次转换：

- 标准化数据；
- 计算周与周之间的变化值。

第一次转换是计算每周消费占周平均消费的百分比。这会标准化所有数据，这样你看到的就是相对于平均销售额的每周变化值，而不是具体金额。第二次转换展示周与周之间的变化值。这么做是因为你想要机器学习算法获取到每周变化的模式以及同一时间段的相对值。

注意，本章将进行如上两次转换操作，但后续章节将更多地介绍如何转换数据。因为本章的重点是学习 XGBoost 和机器学习，所以本书将直接提供转换后的数据，这样你就不必自己进行转换。

3.3.1　转换操作 1：标准化数据

我们将对数据集执行以下操作。

(1) 取 Carlos 的每个客户一年中的消费总额，将其命名为 `total_spend`。

(2) 用 `total_spend` 除以 52，得出每周的平均消费。

(3) 分别计算每周总消费除以每周平均消费，得出每周消费占平均消费的百分比。

(4) 为每周创建一列。

表 3-2 展示了该转换的结果。

表 3-2　将数据标准化后按周分组的客户数据集

customer_code	customer_name	total_sales	week_minus_4	week_minus_3	week_minus_2	last_week
393	Gibson Group	6013.96	1.13	1.18	0.43	2.09
840	Meadows, Carroll, and Cunningham	5762.40	0.52	1.43	0.87	1.84

3.3.2 转换操作 2：计算周与周之间的变化

如表 3-3 所示，对于 week_minus_3 列到 last_week 列的每一周，均减去前一周的值，并称之为两周之间的增量。例如，在 week_minus_3 中，Gibson Group 的销售额是平均销售额的 1.18 倍，而在 week_minus_4 中，该周的销售额是平均销售额的 1.13 倍。这意味着从 week_minus_4 到 week_minus_3，他们每周销售额增长了正常销售额的 5%。这是 week_minus_3 和 week_minus_4 之间的增量，记录在 4-3_delta 列中，值为 0.05。

表 3-3 按周分组，展示每周变化的客户数据集

customer_code	customer_name	total_sales	week_minus_4	week_minus_3	week_minus_2	last_week	4-3_delta	3-2_delta	2-1_delta
393	Gibson Group	6013.96	1.13	1.18	0.43	2.09	0.05	-0.75	1.66
840	Meadows, Carroll, and Cunningham	5762.40	0.52	1.43	0.87	1.84	0.91	-0.56	0.97

接下来的一周 Gibson Group 的销售情况非常糟糕：销售额下降了周平均销售额的 75%，可以看到 3-2_delta 列中的值为-0.75。不过，他们的销售额在上周有所反弹，达到了周平均销售额的 2.09 倍，可以看到 2-1_delta 列中的值为 1.66。

现在已准备好了数据，下面继续研究机器学习应用程序。首先来看看 XGBoost 的工作原理。

3.4 XGBoost 基础

第 2 章使用 XGBoost 帮助 Karen 决定将订单发送给哪个审批人，但没有详细介绍 XGBoost 的工作原理，下面来看看这个算法。

3.4.1 XGBoost 的工作原理

可以从多个层次理解 XGBoost。理解深度取决于需求。一个着眼于全局的人会对宏观的答案感到满意，一个着眼于细节的人则需要详细的解释。Carlos 和 Karen 都需要充分了解模型，以向他们的管理者说明他们知道发生了什么。他们需要了解多深，实际上取决于其管理者。

以理解的最高层次来说，在第 1 章的圆圈示例中，如图 3-2 所示，我们使用两种方法将深色圆圈和浅色圆圈分开。

- 深色圆圈出现在右侧奖励函数，出现在左侧则惩罚函数。
- 浅色圆圈出现在左侧奖励函数，出现在右侧则惩罚函数。

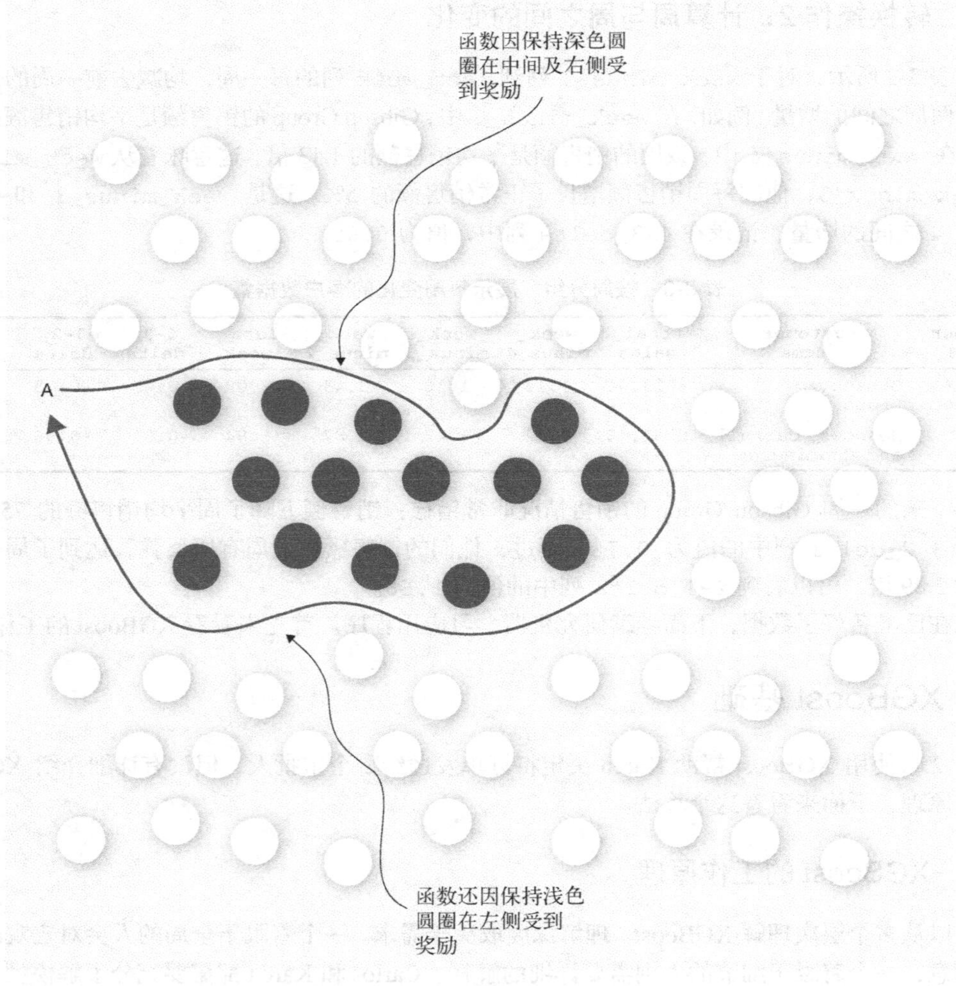

图 3-2　识别相似元素集合的机器学习函数（与第 1 章的图一致）

这可以看成一个**集成的**机器学习模型，该模型在学习时会使用多种方法。从某种角度上来看，XGBoost 也是一个集成的机器学习模型，这意味着它可以使用多种不同的方法来提高其学习效率。下面来进一步解释一下。

XGBoost 代表极限梯度提升（Extreme Gradient Boosting）。我们将名称分为两部分：

- 梯度提升
- 极限

梯度提升是一种使用不同学习器来优化函数的技术。可以想象这就像冰球运动员的球杆在冰上操纵冰球，他们没有将冰球笔直地推向前方，而是用较小的修正量将冰球引到正确的方向。梯度提升采用类似的方法。

名称中的**极限**是指 XGBoost 具有许多其他特性，这些特性使模型特别精确。例如，该模型会自动处理数据正则化，因此你不会被数据集中差异较大的值所误导。

最后，理查德基于对该算法更深层次的理解，给出了更详细的解释。

理查德对 XGBoost 的解释

XGBoost 是功能极其强大的机器学习模型。首先，它支持多种形式的正则化。这很重要，因为已知的梯度提升算法存在过拟合的潜在问题。**过拟合模型**与训练数据的特征紧密相关，很难推广到未知的数据。随着训练 XGBoost 模型的迭代次数增多，当模型的验证准确性开始下降时，我们可以看到这一点。

除了通过提前停止来限制迭代次数外，XGBoost 还通过行列采样以及 `eta`、`gamma`、`lambda` 和 `alpha` 等参数来控制过拟合。这会惩罚模型的某些方面，这些方面往往会使模型过于拟合训练数据。

XGBoost 的另一个特性是在所有可用内核上并行地构建每棵树。尽管梯度提升的每个步骤都需要顺序执行，但 XGBoost 使用所有可用的内核来构建每棵树，这与其他算法相比具有很大的优势，尤其在解决较复杂的问题的时候。

XGBoost 还支持**核外计算**。当数据无法装入内存时，XGBoost 会将数据划分为块并以压缩形式存储在磁盘上。它甚至支持这些块跨磁盘分片。接着这些块在加载到内存时，由独立的线程动态地解压缩。

XGBoost 已扩展为支持大规模并行处理大数据框架，如 Spark、Flink 和 Hadoop。这意味着它可以快速构建基于数十亿行和数百万特征的数据的超大型复杂模型。

XGBoost 具有**稀疏感知功能**，这意味着它无须输入就可以处理缺失值。我们认为这理所当然，但许多机器学习算法要求所有样本的所有属性都具有值。在这种情况下，我们不得不估算一个合适的值。要做到这一点并不是很容易，这往往会以某种方式改变模型的结果。此外，XGBoost 处理缺失值的方式非常高效：性能与存在值的数量成正比，与缺失值的数量无关。

最后，XGBoost 实现了一种用于优化目标的高效算法：**牛顿提升法**。遗憾的是，该算法的解释超出了本书范围。

你可以在 Amazon 网站上读到更多有关 XGBoost 的信息。

3.4.2 机器学习模型如何确定函数的 AUC 的好坏

XGBoost 善于学习，但学习意味着什么呢？这仅意味着该模型受到更少的惩罚和得到更多的奖励。机器学习模型如何知道它应该受到惩罚还是得到奖励呢？曲线下面积（AUC）是机器学习中常用的度量标准，是奖励或惩罚函数的依据。曲线是“函数在曲线下占据的面积更大时得到奖励”的准则。当 AUC 减少时，函数则受到惩罚。

为了了解 AUC 的工作原理，假设你是豪华度假村里的一位名人。你已习惯了别人对你的悉心照顾，并且乐在其中。你的每个奇思妙想都有工作人员负责，其中一个是遮阳伞的调节工作，我们姑且把他叫作 Function 吧。当 Function 没有调整好伞的角度，你没被伞荫遮住时，你会责怪他。当他始终让你处在伞荫下时，你会给他小费。机器学习模型就是这样工作的：AUC 增加就奖励 Function，AUC 减少就惩罚他。下面让理查德带来更多技术性的解释。

理查德对 AUC 的解释

当告诉 XGBoost 目标为 binary:logistic 时，我们所要的不是正负标签的预测，而是获得正标签的可能性。结果会得到一个 0~1 范围内的连续值，然后由我们来决定得到正标签预测结果的概率。

选择 0.5（50%）作为阈值是说得通的，但在其他时候，我们可能希望在得到正标签预测结果前非常确定预测是正确的。通常，在与正标签相关的决策成本很高时，我们会这么做。但在其他情况下，错过正标签的代价可能更严重，这样选择一个远低于 0.5 的阈值也是合理的。

下面的图 y 轴为真阳性率（范围在 0~1），x 轴为假阳性率（范围在 0~1）。

- **真阳性率**（true positive rate）是指被模型识别为正样本的正样本占所有正样本的比例。
- **假阳性率**（false positive rate）是指被模型识别为负样本的正样本占所有负样本的比例。

该图被称为 **ROC 曲线**（ROC curve）[①]。当使用 AUC 作为评估指标时，我们告诉 XGBoost 通过最大化 ROC 曲线下的面积来优化模型，以便综合评价模型在 0~1 范围内的所有阈值水平上的表现，从而得到最佳的结果。

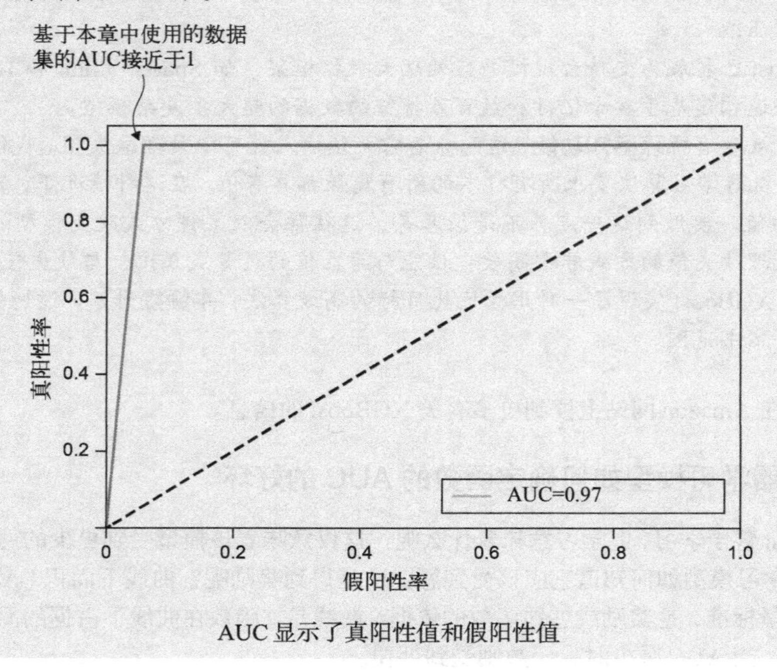

AUC 显示了真阳性值和假阳性值

① ROC 代表受试者操作特征（Receiver Operator Characteristic）。它最初是由工程师在第二次世界大战期间发明，用于检测战斗中的敌对物体，这个名称就一直沿用到了现在。

无论选择什么阈值都会产生 TP（真阳性）值和 FP（假阳性）值。如果选择一个较低的阈值（例如 0.1）来捕获大多数或全部的真阳性值（正样本），你就会在不经意间将许多负样本预测为正样本。无论阈值取何值，都会在这两种互相竞争的模型精度度量之间进行权衡。

在曲线远高于对角线时（如图所示），AUC 的值接近 1。一个在所有阈值水平上都使真阳性率与假阳性率相等的模型，AUC 为 0.5，其曲线与图中对角线刚好重合。

3.5 准备构建模型

现在你对 XGBoost 的工作原理有了更深入的理解，可以在 SageMaker 上设置另一个笔记本并进行决策。与第 2 章一样，你将执行以下操作。

- 将数据集上传到 S3。
- 在 SageMaker 上设置笔记本。
- 上传初始笔记本。
- 基于数据运行。

在此过程中，我们将详细介绍第 2 章中提到的一些细节。

提示 如果你想跳过前面直接阅读本章，可能会需要参考以下附录，它们向你展示了如何执行以下操作。

- 附录 A：注册 AWS。
- 附录 B：设置 AWS 的文件存储服务 S3。
- 附录 C：设置 SageMaker。

3.5.1 将数据集上传到 S3

要设置本章的数据集，你需要执行与附录 B 中相同的步骤。不过无须设置另一个存储桶，你可以用之前创建的那个存储桶。在示例中，我们将存储桶命名为 mlforbusiness，但你的存储桶名称要有别于它。进入 S3 账户后，你会看见如图 3-3 所示的内容。

图 3-3 查看 S3 的文件存储桶列表

单击此存储桶查看你在上一章中创建的 ch02 文件夹。在本章中，你将创建一个名为 ch03 的新文件夹。可以单击 Create Folder，按照提示创建一个新的文件夹。

创建文件夹后，你将返回到存储桶的文件夹列表。在那里，你会看到一个名为 ch03 的文件夹。

现在已经在存储桶中设置好了 ch03 文件夹，你可以上传数据文件并开始在 SageMaker 中设置决策模型。

然后单击 Upload 按钮将 CSV 文件上传到 ch03 文件夹。下面可以准备设置笔记本实例了。

3.5.2　在 SageMaker 上设置笔记本

就像第 2 章一样，你将在 SageMaker 上设置笔记本。在本章中，这个过程要快得多。这是因为与第 2 章不同，你现在已经设置了一个笔记本实例并且可以运行，只需运行并上传我们为本章准备的 Jupyter 笔记本即可。（如果你跳过了第 2 章，请按照附录 C 中有关如何设置 SageMaker 的说明进行操作。）

当你进入 SageMaker 界面时，会看到你的笔记本实例。你为第 2 章创建的笔记本实例（或按照附录 C 的说明刚刚创建的笔记本实例）会显示 Open 或 Start。如果显示 Start，请单击 Start 链接，然后等待几分钟，以便 SageMaker 启动。如果屏幕显示 Open Jupyter，单击该链接以打开你的笔记本列表。

打开后，单击 New，选择下拉列表底部的 Folder，为第 3 章创建一个新的文件夹，如图 3-4 所示。这将创建一个名为 Untitled Folder 的新文件夹。

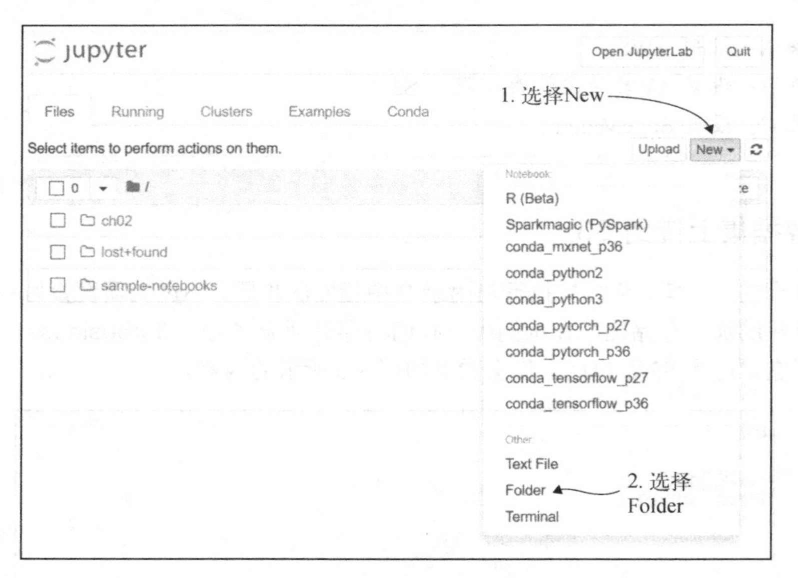

图 3-4　在 SageMaker 中创建一个新文件夹

当你勾选 Untitled Folder 旁边的复选框时，会出现 Rename 按钮。单击它，然后将文件夹名称改为 ch03，如图 3-5 所示。

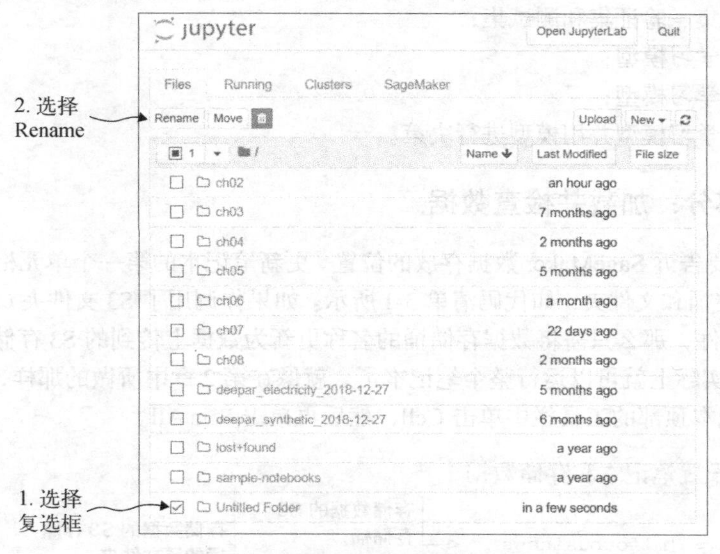

图 3-5 重命名 SageMaker 上的文件夹

单击 ch03 文件夹，你会看到一个空白的笔记本列表。正如已准备好上传到 S3 的 CSV 数据（churn_data.csv）一样，我们也已准备好了现在要使用的 Jupyter 笔记本。

单击 Upload 将 customer_churn.ipynb 笔记本上传到 ch03 文件夹，如图 3-6 所示。

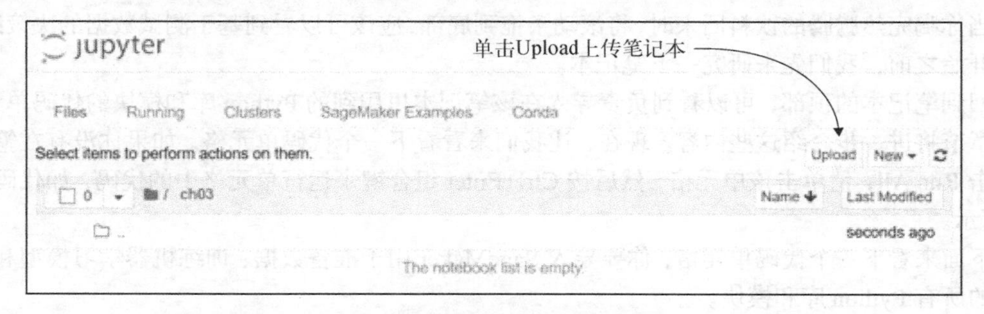

图 3-6 将笔记本上传到 SageMaker

文件上传后，你会在列表中看到笔记本。单击将其打开。现在，就像在第 2 章一样，你距离能够运行机器学习模型仅几步之遥。

3.6 构建模型

与第 2 章一样，你将分六个部分学习代码：

- 加载并检查数据；

- 将数据转换为正确的格式；
- 创建训练集、验证集和测试集；
- 训练机器学习模型；
- 部署机器学习模型；
- 测试机器学习模型并用模型进行决策。

3.6.1　第一部分：加载并检查数据

首先，你需要告诉 SageMaker 数据存放的位置。更新笔记本的第一个单元格中的代码以指向你的 S3 文件存储桶和文件夹，如代码清单 3-1 所示。如果你调用了 S3 文件夹 ch03，但未重命名 churn_data.csv 文件，那么只需将数据存储桶的名称更新为数据上传到的 S3 存储桶的名称即可。完成此操作后，实际上就可以运行整个笔记本了。就像在第 2 章中所做的那样，要运行笔记本，请在 Jupyter 笔记本顶部的工具栏中单击 Cell，然后再单击 Run All。

代码清单 3-1　设置笔记本和存储数据

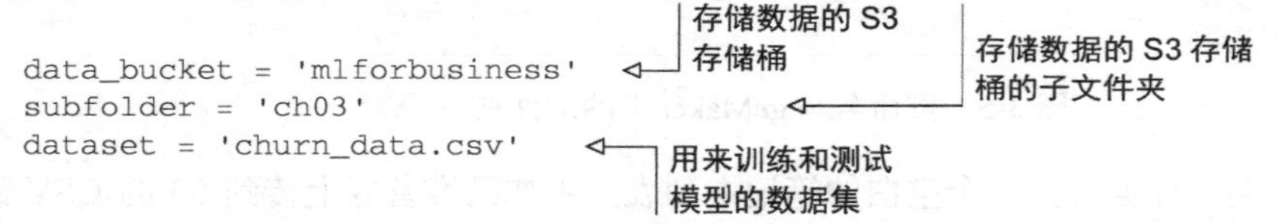

```
data_bucket = 'mlforbusiness'
subfolder = 'ch03'
dataset = 'churn_data.csv'
```


运行笔记本时，SageMaker 会加载数据，训练模型，设置端点并根据测试数据生成决策结果。SageMaker 完成这些操作大约需要 10 分钟，因此在这段时间，你可以去喝杯咖啡或茶。

当你喝完热腾腾的饮料回来时，将滚动条拖到底部，应该可以看到基于测试数据的决策结果。但在开始之前，我们先来研究一下笔记本。

回到笔记本的顶部，可以看到负责导入在该笔记本里用到的 Python 库和模块的代码单元格。后续章节将进一步介绍这些内容。现在，让我们来看看下一个代码单元格。如果你没有在笔记本中单击 Run All，请单击该单元格，然后按 Ctrl+Enter 组合键来运行单元格中的代码，如代码清单 3-1 所示。

下面来看下一个代码单元格，你要导入 SageMaker 用于准备数据、训练机器学习模型和设置端点的所有 Python 库和模块。

如第 2 章所述，pandas 是数据科学中最常用的 Python 库之一。在代码清单 3-2 中展示的代码单元格中，你将以 `pd` 的别名导入 pandas。单元格中看到 `pd` 字样时，说明正在使用 pandas 函数。你还导入了以下内容。

- boto3——帮助你在 Python 中使用 AWS 的 Amazon Python 库。
- sagemaker——用于与 SageMaker 交互的 Amazon 的 Python 模块。
- s3fs——一个让 boto3 更易于管理 S3 上的文件的模块。
- sklearn.metrics——一个新的导入模块（第 2 章没有用过），该模块可以基于机器学习模型生成汇总报告。

代码清单 3-2 导入模块

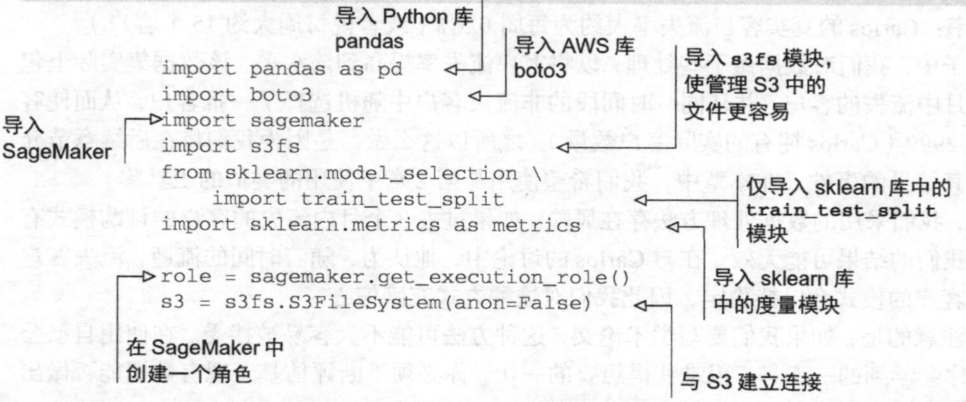

```
import pandas as pd
import boto3
import sagemaker
import s3fs
from sklearn.model_selection \
    import train_test_split
import sklearn.metrics as metrics

role = sagemaker.get_execution_role()
s3 = s3fs.S3FileSystem(anon=False)
```


在代码清单 3-3 中的代码单元格中，我们使用了 pandas 的 `read_csv` 函数来读取数据，并使用 `head` 函数展示前 5 行。这是每个章节中要做的第一件事情，这样你就能查看数据，并了解数据。要加载并查看数据，请单击单元格选中它，然后按 Ctrl+Enter 组合键运行代码。

代码清单 3-3 加载并查看数据

```
df = pd.read_csv(
    f's3://{data_bucket}/{subfolder}/{dataset}')
df.head()
```

读取代码清单 3-1 中 S3 数据集 `churn_data.csv`

展示 DataFrame 的前 5 行数据

可以看到每一行数据表示一个客户，对应表 3-3 的数据格式。表 3-4 中的第一列表示客户是否流失。如果客户流失了，第一列的值为 1；如果仍保持合作关系，则该列值为 0。请注意，这些数据行仅用于举例说明，你看到的数据行可能不同。

表 3-4 Excel 中展示的 Carlos 的客户数据集

churned	id	customer_code	co_name	total_spend	week_minus_4	week_minus_3	week_minus_2	last_week	4-3_delta	3-2_delta	2-1_delta
0	1	1826	Hoffman, Martinez, and Chandler	68567.34	0.81	0.02	0.74	1.45	0.79	-0.72	-0.71
0	2	772	Lee Martin and Escobar	74335.27	1.87	1.02	1.29	1.19	0.85	-0.27	0.10

可以看到前 5 个客户没有流失，这符合你的期望，因为 Carlos 没有失去那么多的客户。

要查看数据集的行数，请运行代码清单 3-4 中所示的 pandas 库的 `shape` 函数。要查看数据集中流失的客户数量，运行 pandas 库的 `value_counts` 函数即可。

代码清单 3-4 数据集中流失的客户数量

```
print(f'Number of rows in dataset: {df.shape[0]}')
print(df['churned'].value_counts())
```

展示数据集的总行数

展示流失的客户行数与没有流失的客户行数

可以看到，在 2999 行数据中，有 166 个客户流失了。这表示每周的流失率约为 5%，高于 Carlos 的流失率：Carlos 的真实客户流失率大约为每周 0.5%（或者说每周大约 15 个客户）。

在这个例子中，我们对数据做了些处理，以将客户流失率提高到该水平。该数据集实际上包含了过去 3 个月中流失的客户，并从同一时间段的非流失客户中随机选择了一批客户，从而使客户总量达到了 2999（Carlos 拥有的实际客户数量）。之所以这么做，是因为我们将在后续章节介绍如何处理极其罕见的事件，在本章中，我们希望使用与第 2 章中使用的类似的工具集。

在本章中，我们采用的数据处理方法存在风险。如果过去 3 个月内流失的客户的订购模式有所不同，那么我们的结果可能无效。在与 Carlos 的讨论中，他认为，随着时间的流逝，流失客户的模式和正常客户的模式会保持稳定，因此我们对这种方式充满信心。

另一点要注意的是，如果我们要写学术论文，这种方法可能不太容易被接受。在使用自己公司的数据时，你会学到的一点是，很难获得想要的一切。你必须不断评估基于现有数据能否做出正确的决策。

3.6.2　第二部分：将数据转换为正确的格式

现在你可以在笔记本中看到数据集了，那就可以开始了。XGBoost 只能接受数字作为输入，因此我们需要删除分类型数据或对其进行编码。

编码数据意味着你将数据集中每个不同值设置为一列，然后在包含该列值的行中设置 1，其他行则设置 0。这对 Karen 数据集中的产品效果很好，但对 Carlos 的数据集无济于事。这是因为分类型数据（`customer_name`、`customer_code` 和 `id`）是唯一的，它们在数据集中仅出现一次。将它们转换成列也不会改善模型。

在这种情况下，最好的办法也是最简单的办法是删除分类型数据。要删除数据，需使用 pandas 的 `drop` 函数，然后再用 `head` 函数展示数据集的前 5 行。使用 `axis = 1` 表示要删除 pandas DataFrame 中的列而不是行，如代码清单 3-5 所示。

代码清单 3-5　删除分类型数据

```
encoded_data = df.drop(
    ['id', 'customer_code', 'co_name'],
    axis=1)
encoded_data.head()
```

通过调用 `df` DataFrame 上的 `drop` 函数删除分类型列

展示 DataFrame 的前 5 行

删除分类型列后，展示不包含分类型数据的数据集，如表 3-5 所示。

表 3-5　转换后不包含分类型数据的数据集

churned	total_spend	week_minus_4	week_minus_3	week_minus_2	last_week	4-3_delta	3-2_delta	2-1_delta
0	68567.34	0.81	0.02	0.74	1.45	0.79	-0.72	-0.71
0	74335.27	1.87	1.02	1.29	1.19	0.85	-0.27	0.10

3.6.3 第三部分：创建训练集、验证集和测试集

现在数据已可以为 XGBoost 所用了，你可以像第 2 章中那样将数据分为测试集、验证集和训练集。与正在使用的方法的一个重要区别是，我们在数据切分时使用了 stratify 参数。

对于要预测的目标变量相对较少的数据集来说，stratify 参数特别有用。该参数的工作原理是在构建机器学习模型时对数据进行“洗牌”，并确保训练集、验证集和测试集包含相似的目标变量比例。这可确保模型不会因为数据集采用了不具代表性的切分方法而出现偏差。

第 2 章简单介绍了这段代码，这里将进行更深入的介绍，并向你展示如何使用 stratify，如代码清单 3-6 所示。你可以从数据集中创建训练样本和测试样本，其中 70%分配给训练数据，30%分配给测试样本和验证样本。stratify 参数告诉函数使用 y 值对数据进行分层，以便随机样本能根据 y 值的不同比例进行平衡。

你可能会注意到，用于切分数据集的代码与第 2 章中使用的代码略有不同。由于使用的是 stratify 参数，因此必须显式声明目标列（在本例中使用 churned）。stratify 函数会返回一些你不关心的附加值。在 y = test_and_val_data 行（以 val_df 开头）中的下画线只是变量的占位符。如果这看起来有些难以理解，请不要担心。你无须理解这部分代码即可训练、验证和测试模型。

接下来将测试数据和验证数据分开，其中 2/3 分配给验证集，1/3 分配给测试集，如代码清单 3-6 所示。在整个数据集中，70%的数据分配给训练集，20%的数据分配给验证集，10%的数据分配给测试集。

代码清单 3-6 创建训练集、验证集和测试集

```
y = encoded_data['churned']
train_df, test_and_val_data, _, _ = train_test_split(
    encoded_data,
    y,
    test_size=0.3,
    stratify=y,
    random_state=0)

y = test_and_val_data['churned']
val_df, test_df, _, _ = train_test_split(
    testing_data,
    y,
    test_size=0.333,
    stratify=y,
    random_state=0)

print(train_df.shape, val_df.shape, test_df.shape)
print()
print('Train')
print(train_df['churned'].value_counts())
print()
print('Validate')
print(val_df['churned'].value_counts())
```

设置用来切分数据的目标变量

从数据集 df 中生成训练样本和测试样本，random_state 确保了每次以相同的方式切分数据

将测试数据和验证数据切分为验证集和测试集

value_counts 函数展示了训练集、验证集和测试集中未流失（用 0 表示）和已流失（用 1 表示）的客户数量

```
print()
print('Test')
print(test_df['churned'].value_counts())
```

就像第 2 章中做的那样，你将 3 个数据集转换为 CSV 并将数据保存到 S3。代码清单 3-7 创建了要与原始 churn_data.csv 文件保存到同一 S3 文件夹中的数据集。

代码清单 3-7 将数据集转换为 CSV 并保存至 S3

```
train_data = train_df.to_csv(None, header=False, index=False).encode()
val_data = val_df.to_csv(None, header=False, index=False).encode()
test_data = test_df.to_csv(None, header=True, index=False).encode()

with s3.open(f'{data_bucket}/{subfolder}/processed/train.csv', 'wb') as f:
    f.write(train_data)                    <-- 将 train.csv 文件写入 S3

with s3.open(f'{data_bucket}/{subfolder}/processed/val.csv', 'wb') as f:
    f.write(val_data)                      <-- 将 val.csv 文件写入 S3

with s3.open(f'{data_bucket}/{subfolder}/processed/test.csv', 'wb') as f:
    f.write(test_data)                     <-- 将 test.csv 文件写入 S3

train_input = sagemaker.s3_input(
    s3_data=f's3://{data_bucket}/{subfolder}/processed/train.csv',
    content_type='csv')
val_input = sagemaker.s3_input(
    s3_data=f's3://{data_bucket}/{subfolder}/processed/val.csv',
    content_type='csv')
```

图 3-7 展示了保存在 S3 中的数据集。

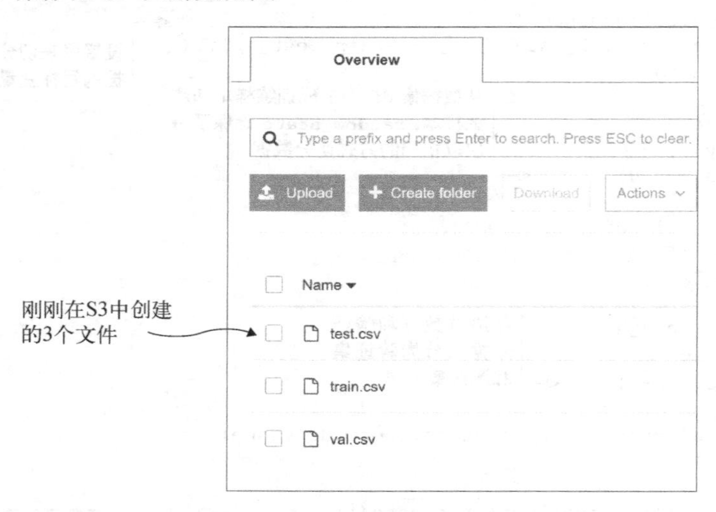

图 3-7 S3 文件夹中列出的 CSV 文件

3.6.4 第四部分：训练模型

下面要训练模型了，第 2 章没有详细介绍有关训练模型的内容。现在，你已经对 XGBoost 有了更深入的了解，我们将对训练过程进行更多的说明。

代码清单 3-8 中有趣的地方是 `estimator` 超参数。下一章将讨论 `max_depth` 和 `subsample`。目前，我们感兴趣的超参数如下所示。

- **objective**——如第 2 章所述，将此超参数设置为 `binary:logistic`。在目标变量为 1 或者 0 时使用此设置。如果目标变量是多类变量或连续变量，则需要使用其他设置，我们将在后续章节中进行讨论。
- **eval_metric**——你要优化模型的评估指标。正如理查德在本章前面的讨论的那样，度量参数 `auc` 代表曲线下的面积。
- **num_round**——你希望机器学习模型遍历训练数据的次数（迭代次数）。例如，每次遍历数据时，函数都能更好地将深色圆圈与浅色圆圈分开（请参考第 1 章中有关机器学习的说明）。过了一会儿，模型变得比过去精确了。它开始在测试数据中找到没有反映在现实世界中的模式，这称为**过拟合**。迭代次数越多，过拟合的可能性就越大。为了避免这种情况，可以提前设置停止迭代次数。
- **early_stopping_rounds**——在此迭代次数下，算法若无法改进则停止。
- **scale_pos_weight**——正值权重，用于在不均衡的数据集中确保模型重点关注训练过程中正确预测数据稀少的类。在当前数据集中，每 17 个客户中大约就有 1 个客户流失。因此我们将 `scale_pos_weight` 值设置为 17 以适应这种不平衡。这告诉 XGBoost 更加关注那些真正流失的客户，而非那些仍觉得满意的客户。

注意 如果你有时间并对此有兴趣，请尝试在不设置 `scale_pos_weight` 的情况下重新训练模型，然后查看它对模型结果的影响。

代码清单 3-8 训练模型

```
sess = sagemaker.Session()

container = sagemaker.amazon.amazon_estimator.get_image_uri(
    boto3.Session().region_name,
    'xgboost',
    'latest')

estimator = sagemaker.estimator.Estimator(
    container,
    role,
    train_instance_count=1,
    train_instance_type='ml.m5.large',       <- 设置 SageMaker 用来运行模型的服务器类型
    output_path= \
        f's3://{data_bucket}/{subfolder}/output',   <- 设置模型在 S3 的输出路径
    sagemaker_session=sess)
```

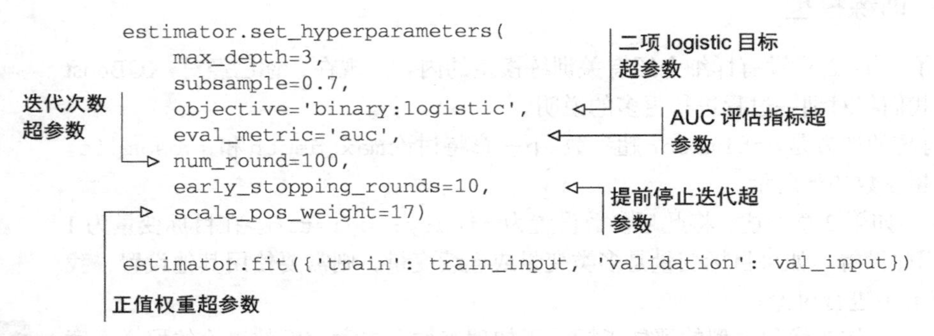
```
estimator.set_hyperparameters(
    max_depth=3,
    subsample=0.7,
    objective='binary:logistic',
    eval_metric='auc',
    num_round=100,
    early_stopping_rounds=10,
    scale_pos_weight=17)

estimator.fit({'train': train_input, 'validation': val_input})
```


当我们在本章（以及第 2 章）中运行此单元格中的代码时，会看到笔记本中弹出了几行红色的通知。我们并没有特别关注，但实际上，里面包含了一些有趣的信息。尤其是，我们可以通过查看此数据来观察模型是否过拟合。

理查德对过拟合的解释

在对 XGBoost 的解释中，我们谈到了过拟合。**过拟合**是指在构建模型的过程中，模型过于严密或精确地映射提供的训练数据，导致无法准确或可靠地预测未知的数据。这有时也被称为**泛化能力不佳**的模型。未知的数据包括测试数据、验证数据，以及在生产环境中可以提供给我们端点的数据。

训练模型时，模型在每一轮训练中都会做一些事情。它先进行训练，然后进行验证。你看到的红色通知就是验证过程的结果。在阅读通知时，你会发现验证得分在前 48 次迭代中有所提高，然后开始变差。

你看到的就是**过拟合**。该算法在构建将训练集中的深色圆圈与浅色圆圈分开的函数方面有所改进（如第 1 章所述），但在验证集中变得越来越差。这意味着该模型开始在测试数据中找到现实世界中（或者至少在我们的验证集中）不存在的模式。

XGBoost 的重要特性之一是它可以巧妙地为你处理过拟合。如果过去 10 次迭代没有任何改善，代码清单 3-8 中的超参数 early_stopping_rounds 就会停止训练。

代码清单 3-9 中所示的输出来自笔记本中训练模型单元格的输出。可以看到，第 15 次迭代的 AUC 为 0.976 057，第 16 次迭代的 AUC 为 0.975 683，这两者都不如第 6 次迭代的最高纪录 0.980 493。因为我们将 early_stopping_rounds 设置为 10，所以训练在第 16 轮停止了，比最佳结果的第 6 轮多了 10 轮。

代码清单 3-9　训练迭代输出

```
[15]#011train-auc:0.98571#011validation-auc:0.976057
[16]#011train-auc:0.986562#011validation-auc:0.975683
Stopping. Best iteration:
[6]#011train-auc:0.97752#011validation-auc:0.980493
```

3.6.5 第五部分：部署模型

现在，模型已经训练完成，你可以将其部署在 SageMaker 上，以便随时进行决策，如代码清单 3-10 所示。本章已介绍了很多基础知识，因此下一章将深入研究部署模型的工作方式。现在只需知道你正在设置一个接收数据并返回结果的服务器即可。

代码清单 3-10 部署模型

```
endpoint_name = 'customer-churn'

try:
    sess.delete_endpoint(
        sagemaker.predictor.RealTimePredictor(
            endpoint=endpoint_name).endpoint)
    print(
        'Warning: Existing endpoint deleted to make way for new endpoint.')
except:
    pass

predictor = estimator.deploy(initial_instance_count=1,
                instance_type='ml.t2.medium',          <- 表明服务器类型（本例为
                endpoint_name=endpoint_name)              ml.t2.medium 服务器）

from sagemaker.predictor import csv_serializer, json_serializer
predictor.content_type = 'text/csv'
predictor.serializer = csv_serializer
predictor.deserializer = None
```

3.6.6 第六部分：测试模型

现在已经设置并部署了端点，你可以进行决策了。首先，通过系统运行测试数据，以查看模型如何处理以前从未见过的数据。

代码清单 3-11 中前 3 行创建了一个函数，如果客户流失的可能性较大则返回 1，如果客户流失的可能性较小则返回 0。接下来的两行打开在代码清单 3-7 中生成的测试 CSV 文件。最后两行将 `get_prediction` 函数应用于每一行测试集以展示测试结果。

代码清单 3-11 用测试数据进行决策

```
def get_prediction(row):
    prob = float(predictor.predict(row[1:]).decode('utf-8'))
    return 1 if prob > 0.5 else 0    <- 返回 0~1 范围内的值

with s3.open(f'{data_bucket}/{subfolder}/processed/test.csv') as f:
    test_data = pd.read_csv(f)

test_data['decison'] = test_data.apply(get_prediction, axis=1)
test_data.set_index('decision', inplace=True)
test_data[:10]
```

在结果中，你只想展示 1 或 0。如果预测结果大于 0.5（`if prob > 0.5`），则 `get_prediction` 将其处理为 `1`。否则，将预测结果处理为 `0`。

结果看起来不错，如表 3-6 所示。在 churned 列中显示 1 的每一行在 decision 列中也显示 1。有些行在 decision 列中为 1，但在 churned 列中为 0，这意味着 Carlos 将致电这些客户，即使他们没有流失的风险。不过这对 Carlos 来说是可接受的，因为致电给不会流失的客户比致电给流失的客户要好得多。

表 3-6 测试结果

decision	churned	total_spend	week_minus_4	week_minus_3	week_minus_2	last_week	4-3_delta	3-2_delta	2-1_delta
0	0	17175.67	1.47	0.61	1.86	1.53	0.86	-1.25	0.33
0	0	68881.33	0.82	2.26	1.59	1.72	-1.44	0.67	-0.13
…	…	…	…	…	…	…	…	…	…
1	1	71528.99	2.48	1.36	0.09	1.24	1.12	1.27	-1.15

要查看模型的整体效果，你可以查看测试集有多少流失的客户与 Carlos 需要致电的客户数量的比较情况。为此，可以使用 value_counts 函数，如代码清单 3-12 所示。

代码清单 3-12 查看用测试数据做出的预测

```
print(test_data['churned'].value_counts())      <-- 计算流失的客户数量
print(test_data['prediction'].value_counts())   <-- 计算没有流失的客户数量
print(
    metrics.accuracy_score(
        test_data['churned'],
        test_data['prediction']))   <-- 计算预测准确率
```

value_counts 函数显示，Carlos 应致电 33 个客户，如果他什么也不做，则会有 17 个客户流失。但这并没有多大帮助，原因有二。

- 这说明预测中有 94.67%是正确的，但这并没有听起来那么好，因为 Carlos 只有 6%的客户流失了。如果我们猜测客户没有流失，那准确率将达到 94%。
- 它并没有告诉我们 Carlos 致电的客户中有多少会流失。

为此，你需要生成一个混淆矩阵：

```
0    283
1     17
Name: churned, dtype: int64
0    267
1     33
Name: prediction, dtype: int64
0.94.67
```

混淆矩阵是机器学习中最易混淆的术语之一，但由于它也是了解模型性能最有用的工具之一，因此这里会对其进行介绍。

尽管该术语令人困惑，但生成混淆矩阵很容易。你可以使用 sklearn 函数，如代码清单 3-13 所示。

代码清单 3-13 生成混淆矩阵

```
print(
    metrics.confusion_matrix(      ← 生成混淆矩阵
        test_data['churned'],
        test_data['prediction']))
```

混淆矩阵是行数与列数相等的表。行数和列数对应目标变量可能值（类）的数量。在 Carlos 的数据集中，目标变量可能是 0 或 1，因此混淆矩阵有 2 行和 2 列。更通俗地讲，矩阵的行代表实际的类，而列代表预测的类。（注意：Wikipedia 对此的解释与我们相反，但我们描述的是 sklearn.confusion_matrix 函数的工作方式。）

在以下输出中，第一行表示满意的客户（0），第二行表示流失的客户（1）。左列展示预测满意的客户，右列展示预测流失的客户。对于 Carlos 来说，右列还展示了他致电了多少客户。你会看到 Carlos 致电了 16 位没有流失的客户和 17 位流失的客户。

```
[[267   16]
 [  0   17]]
```

重要的是，左下角的 0 展示了预计有多少流失的客户没有被预测为流失，并且他没有致电。令 Carlos 非常满意的是，该数字为 0。

理查德关于可解释的机器学习的说明

在本书中，我们着重提供一些业务问题的示例，这些问题可以通过使用某种机器学习算法来解决。我们还尝试从宏观上解释这些算法是如何工作的。通常，我们使用相当简单的指标（如准确性）来判断模型是否正常工作。但如果要求你解释模型为什么起作用，该怎么办呢？

在确定模型是否起作用时，你的哪些特征最重要，为什么？例如，该模型是否偏向于损害客户或员工中的少数群体？尤其是由于神经网络的广泛使用，而它尤其不具备可解释性，诸如此类的问题越来越普遍。

XGBoost 相对于神经网络（我们之前没有涉及过）的一个优势是，XGBoost 支持对特征重要性的检查以帮助解决可解释性的问题。在撰写本书时，Amazon 不直接在 SageMaker 的 XGBoost API 中支持此功能，但模型已以名为 model.tar.gz 的文件存储在 S3 上。通过访问此文件，我们可以查看特征的重要性。代码清单 3-14 提供了有关如何执行此操作的示例代码。

代码清单 3-14 用来访问 SageMaker 的 XGBoost model.tar.gz 的示例代码

```
model_path = f'{estimator.output_path}/\
{estimator._current_job_name}/output/model.tar.gz'
s3.get(model_path, 'xgb_tar.gz')
with tarfile.open('xgb_tar.gz') as tar:
    with tar.extractfile('xgboost-model') as m:S
        xgb_model = pickle.load(m)

xgb_scores = xgb_model.get_score()
print(xgb_scores)
```

请注意，我们的笔记本不包含此代码，因为它超出了这里要介绍的范围。但是对于那些想深入研究的人，可以借助这段代码来实现。

3.7　删除端点并停止笔记本实例

停止笔记本实例并删除端点很重要。我们不希望你因未使用的 SageMaker 服务而付费。

3.7.1　删除端点

附录 D 描述了如何使用 SageMaker 控制台停止笔记本实例并删除端点，或者你也可以使用代码清单 3-15 中的代码来执行此操作。

代码清单 3-15　删除笔记本

```
# 删除端点（可选）
# 如果希望端点在单击 Run All 后继续存在，请将该单元格注释掉
sess.delete_endpoint(text_classifier.endpoint)
```

要删除端点，请取消代码清单中的代码注释，然后按 Ctrl+Enter 组合键运行单元格中的代码。

3.7.2　停止笔记本实例

要停止笔记本，请返回打开 SageMaker 的浏览器选项卡。单击 Notebook instances 菜单项以查看所有笔记本实例。选择笔记本实例名称旁边的单选按钮，如图 3-8 所示，然后在 Actions 菜单上单击 Stop。停止操作需要几分钟时间。

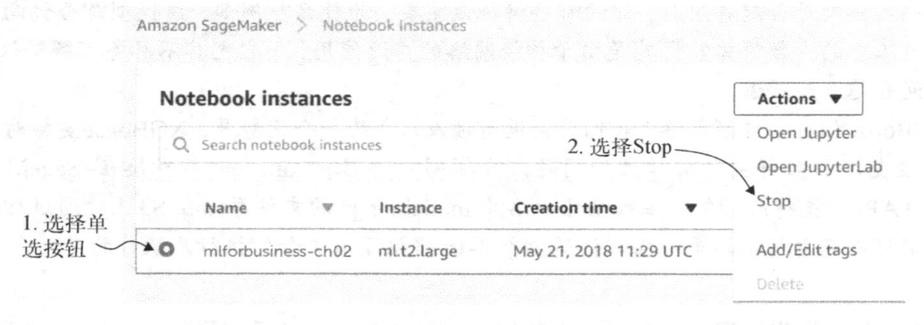

图 3-8　停止笔记本

3.8　检查以确保端点已被删除

如果你没有用笔记本删除端点（或者只想确保端点已被删除），那么可以从 SageMaker 控制台执行此操作。要删除端点，请单击端点名称左侧的单选按钮，然后单击 Actions 菜单项，接着在出现的菜单中单击 Delete。

成功删除端点后，你将不再为此支付 AWS 费用。当你在 Endpoints 页面底部看到“There are currently no resources”时，可以确认所有端点已删除，如图 3-9 所示。

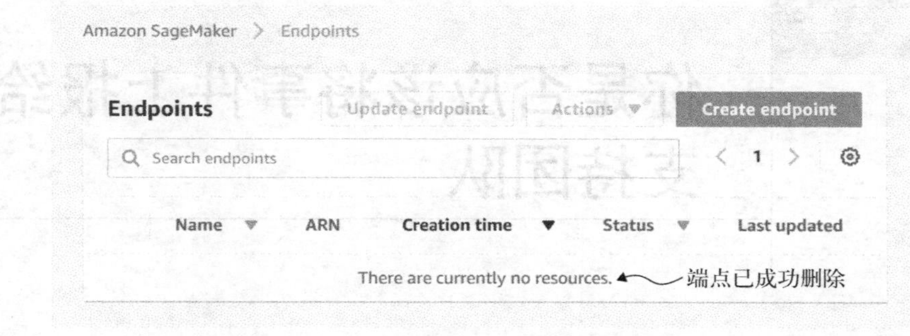

图 3-9 确认你已成功删除端点

3.9 小结

- 你创建了机器学习模型来确定需要致电的客户，因为他们有可能流失到竞争对手那里去。
- XGBoost 是一种梯度提升的机器学习模型，它使用不同的方法来提高机器学习效率。
- 分层是一种可以帮助你处理不平衡数据集的技术。在构建机器学习模型时，它会对数据进行“洗牌”，确保训练集、验证集和测试集包含相似的目标变量比例。
- 混淆矩阵是机器学习中最易混淆的术语之一，但它也是了解模型性能最有用的工具之一。

第4章

你是否应该将事件上报给支持团队

本章要点

- ❑ 自然语言处理（NLP）概述
- ❑ 如何应对 NLP 机器学习场景
- ❑ 如何为 NLP 场景准备数据
- ❑ SageMaker 的文本分析引擎：BlazingText
- ❑ 如何解释 BlazingText 的结果

Naomi 领导一个 IT 团队，负责处理许多公司的客户支持请求。客户向 Twitter 账户发送一条推文，Naomi 的团队便会回复解决方案或者要求提供更多信息。通过发送帮助客户解决问题的信息链接可以处理大部分推文，但大约有四分之一的回复是针对需要进一步帮助的人。他们需要感觉到自己的请求被听到了，否则就会变得非常焦躁。这些客户在正确的干预下会成为最坚定的拥护者；在错误的干预下，他们会成为声音最响亮的批评者。Naomi 希望尽早知道这些客户是谁，以便她的支持团队能以正确的方式进行干预。

她和她的团队在过去的几年中一直自动回复那些最常见的查询请求，手动上报必须由人来处理的查询。Naomi 希望构建一个分类系统，对每个请求进行审查，以确定应该自动响应还是应该交给人来处理。

幸运的是，对于 Naomi 来说，她有过去几年的历史推文，团队已对其进行了评估，并决定了这些推文是应该自动处理还是应该交给人来处理。在本章中，你将获取 Naomi 的历史数据，并使用它来决定新的推文是应该自动处理还是上报给 Naomi 的一个团队成员进行处理。

4.1 你在决策什么

与往常一样，你要关注的第一件事是你要做出的决策。在本章中，Naomi 做出的决定是，**推文是否应该上报交由人处理？**

在过去几年里，Naomi 的团队采用的方法是在客户表现出沮丧时上报推文。她的团队在做出该决定时并没有遵循任何严格的规则。他们只是觉得客户很沮丧，所以上报了推文。在本章中，你将构建一个机器学习模型，该模型将学习如何根据 Naomi 团队之前处理推文的方式来识别客户的沮丧感。

4.2 处理流程

该决策的处理流程如图 4-1 所示。流程从客户向公司的支持账户发送推文开始，然后 Naomi 的团队审查这条推文，以确定他们是需要亲自回复，还是由自动回复的机器人处理。最后一步是机器人或 Naomi 的团队回复推文。

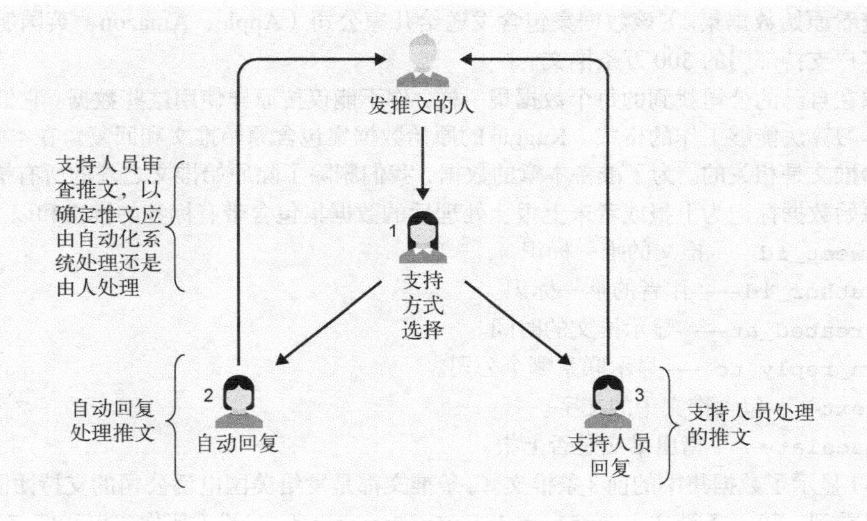

图 4-1 Naomi 客户支持请求的推文响应流程

Naomi 希望用机器学习应用程序代替图 4-1 中第一步的决策，该应用程序可以根据传入推文的沮丧程度做出决策。本章会介绍如何准备该应用程序。

4.3 准备数据集

在前两章中，你从头到尾合成了所需的数据集。在本章中，你将获取 2017 年发送给科技公司的推文数据集，该数据集由一家名为 Kaggle 的公司发布，该公司负责举办机器学习竞赛。

> **Kaggle：竞赛和公开数据集**
>
> Kaggle 成立于 2010 年，是一家了不起的公司。它将机器学习游戏化了，通过让数据科学家团队彼此竞赛来解决机器学习问题，数据科学家可以从中获得奖金。2017 年年中，在被 Google 收购前不久，Kaggle 宣布其注册竞赛者已达到 100 万。

即使你无意参加数据科学竞赛，Kaggle 也是一个很好的熟悉资源，因为它具有公共数据集，可用于你的机器学习训练和工作。

为了确定解决特定问题所需的数据，你需要专注于想要得到的目标。在这种情况下，请考虑要实现 Naomi 的目标所需的最小数据集。有了这些信息后，你就可以决定是仅使用提供的数据来实现她的目标，还是需要扩展数据来让 Naomi 更好地实现其目标。

提醒一下，Naomi 的目标是根据其团队过去上报推文的历史来确定哪些推文应由人来处理。因此 Naomi 的数据集应当包含一条传入的推文和一个标签，该标签表示处理方式是否上报。

本章使用的数据集由 Stuart Axelbrooke 从 Thought Vector 上传至 Kaggle。（你可以在 Kaggle 网站上查看原始数据集。）该数据集包含发送给几家公司（Apple、Amazon、英国航空和西南航空）的客户支持部门的 300 万条推文。

就像在自己的公司找到的每个数据集一样，你不能仅按原样使用这些数据。它们需要被转换为机器学习算法能够工作的格式。Kaggle 的原始数据集包含原始推文和回复。在本章的场景中，只有原始推文是相关的。为了准备本章的数据，我们删除了除原始推文之外的所有推文，并根据回复将原始数据标记为上报或者未上报。处理后的数据集包含带有标签的推文和以下列。

- **tweet_id**——推文的唯一标识。
- **author_id**——作者的唯一标识。
- **created_at**——显示推文的时间。
- **in_reply_to**——显示联系哪个公司。
- **text**——包含推文中的文字。
- **escalate**——指出推文是否上报。

表 4-1 显示了数据集中的前 3 条推文。每条推文都是发给美国电话公司的支持团队 Sprint Care 的。可以看到，第一条推文［“and how do you propose we do that”（那你建议我们怎么做）］没有被 Naomi 的团队上报给支持团队，但第二条推文［“I have sent several private messages and no one is responding as usual”（我已经发了好几条私信，但还是没有人回复）］被上报了。Naomi 的团队让其自动回复系统处理第一条推文，但将第二条推文上报给团队成员以进行人工回复。

表 4-1 推文数据集

tweet_id	author_id	created_at	in_reply_to	text	escalate
2	115712	Tue Oct 31 22:11 2017	sprintcare	@sprintcare and how do you propose we do that	False
3	115712	Tue Oct 31 22:08 2017	sprintcare	@sprintcare I have sent several private messages and no one is responding as usual	True
5	115712	Tue Oct 31 21:49 2017	sprintcare	@sprintcare I did.	False

在本章中，你将构建一个机器学习应用程序，以执行是否上报推文的任务。但是，该应用程序与你在前几章构建的机器学习应用程序稍有不同。为了确定应该上报哪些推文，机器学习应用程序需要了解一些有关语言和含义的知识，你可能认为这很难做到。幸运的是，一些非常聪明的人已经在这个问题上研究了一段时间，他们称其为 NLP。

4.4 NLP

NLP 的目标是能够像处理数值或变量一样高效地用计算机来处理语言。由于语言丰富多彩，这是一个难题。（前面的句子很好地说明了此问题的难度。）rich 一词在形容语言和形容人时含义稍有不同。句子“Well, that's rich!”在不同语境中可能意思相反。

自计算机技术问世以来，科学家一直在研究 NLP，但直到最近，他们才在该领域取得了重大进步。NLP 最初专注于让计算机理解每种语言的结构。以英语为例，一个典型的句子有一个主语、一个动词和一个宾语，如“Sam throws the ball”；而在日语中，句子通常遵循主语、宾语、动词的模式。不过这种方法被大量的、各式各样的异常情况所困扰，并且在推广到不同语言时遇到了问题，用于英语 NLP 的代码不适用于日语。

NLP 的一项重大突破发生在 2013 年，当时 NIPS 协会发布了有关词向量的论文①。有了这种方法，你完全不用了解语言！只需将数学算法应用于一组文本，并使用该算法的输出即可，这有两个优点。

- 它自然地处理语言中的异常和不一致。
- 它与语言无关，并且可以像处理英语文本一样处理日语文本。

在 SageMaker 中，使用词向量就像处理第 2 章和第 3 章中的数据一样容易，但在配置 SageMaker 时需要做出一些决策，这些决策需要你对隐藏在算法背后的东西有所了解。

4.4.1 生成词向量

正如第 2 章中使用 pandas 函数 `get_dummies` 将分类型数据（如桌子、键盘和鼠标）转换为多列数据集一样，生成词向量的第一步是将文本中的所有单词都转换为多列数据集。例如，单词 Queen 由数据集 0, 1, 0, 0, 0 表示，如图 4-2 所示，单词 Queen 下面为 1，其他单词下面为 0。这可以描述为一维向量。

King	Queen	Man	Woman	Princess
0	1	0	0	0

图 4-2　一维向量测试相等性

① 详见 Tomas Mikolov 的论文“Distributed Representations of Words and Phrases and their Compositionality”。

使用一维向量，仅仅能够测试相等性。也就是说，你可以确定这个向量是否等于 queen 这个词。在图 4-2 中，可以看到答案是肯定的。

Mikolov 的突破是认识到可以通过**多维**向量捕获**语义**，其中每个词的表示分布在多个维度。图 4-3 从概念上展示了向量的模样。每个维度都可视作一组相关的单词。在 Mikolov 的算法中，这些相关单词组没有标签，但为了展示多维向量如何体现语义，我们在图的左侧提供了 4 个标签：Royalty（皇室）、Masculinity（男性）、Femininity（女性）和 Elderliness（年长的）。

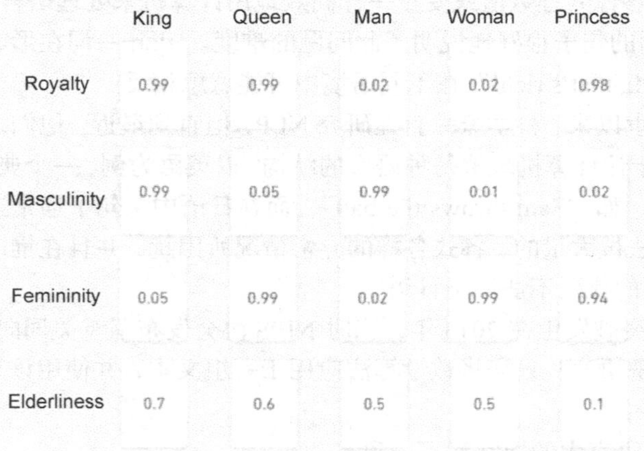

	King	Queen	Man	Woman	Princess
Royalty	0.99	0.99	0.02	0.02	0.98
Masculinity	0.99	0.05	0.99	0.01	0.02
Femininity	0.05	0.99	0.02	0.99	0.94
Elderliness	0.7	0.6	0.5	0.5	0.1

图 4-3　多维向量捕获语义

观察图 4-3 的第一个维度：Royalty，可以发现 King（国王）、Queen（女王）和 Princess（公主）列的值高于 Man（男性）和 Woman（女性）列；而对于 Masculinity，King 和 Man 列的值高于其他列。由此，可以在脑海中浮现出一个画面：国王是男性皇室，而女王是非男性皇室。如果你可以想象以这种方式扩展数百个向量，就会知道如何体现语义。

回到 Naomi 的问题，当每条推文出现时，该应用程序将推文分解为多维向量，并将其与 Naomi 团队标记过的推文进行比较。该应用程序识别出训练集中哪些推文的向量与其相似。然后，它会查看训练集推文的标签，并将该标签赋予传入的推文。例如，如果传入的推文是“no one is responding as usual”（平常回应的人去哪儿了），而在训练数据中有相似向量的推文可能已经上报，因此对传入的推文也用相同方式处理。

词向量背后的数学原理的神奇之处在于，它会对定义的词进行分组。每一个组都是向量的维度。例如，在推文中，发推的人说“no one is responding as usual”，as usual（平常）这个词组会与其他词组归到一个表示沮丧感的维度，例如 of course（当然）、yeah obviously（显然）和 a doy（靠你自己）。

King/Queen、Man/Woman 的例子经常用于解释词向量。Adrian Colyer 在精彩的博客“The Morning Paper”中更详细地讨论了词向量。图 4-2 和图 4-3 选自该文章第一部分中的图。如果你有兴趣进一步探索该主题，那么不妨从 Adrian 这篇文章剩下的部分开始。

4.4.2 决定每组包含多少单词

为了在 SageMaker 中使用向量，你需要做出的唯一决策是 SageMaker 是应该使用单个单词、单词对，还是单词三元组创建组。如果 SageMaker 使用 as usual 这对单词，那么与使用单个单词 as 和单个单词 usual 相比，可以得到更好的结果，因为一对单词表示的概念与单个单词表示的概念不同。

工作中通常使用单词对，但三元组偶尔表现得更好。在我们要对营销术语进行提取和分类的一个项目中，使用三元组可以提高准确性，这可能是因为市场营销中的话术通常以单词三元组来表示，例如 world class results（世界级结果）、high powered engine（大马力引擎）和 fat burning machine（燃脂机）。

NLP 使用术语一元组、二元组和三元组表示单个单词、一对单词和三个单词组成的组。图 4-4、图 4-5 和图 4-6 分别展示了一元组（单个单词）、二元组（两个单词）和三元组（三个单词）的示例。

如图 4-4 所示，一元组由单个单词组成，当单词顺序不重要时，一元组效果很好。如果你想要生成用于医学研究的词向量，一元组能很好地识别相似的概念。

图 4-4　NLP 定义单个单词为一元组

如图 4-5 所示，二元组由单词对组成。当词序很重要时，比如在情感分析中，二元组就很好用。二元组 as usual 表达出了沮丧感，但一元组 as 和 usual 则无法表达。

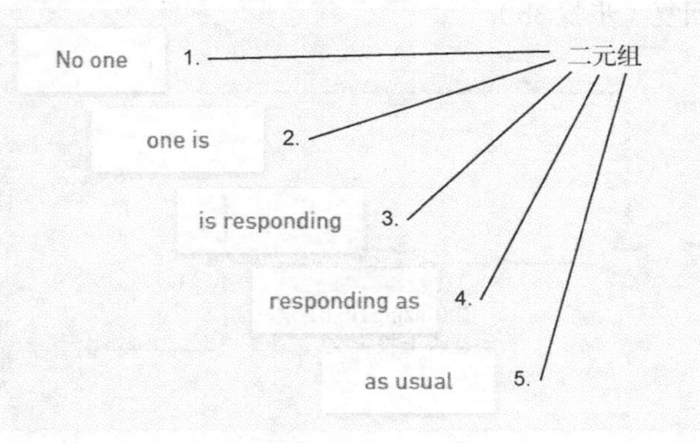

图 4-5　单词对叫作二元组

如图 4-6 所示，三元组由三个单词组成。在实践中，从二元组转换为三元组并没有太大的进步，但在有些情况下还不错。我们致力于识别营销术语的一个项目采用了三元组，效果有明显的提升，这可能是因为三元组能更好地捕捉到 hyperbole noun noun（夸张的–名词–名词）模式［如 greatest coffee maker（最好的咖啡机）］和 hyperbole adjective noun（夸张的–形容词–名词）模式［如 fastest diesel car（最快的柴油车）］。

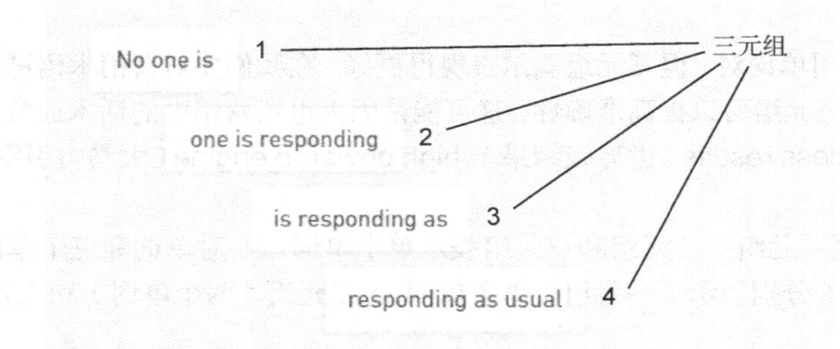

图 4-6　单词被分为三个一组即为三元组

在我们的案例研究中，机器学习应用程序会使用名为 BlazingText 的算法。这可以用来预测是否上报某一条推文。

4.5　BlazingText 及其工作原理

BlazingText 是一种名为 fastText 的算法的一个版本，由 Facebook 的研究人员于 2017 年开发，而 fastText 是由 Google 的 Mikolov 和其他人开发的算法的一个版本。图 4-7 展示了 BlazingText 投入使用后的工作流程。在步骤 1 中，需要技术支持的人发送一条推文。在步骤 2 中，BlazingText 决定是否应将推文上报给某个人以获得回复。在步骤 3 中，该推文会上报，由人来回复（步骤 3a）或由机器人进行回复（步骤 3b）。

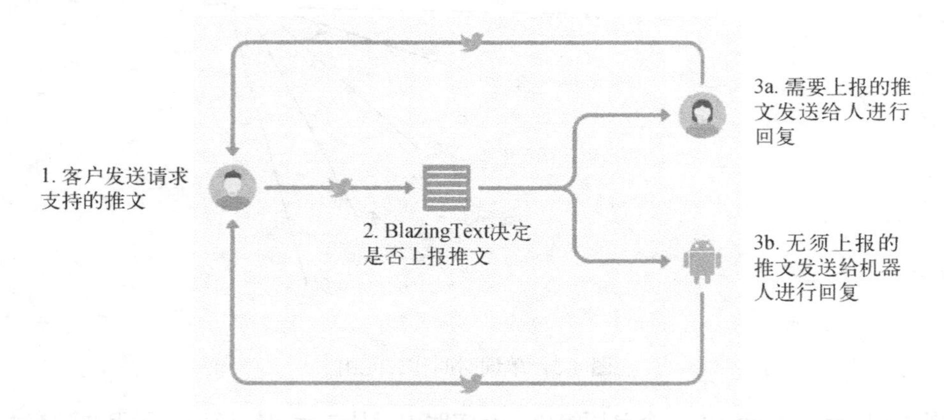

图 4-7　BlazingText 决定该推文是否应上报的工作流程

为了让 BlazingText 决定是否应该上报该条推文，它需要确定发送该推文的人是否感到沮丧。要做到这一点，BlazingText 实际上无须知道发送推文的人是否感到沮丧，甚至无须了解该推文的内容。它只需要确定该推文与已标记为沮丧或不沮丧的其他推文有多相似。以此为背景，你就可以开始构建模型了。如果愿意，你可以在 Amazon 网站上了解有关 BlazingText 的更多信息。

复习 SageMaker 的使用方法

现在，你已适应了使用 Jupyter 笔记本，是时候回顾一下 SageMaker 的使用方法了。首次设置 SageMaker 时，你创建了一个笔记本实例，这是 AWS 配置来运行笔记本的服务器。附录 C 指导你选择一个中型服务器实例，因为它有足够的能力来执行本书介绍的所有内容。你在自己的工作中使用较大的数据集时，可能需要性能更强的服务器。

在你运行笔记本进行本书中的案例研究时，AWS 将创建另外两个服务器。第一个是用于训练机器学习模型的临时服务器。第二个是端点服务器，该服务器会一直运行，直到你删除端点。要在 SageMaker 中删除端点，请单击端点名称左侧的单选按钮，然后单击 Actions 菜单项，接着在出现的菜单项中单击 Delete。

4.6 准备构建模型

现在，你对 BlazingText 的工作原理有了更深入的了解，下面将在 SageMaker 中设置另一个笔记本并进行一些决策。你将执行以下操作（就像在第 2 章和第 3 章中所做的那样）。

(1) 将数据集上传到 S3。

(2) 在 SageMaker 上设置笔记本。

(3) 上传初始笔记本。

(4) 基于数据运行。

提示 如果你直接阅读本章，则可能需要参考以下附录，它们向你展示了如何执行以下操作。

- 附录 A：注册 AWS。
- 附录 B：设置 AWS 的文件存储服务 S3。
- 附录 C：设置 SageMaker。

4.6.1 将数据集上传到 S3

要设置本章的数据集，你将执行与附录 B 中相同的步骤。不过无须设置另一个存储桶，你可以跳转到之前创建的那个存储桶。在示例中，我们将存储桶命名为 mlforbusiness，但你的存储桶需要一个不同的名称。进入 S3 账户后，你会看见图 4-8 所示的内容。

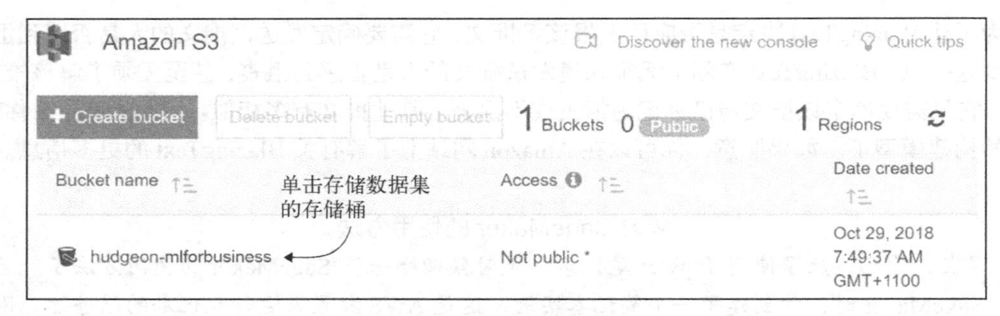

图 4-8　查看存储桶列表

单击存储桶可以查看前两章创建的 ch02 和 ch03 文件夹。本章将创建一个名为 ch04 的新文件夹。可以通过单击 Create Folder 并按照提示创建新文件夹。

创建文件夹后，你将返回到存储桶中的文件夹列表。在这里，你会看到一个名为 ch04 的文件夹。

现在已经在存储桶中设置好了 ch04 文件夹，你可以上传数据文件并开始在 SageMaker 中设置决策模型。

然后通过单击 Upload 将 CSV 文件上传到 ch04 文件夹。现在，你可以设置笔记本实例了。

4.6.2　在 SageMaker 上设置笔记本

就像在第 2 章和第 3 章中所做的那样，你将在 SageMaker 上设置笔记本。如果你跳过了第 2 章和第 3 章，请按照附录 C 中有关如何设置 SageMaker 的说明进行操作。

当你打开 SageMaker 时，会看到你的笔记本实例。你为第 2 章和第 3 章创建（或者你刚刚按照附录 C 创建）的笔记本实例将显示 Open 或者 Start。如果显示 Start，单击 Start 链接，然后等待几分钟，以便 SageMaker 启动。如果它显示 Open Jupyter，单击该链接以打开你的笔记本列表。

打开后，单击 New 并在下拉列表底部选择 Folder，为第 4 章创建一个新文件夹。这将创建一个名为 Untitled Folder 的新文件夹。要重命名文件夹，请选中 Untitled Folder 旁边的复选框，你会看到 Rename 按钮。单击 Rename，然后将名称更改为 ch04。单击 ch04 文件夹，你会看到一个空白的笔记本列表。

正如已准备好要上传到 S3 的 CSV 数据一样，我们也已准备好了现在要使用的 Jupyter 笔记本。

单击 Upload 将 customer_support.ipynb 笔记本上传到该文件夹。上传文件后，你会在列表中看到该笔记本。单击将其打开。现在，就像第 2 章和第 3 章中一样，你距离可以运行机器学习模型仅几步之遥了。

4.7　构建模型

与第 2 章和第 3 章一样，你将分六个部分学习代码：

- ❑ 加载并检查数据；

- 将数据转换为正确的格式；
- 创建训练集和验证集（本例中无须准备测试集）；
- 训练机器学习模型；
- 部署机器学习模型；
- 测试机器学习模型并用模型进行决策。

复习在 Jupyter 笔记本中运行代码

SageMaker 使用 Jupyter 笔记本作为其交互方式。Jupyter 笔记本是一个开源数据科学应用程序，可让你将代码与文本混合使用。如下图所示，Jupyter 笔记本的代码部分具有灰色背景，而文本部分具有白色背景。

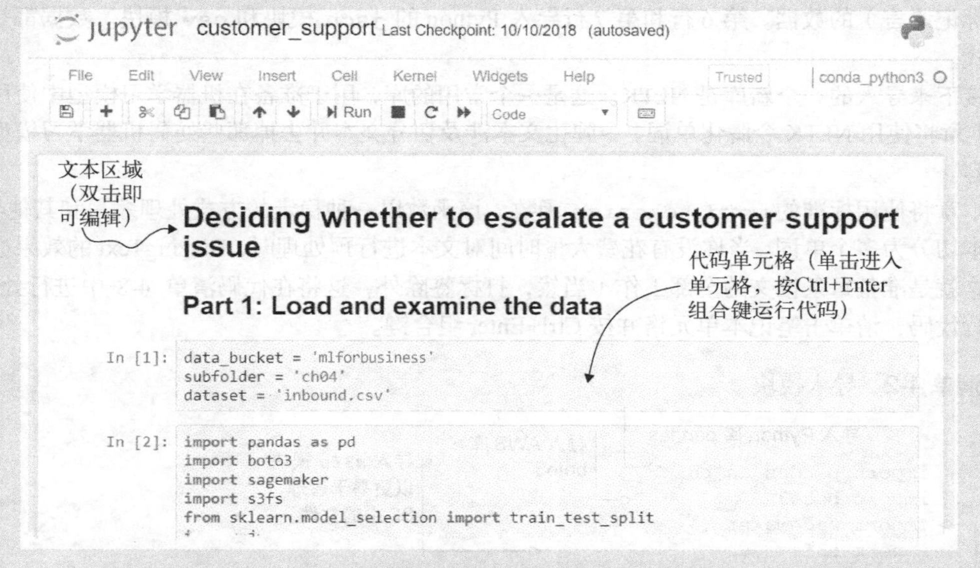

展示文本单元格和代码单元格的示例笔记本

要在运行笔记本中的代码，请单击进入代码单元格，然后按 Ctrl+Enter 组合键。或者，你可以在笔记本顶端的 Cell 菜单项中选择 Run All。

4.7.1 第一部分：加载并检查数据

与前两章一样，第一步是指明数据的存储位置。为此，你需要将'mlforbusiness'更改为上传数据时创建的存储桶名称，并将其子文件夹重命名为 S3 上存储数据的子文件夹名称，如代码清单 4-1 所示。

如果你将 S3 文件夹命名为 ch04，则无须修改该文件夹名称。如果你保留了本章前面上传的 CSV 文件的名称，则无须修改 inbound.csv 代码行。如果你修改了 CSV 文件的名称，则将

inbound.csv 更新为你修改的名称。和往常一样，要在笔记本单元格中运行代码，请单击该单元格，然后按 Ctrl+Enter 组合键。

代码清单 4-1 指明数据存储的位置

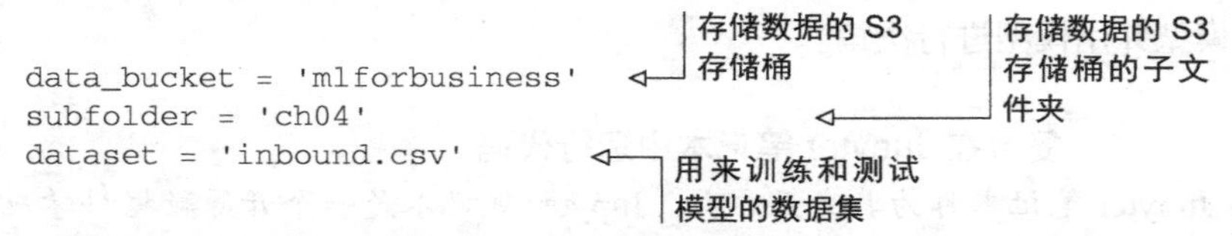


```
data_bucket = 'mlforbusiness'
subfolder = 'ch04'
dataset = 'inbound.csv'
```

代码清单 4-2 中导入的 Python 模块和库与第 2 章和第 3 章中导入的代码相同，但第 6~8 行代码除外。这些行导入了 Python 的 **json** 模块，该模块用于处理 JSON 格式（用于描述数据的结构化标记语言）的数据。第 6 行和第 7 行导入 Python 的 **json** 模块和 **csv** 模块。数据都是这两种格式。

接下来导入的一个新库是 NLTK。这是一个常用的库，用于准备在机器学习模型中使用的文本。本章将使用 NLTK **令牌化**单词。令牌化文本涉及切分文本并去掉那些妨碍机器学习模型工作的内容。

本章将使用标准的 word_tokenize 函数，该函数以一种稳定的方式处理缩写和其他异常，将文本切分为多个单词。当你没有花费大量时间对文本进行预处理时，BlazingText 的效果通常更好。这就是准备每条推文的全部工作（当然，打标签除外，这将在代码清单 4-8 中进行处理）。要运行代码，请单击笔记本单元格并按 Ctrl+Enter 组合键。

代码清单 4-2 导入模块

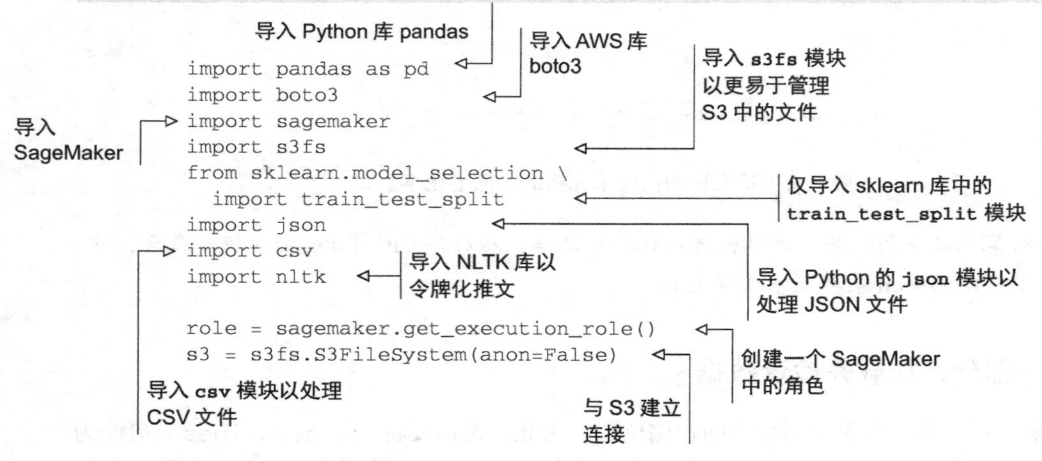


```
import pandas as pd
import boto3
import sagemaker
import s3fs
from sklearn.model_selection \
  import train_test_split
import json
import csv
import nltk

role = sagemaker.get_execution_role()
s3 = s3fs.S3FileSystem(anon=False)
```

你在整本书中都使用了 CSV 文件。JSON 是一种类似于 XML 的结构化标记语言，但更易于使用，代码清单 4-3 展示了以 JSON 格式描述的发票示例。

代码清单 4-3 JSON 格式的示例

```
{
  "Invoice": {
    "Header": {
      "Invoice Number": "INV1234833",
      "Invoice Date": "2018-11-01"
    },
    "Lines": [
      {
        "Description": "Punnet of strawberries",
        "Qty": 6,
        "Unit Price": 3
      },
      {
        "Description": "Punnet of blueberries",
        "Qty": 6,
        "Unit Price": 4
      }
    ]
  }
}
```


接下来将加载并查看数据。你正在加载的数据集有 500 000 行，但只需几秒钟即可完成加载，即使在 SageMaker 实例中使用的中型服务器上也是如此。要记录并显示单元格中的代码运行所需的时间，你可以在单元格中加上`%%time`，如代码清单 4-4 所示。

代码清单 4-4 加载并查看数据

```
%%time                                   ◁ 显示运行单元格中的代码所花费的时间
df = pd.read_csv(
    f's3://{data_bucket}/{subfolder}/{dataset}')   ◁ 读取代码清单 4-1 中 S3 inbound.csv 数据集
display(df.head())                       ◁ 展示 DataFrame 中的前 5 条数据
```

表 4-2 展示了运行代码`display(df.head())`的输出。请注意，对 DataFrame 使用`.head()`函数仅展示前 5 行。

表 4-2 推文数据集的前 5 行

row_id	tweet_id	author_id	created_at	in_reply_to	text	escalate
0	2	115712	Tue Oct 31 22:11 2017	sprintcare	@sprintcare and how do you propose we do that	False
1	3	115712	Tue Oct 31 22:08 2017	sprintcare	@sprintcare I have sent several private messag...	True
2	5	115712	Tue Oct 31 21:49 2017	sprintcare	@sprintcare I did.	False
3	16	115713	Tue Oct 31 20:00:43 +0000 2017	sprintcare	@sprintcare Since I signed up with you...Sinc...	False
4	22	115716	Tue Oct 31 22:16:48 +0000 2017	Ask_Spectrum	@Ask_Spectrum Would you like me to email you a...	False

可以看到前5条推文中只有一条推文被上报了。目前，我们不知道这个比例是在意料之中还是意料之外。代码清单4-5展示了数据集的行数以及上报和没有上报的推文数，要获得该信息，请运行pandas的shape和value_counts函数。

代码清单4-5　展示数据集中上报推文的数量

```
print(f'Number of rows in dataset: {df.shape[0]}')    ← 展示数据集的行数
print(df['escalated'].value_counts())                  ← 分别展示上报和没有上报的推文数
```

代码清单4-6展示了代码清单4-5的输出。

代码清单4-6　推文总数和被上报的推文数

```
Number of rows in dataset: 520793
False     417800
True      102993
Name: escalate, dtype: int64
```

在500 000多条推文的数据集中，只有100 000多条的推文是手动上报的。如果Naomi可以让机器学习算法读取并上报推文，那么她的团队能减少80%推文阅读量。

4.7.2　第二部分：将数据转换为正确的格式

现在可以在笔记本中看到数据集，并可以开始使用它了。首先，为机器学习模型创建训练数据和验证数据。与前两章一样，你可以使用sklearn的train_test_split函数创建数据集。使用BlazingText，在验证模型时，你可以在日志中看到模型的准确性，因此无须创建测试集，如代码清单4-7所示。

代码清单4-7　创建训练集和验证集

```
train_df, val_df, _, _ = train_test_split(
    df,
    df['escalate'],
    test_size=0.2,
    random_state=0)                                    ← 创建训练集和验证集
print(f'{train_df.shape[0]} rows in training data')    ← 展示验证数据的行数
print(f'{val_df.shape[0]} rows in validation data')    ← 展示训练数据的行数
```

与前几章使用的XGBoost算法不同，BlazingText无法直接使用CSV数据。它需要数据转换格式，你将在代码清单4-8至代码清单4-10中进行操作。

为BlazingText格式化数据

BlazingText要求未上报推文的标签为__label__0，上报推文的标签为__label__1。标签后面是推文的令牌化文本。**令牌化**是获取文本并将其切分为有语义的部分的过程。这是一项艰巨的任务，幸运的是，这些工作由NLTK库来处理。

代码清单 4-8 定义了两个函数。第一个函数是 preprocess，获取一个 DataFrame（包含代码清单 4-7 中创建的验证集或者训练集），将其转换为一个列表。然后它对列表中的每一行调用第二个函数 transform_instance，将该行转换为_label__0 或__label__1 的格式，随后是推文的文本。要基于验证数据运行 preprocess 函数，你需要对代码清单 4-8 中的创建的 val_df DataFrame 调用该函数。

首先在验证集上运行此代码，然后在训练集上运行。验证集有 100 000 行，该单元格将花费约 30 秒的时间运行数据。训练集有 400 000 行，运行它大约需要 2 分钟。大部分时间花费在数据集与 DataFrame 之间的互相转换。这个时间对于 500 000 行的数据集是合适的。如果你要处理具有数百万行的数据集，则需要一开始就直接使用 csv 模块而非 pandas 模块。

代码清单 4-8 将每一行转换为 BlazingText 使用的格式

```
def preprocess(df):
    all_rows = df.values.tolist()                       # 将 DataFrame 转换为列表
    transformed_rows = list(                            # 对列表中每一行调用 transform_instance 函数
      map(transform_instance, all_rows))
    transformed_df = pd.DataFrame(transformed_rows)     # 转换回 DataFrame
    return transformed_df                               # 返回 DataFrame


def transform_instance(row):
    cur_row = []                                        # 创建一个空列表，其中保存推文中每个单词后的标签
    label = '__label__1' if row[5] == True \            # 生成一个标签，若上报则为 1，反之则为 0
        else '__label__0'
    cur_row.append(label)                               # 设置 cur_row 列表中的第一个元素为标签
    cur_row.extend(
        nltk.word_tokenize(row[4].lower()))             # 设置每个单词为列表中的独立元素
    return cur_row                                      # 返回行

transformed_validation_rows = preprocess(val_df)        # 运行 preprocess 函数
display(transformed_validation_rows.head())             # 展示前 5 行数据
```

表 4-3 中的数据以 BlazingText 要求的格式展示了前几行数据。你会看到前两个推文标签为 1（表示上报），而第三行标签为 0（表示不上报）。

表 4-3 Naomi 推文的验证数据

Labeled preprocessed data
__label__1 @ 115990 no joke… this is one of the worst customer experiences i have had verizon. maybe time for @ 115714 @ 115911 @ att? https://t.co/vqmlkvvwxe
__label__1 @ amazonhelp neither man seems to know how to deliver a package. that is their entire job! both should lose their jobs immediately.
__label__0 @ xboxsupport yes i see nothing about resolutions or what size videos is exported only quality i have a 34 " ultrawide monitor 21:9 2560x1080 what i need https://t.co/apvwd1dlq8

现在可以使用 BlazingText 格式的文本了，该文本位于 DataFrame 中，你可以使用 pandas 的 `to_csv` 函数将数据保存到 S3 上，以便将其加载到 BlazingText 算法中。代码清单 4-9 中的代码将验证数据写入 S3。

代码清单 4-9　为 BlazingText 转换数据

```
s3_validation_data = f's3://{data_bucket}/\
{subfolder}/processed/validation.csv'

data = transformed_validation_rows.to_csv(
        header=False,
        index=False,
        quoting=csv.QUOTE_NONE,
        sep='|',
        escapechar='^').encode()
with s3.open(s3_validation_data, 'wb') as f:
    f.write(data)
```

接下来，你将对代码清单 4-7 中生成的 `train_df` DataFrame 调用 `preprocess` 函数，对训练数据进行预处理，如代码清单 4-10 所示。

代码清单 4-10　预处理并写入训练数据

```
%%time
transformed_train_rows = preprocess(train_df)
display(transformed_train_rows.head())

s3_train_data = f's3://{data_bucket}/{subfolder}/processed/train.csv'

data = transformed_train_rows.to_csv(
        header=False,
        index=False,
        quoting=csv.QUOTE_NONE,
        sep='|',
        escapechar='^').encode()
with s3.open(s3_train_data, 'wb') as f:
    f.write(data)
```

这样，训练集和测试集就以一种可以在模型中使用的格式保存到 S3 中。下一节将带你了解数据导入 SageMaker 的过程，以便开始进行训练。

4.7.3　第三部分：创建训练集和验证集

现在，你已有了 BlazingText 可以使用的格式的数据，接下来创建训练集和验证集，如代码清单 4-11 所示。

代码清单 4-11　创建训练集、验证集和测试集

```
%%time

train_data = sagemaker.session.s3_input(
    s3_train_data,
    distribution='FullyReplicated',
```

```
    content_type='text/plain',
    s3_data_type='S3Prefix')          <-- 创建 train_data 数据集
validation_data = sagemaker.session.s3_input(
    s3_validation_data,
    distribution='FullyReplicated',
    content_type='text/plain',
    s3_data_type='S3Prefix')          <-- 创建 validation_data 数据集
```

这样，数据存在于 SageMaker 会话中，你就可以开始训练模型了。

4.7.4 第四部分：训练模型

现在你已准备好数据，可以开始训练模型了，这涉及 3 个步骤：

- 设置容器；
- 设置模型的超参数；
- 拟合模型。

超参数是这部分代码中最有趣的部分。

- **epochs**——类似于第 2 章和第 3 章中 XGBoost 的 `num_round` 参数，指定 BlazingText 对训练数据运行的次数。试过一个较低的值并了解到模型还需要更多次的迭代后，我们选择 `10` 作为该参数的值。根据结果收敛或开始过拟合的方式，你可能需要将此值调高或调低。
- **vector_dim**——指定算法学习的词向量的维数；默认值为 `100`。我们将其设置为 `10`，因为经验表明，降低到 `10` 通常仍有效，并且可以减少消耗服务器的时间。
- **early_stopping**——类似于 XGBoost 中的提前停止。可以将 epochs 设置为较高的值，并且提前停止机制可以确保相对于验证集，停止模型训练时效果有所改善。
- **patience**——设置当 early_stopping 被激活，则经过多次迭代就停止。
- **min_epochs**——设置即使结果没有提升也要执行的最小迭代次数。
- **word_ngrams**——本章前面的图 4-4、图 4-5 和图 4-6 中讨论了 *N*-gram。简而言之，一元组是单个单词，二元组是一对单词，三元组是 3 个单词为一组。

在代码清单 4-12 中，第一行代码设置了一个容器来运行模型。容器只是运行模型的服务器。下面几行代码配置服务器。`set_hyperparameters` 函数设置模型的超参数。代码清单 4-12 的最后一行开始训练模型。

代码清单 4-12 训练模型

```
s3_output_location = f's3://{data_bucket}/\
{subfolder}/output'                   <-- 设置训练后模型的输出位置
sess = sagemaker.Session()            <-- 命名训练会话
container = sagemaker.amazon.amazon_estimator.get_image_uri(
    boto3.Session().region_name,
    "blazingtext",
    "latest")                         <-- 设置容器（服务器）
```

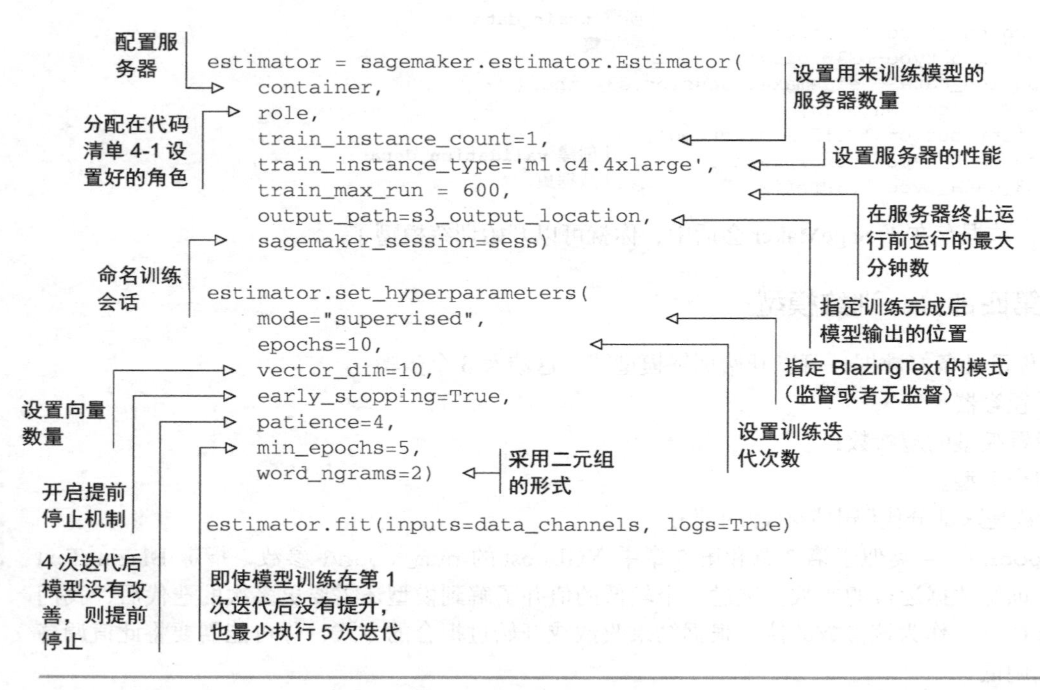

注意　BlazingText 可以以监督模式或者无监督模式运行。因为本章使用的是带标签的文本，所以我们选择以监督模型运行。

在当前章节（以及第 2 章和第 3 章）中运行此单元格时，你会在笔记本中看到许多带有红色通知的行。运行此单元格时出现的红色通知与 XGBoost 的通知看起来非常不同。

每种类型的机器学习模型都提供了关于算法如何进行的相关信息。就本书而言，最重要的信息位于通知的末尾：训练准确性和验证准确性，在训练结束时会展示这些结果。代码清单 4-13 中的模型展示了超过 98.88%的训练准确性和 92.28%的验证准确性。每次迭代都会基于验证准确性来评估。

代码清单 4-13　训练迭代输出

```
...
-------------- End of epoch: 9
Using 16 threads for prediction!
Validation accuracy: 0.922196
Validation accuracy improved! Storing best weights...
##### Alpha: 0.0005  Progress: 98.95%  Million Words/sec: 26.89 #####
-------------- End of epoch: 10
Using 16 threads for prediction!
Validation accuracy: 0.922455
Validation accuracy improved! Storing best weights...
##### Alpha: 0.0000  Progress: 100.00%  Million Words/sec: 25.78 #####
Training finished.
Average throughput in Million words/sec: 26.64
```

```
Total training time in seconds: 3.40
                                          训练准确性
#train_accuracy: 0.9888
Number of train examples: 416634
                                          验证准确性
#validation_accuracy: 0.9228
Number of validation examples: 104159

2018-10-07 06:56:20 Uploading - Uploading generated training model
2018-10-07 06:56:35 Completed - Training job completed
Billable seconds: 49
```

4.7.5 第五部分：部署模型

现在模型已训练完成，你可以将其部署在 SageMaker 上，以便随时进行决策，如代码清单 4-14 和代码清单 4-15 所示。本章已介绍了很多基础知识，因此下一章将深入研究如何部署模型。现在，只需知道设置一个可以接收数据并返回决策结果的服务器即可。

代码清单 4-14 部署模型

```
endpoint_name = 'customer-support'          为了不重复创建端点，命名你的端点
try:
    sess.delete_endpoint(
        sagemaker.predictor.RealTimePredictor(
            endpoint=endpoint_name).endpoint)      删除以该名称命名的现有端点
    print(
        'Warning: Existing endpoint deleted to make way for new endpoint.')
except:
    pass
```

接下来，在代码清单 4-15 中创建并部署端点。SageMaker 具有高可扩展性，可以处理非常大的数据集。对于本书中使用的数据集，你只需要一台 t2.medium 机器即可部署你的端点。

代码清单 4-15 创建一个新端点来部署模型

```
print('Deploying new endpoint...')
text_classifier = estimator.deploy(
    initial_instance_count = 1,
    instance_type = 'ml.t2.medium',          创建一个新端点
    endpoint_name=endpoint_name)
```

4.7.6 第六部分：测试模型

现在端点已经完成设置和部署，你可以开始进行决策了。在代码清单 4-16 中，你设置了一条样例推文，对其进行令牌化，然后进行预测。

可以试着更改第一行中的文本，然后按 Ctrl+Enter 组合键以测试不同的推文。例如，将文本 disappointed 更改为 happy 或 ambivalent，会使标签结果从 1 变为 0。这意味着“Help me I'm very disappointed”的推文会被上报，而“Help me I'm very happy”和“Help me I'm very ambivalent”的推文则不会。

代码清单 4-16　基于测试数据进行决策

```
tweet = "Help me I'm very disappointed!"

tokenized_tweet = \
    [' '.join(nltk.word_tokenize(tweet))]
payload = {"instances" : tokenized_tweet}
response = \
    text_classifier.predict(json.dumps(payload))
escalate = pd.read_json(response)
escalate
```

- 样例推文
- 令牌化推文
- 以代码清单 4-15 中创建的 `text_classifier` 可以理解的格式创建 `payload`
- 获取响应结果
- 将响应结果转换为 pandas DataFrame
- 展示决策结果

4.8 删除端点并停止你的笔记本实例

停止笔记本实例并删除端点很重要。我们不希望你因未使用的 SageMaker 服务而付费。

4.8.1 删除端点

附录 D 描述了如何使用 SageMaker 控制台停止笔记本实例并删除端点，或者你也可以使用代码清单 4-17 中的代码来执行此操作。

代码清单 4-17　删除笔记本

```
# 删除端点（可选）
# 如果希望端点在单击 Run All 后继续存在，请将该单元格注释掉
sess.delete_endpoint(text_classifier.endpoint)
```

要删除端点，请去掉代码清单中的代码注释，然后按 Ctrl+Enter 组合键运行单元格中的代码。

4.8.2 停止笔记本实例

要停止笔记本，请返回打开 SageMaker 的浏览器选项卡。单击 Notebook instances 菜单项以查看所有笔记本实例。选择笔记本实例名称旁边的单选按钮，如图 4-9 所示，然后在 Actions 菜单上单击 Stop。停止操作需要几分钟的时间。

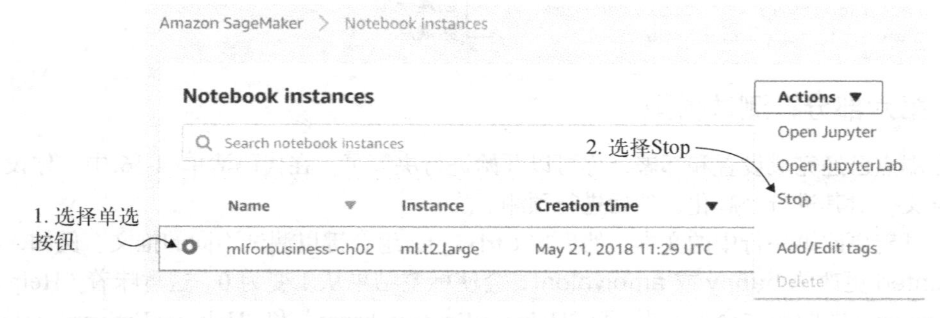

图 4-9　停止笔记本

4.9 检查以确保端点已被删除

如果你没有使用笔记本删除端点（或者只想确保端点已被删除），那么可以从 SageMaker 控制台执行此操作。要删除端点，请单击端点名称左侧的单选按钮，然后单击 Actions 菜单项，接着在出现的菜单中单击 Delete。

成功删除端点后，你将不再为此支付 AWS 费用。当你在 Endpoints 页面的底部看到“There are currently no resources”时，可以确认所有端点已删除，如图 4-10 所示。

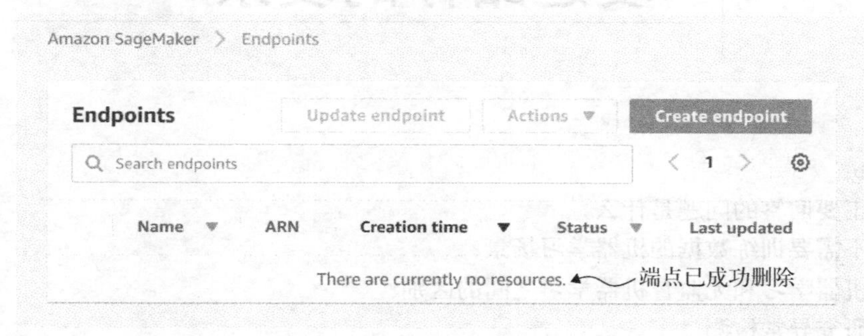

图 4-10 确认你已成功删除端点

Naomi 对你的结果非常满意。现在，她可以通过你的机器学习应用程序处理团队收到的所有推文，以确定是否应上报。它识别沮丧感的方式与团队成员识别沮丧推文的方式相同（因为机器学习算法是根据团队过去是否上报推文的决策进行训练的），这太神奇了。想象试着通过建立规则来识别沮丧的推文是多么困难。

4.10 小结

- 你可以使用 NLP 来决定推文是否上报，该技术可以捕捉多维词向量的含义。
- 为了能在 SageMaker 中使用向量，你需要做出的唯一决定是 SageMaker 在分组时使用单个单词、一对单词还是三个单词。为了说明这一点，NLP 分别用术语一元组、二元组和三元组来表示。
- BlazingText 是一种算法，可以让你对带标签的文本进行分类，以便为 NLP 场景处理数据。
- NLTK 是一个常用的库，它通过令牌化文本使其能被机器学习模型使用。
- 令牌化文本涉及切分文本并去掉那些妨碍机器学习模型工作的内容。

第 5 章

你是否应该质疑供应商发送给你的发票

5

本章要点

- ❑ 你真正要回答的问题是什么
- ❑ 一个不需要训练数据的机器学习场景
- ❑ 监督机器学习和无监督机器学习之间的区别
- ❑ 深入研究异常检测
- ❑ 使用随机裁剪森林（Random Cut Forest）算法

Brett 在一家大型银行担任律师。他负责检查银行雇用的律师事务所向银行开具的票据是否正确。你会问，这能有多难？答案是“非常难”。去年，Brett 的银行在数以千计的法律事务上选用了数百家律师事务所，而每一家律师事务所提交的每张发票都包含了数十行或数百行发票项。用电子表格维护这些简直是一场噩梦。

本章将使用 SageMaker 和随机裁剪森林算法构建一个模型，该模型会突出显示 Brett 应该向律师事务所问询的发票项。Brett 可以将该过程应用于每张发票来让律师在工作时保持警觉，从而每年为银行节省数十万美元。现在开始吧！

5.1 你在决策什么

与往常一样，首先关注的是我们要做出的决策。在本章中，乍一看，Brett 必须决策的问题是，是否应该更仔细地查看发票项，以确定律师事务所开的发票是否正确。但是，如果你想构建一种百分之百正确的机器学习算法来回答这个问题，则几乎肯定会失败。幸运的是，对你和 Brett 来说，这不是你们真正想要回答的问题。

为了了解 Brett 带给银行的真正价值，我们来看看他的工作流程。银行发现律师事务所的成本正在逐渐失去控制，于是 Brett 和他的团队开始履行职责了。在过去几年中，Brett 的团队采用的方法是人工查看每张发票，并凭直觉来确定是否检查律师事务所的费用。Brett 在查看发票时，通常可以很好地判断费用是否与该律师事务所所处理的案件类型一致。他可以非常准确地判断出律师事务所是否按照合伙人而非初级律师的标准收取了异常高的办案时间费用，或者该律师事务所是否虚报了他们的律师助理在某个案件上花费的时间。

当 Brett 遇到明显的异常情况（他认为发票收费不正确）时，就会联系该律师事务所并要求提供有关其费用的进一步信息。律师事务所的回应方式有两种。

- 他们提供额外信息以证明其费用合理。
- 他们将费用降低到与这种典型案件更相符的金额。

值得注意的是，Brett 在这种关系中确实没有很大的影响力。如果他的银行指示律师事务所处理某个案件，而律师事务所声明某项特定的研究工作花费了律师助理 5 个小时的时间，Brett 对此几乎无法反驳。Brett 可以说，这似乎花了很长时间。但律师事务所可以这样回答："嗯，就是花了这么长时间。"Brett 不得不接受。

不过这种看待 Brett 工作的方式过于局限。Brett 工作有趣的地方是，他能够发挥作用并不是因为他可以百分之百地识别出有问题的发票项，而是因为律师事务所知道 Brett 非常善于挑毛病。因此，如果律师事务所对某一特定类型的服务收费超过了通常收取的数额，他们就知道需要做出解释。

律师真的不喜欢为自己的费用辩护，这不是因为他们没有理由，而是因为他们更愿意把时间花在向其他客户收费上。因此，当律师准备他们的时间表时，如果知道某个发票项收取了较多的时间费用且可能不容易辩护的时候，他们会权衡是否应该下调时间。这项决定的结果乘以每年向银行开具的数千个发票项，为银行节省了数十万美元。

在这种情况下，你要回答的真正问题是，Brett 需要问询哪些发票项以督促律师事务所正确开票。

这个问题从根本上不同于最初的那个问题，即如何准确找出哪个发票项异常。如果你试图正确找出异常的发票项，则成功与否取决于准确性。但是，在这种情况下，如果你只是试图找出足够的异常项以督促律师事务所向银行正确开票，那么你的成功取决于能否有效地发现**足够的异常项**。

异常率达到多少才是足够异常

要准确地回答这个问题需要耗费大量的时间和精力。如果律师知道每 1000 条异常项中有 1 条会被问询，那么其行为可能根本不会有所改变，但如果他们知道 10 条异常项中有 9 条会被问询，那么他们会在准备时间表时三思而后行。

在学术论文中，你想非常精确地确定该阈值。在商业世界中，你需要权衡追求准确性的收益与无法进行其他项目的成本，因为你需要花时间才能确定这个阈值。以 Brett 为例，将算法的结果与 Brett 团队成员的执行能力进行比较可能就足够了。如果它们大致匹配，你就找到了这个阈值。

5.2 处理流程

该决策的处理流程如图 5-1 所示。一开始，律师开出一张发票并将其发送给 Brett（1）。收到发票后，Brett 或者其团队成员会检查发票（2），然后根据发票中列出的费用是否合理来执行以下两项操作之一。

- 发票被发送到应付账款账户以进行付款（3）。
- 发票被退回给律师，要求对其费用进行说明（4）。

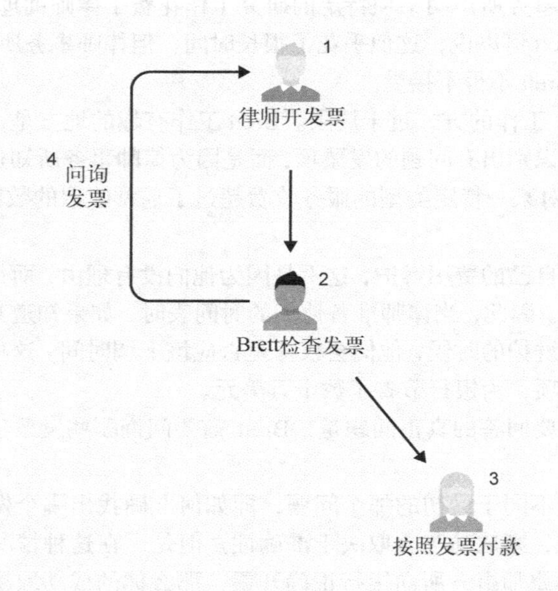

图 5-1　当前的工作流程显示了 Brett 审核从律师那里收到发票的过程

每年都有成千上万的发票需要检查，这对于 Brett 和他的两名员工来说是一项全职工作。

图 5-2 展示了实现本章将要构建的机器学习应用程序后的新工作流程。当律师发送发票（1）时，Brett 或者他的团队没有检查发票，而是通过机器学习模型来确定发票是否包含任何异常项（2）。如果没有异常情况，则发票将直接发送给应付账款账户，而不会由 Brett 团队进一步检查（3）。如果检测到异常项，那么应用程序将发票发送回给律师，并要求对所收取费用做出进一步的说明（4）。Brett 在此过程中扮演的角色是对流程进行一些抽查，以确保系统按设计运行（5）。

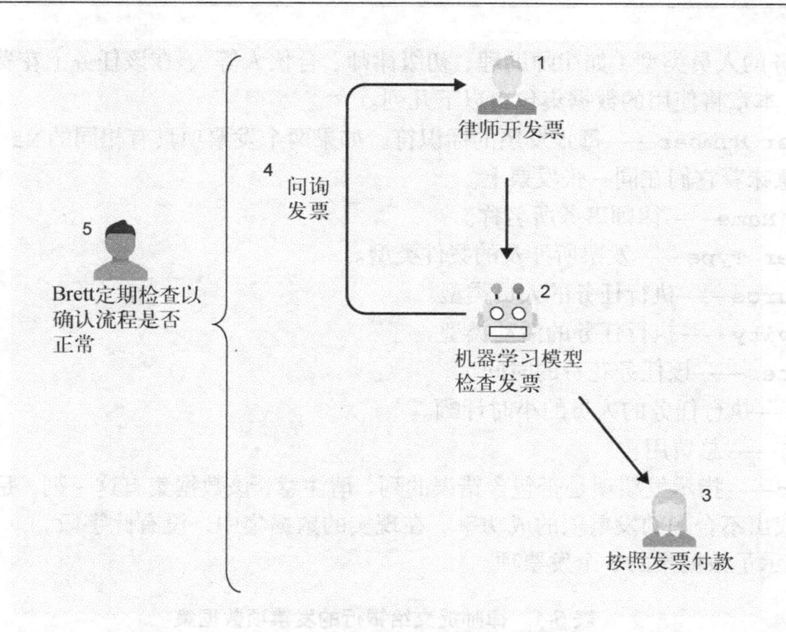

图 5-2 实现机器学习应用程序捕获发票中的异常的新工作流程

现在，Brett 不需要检查发票，因此可以将更多的时间花在其他工作职责上，如维护和改善与供应商的关系。

5.3 准备数据集

你在本章中使用的数据集是理查德合成的数据集。它包含来自 Brett 银行保留的律师事务所的 100 000 行发票项数据。

合成数据与真实数据

合成数据是分析师创建的数据，而不是来源于现实世界的数据。你在使用自己公司的数据时，你的数据将是真实数据，而不是合成数据。

高质量的真实数据集比合成数据更有趣，因为它通常比合成数据更微妙。有了真实数据，你会在其中找到出乎意料的有趣模式。另外，合成数据之所以表现出色，是因为它可以准确地展示你想要展示的概念，但它缺乏使用真实数据带来的惊喜和发现的乐趣。

第 2 章和第 3 章中使用了合成数据（采购订单数据和客户流失数据）。第 4 章使用了真实数据（发送给客户支持团队的推文）。第 6 章将继续使用真实数据（能耗数据）。

律师事务所的发票通常非常详细，并显示了该律师事务所在每项任务上所花费的时间。律师事务所通常按等级收费。初级律师和律师助理（从事不需要律师资格证的工作的员工）的费用比高级律师和律师事务所合伙人低。律师事务所发票上的重要信息是所处理案件的类型（如反垄断）、执行任务的人员类型（如律师助理、初级律师、合伙人等）、在该任务上花费的时间，以及所需的费用。本章将使用的数据集包含以下几列。

- **Matter Number**——每张发票的标识符。如果两个发票项具有相同的 Matter Number，那么意味着它们在同一张发票上。
- **Firm Name**——律师事务所名称。
- **Matter Type**——发票所涉及的案件类型。
- **Resource**——执行任务的人员类型。
- **Activity**——执行任务的活动类型。
- **Minutes**——该任务花费的时间。
- **Fee**——执行任务的人员的小时计酬。
- **Total**——总费用。
- **Error**——指示发票项是否包含错误的列。请注意，该数据集有这一列，是为了让你确定模型找出不合理的发票项的成功率。在现实的数据集中，没有此字段。

表 5-1 展示了数据集的 3 个发票项。

表 5-1　律师提交给银行的发票项数据集

Matter Number	Firm Name	Matter Type	Resource	Activity	Minutes	Fee	Total	Error
0	Cox Group	Antitrust	Paralegal	Attend Court	110	50	91.67	False
0	Cox Group	Antitrust	Junior	Attend Court	505	150	1262.50	True
0	Cox Group	Antitrust	Paralegal	Attend Meeting	60	50	50.00	False

本章，你将构建一个机器学习应用程序以找出收费不合理的发票项。用机器学习的术语来说，你正在识别数据中的异常。

5.4　什么是异常

异常是指不寻常的数据点。定义**不寻常**通常并不容易。例如，图 5-3 中的图像包含一个非常容易发现的异常，图中只有一个数字 5，其余的所有字符均为大写 S。

```
S S S S S S S S S S S S S S S S S S S S
S S S S S S S S S S S S S S S S S S S S
S S S S S S S S S S S S S S S S S S S S
S S S S S S S S S S S S S S S S S S S S
S S S S S S S S S S S S S S 5 S S S S S
S S S S S S S S S S S S S S S S S S S S
S S S S S S S S S S S S S S S S S S S S
```

图 5-3　单个异常，在该数据集中很容易发现此异常

但如果是图 5-4 呢？异常就不那么容易发现了。

图 5-4 中的数据集中实际上有两个异常。第一个异常类似于图 5-3 中的异常。图像右下方的数字 5 是唯一的数字，而其他字符是英文字母。找出另一个异常非常难：唯一成对出现的两个字符都是元音字母。诚然，人类几乎不可能识别出这个异常，但如果有足够的数据，机器学习算法就可以找到它。

```
F G R T Z M Q Y I S Z H D V N G J L M C
S Y G D H Y K X A F U I E P W R X D E E
Y X K F S E I P D B P S W M U C Z S F T
G X O H R W L C U J Y D M Q D G J I E C
U D B I W U Z I P F D S W 5 J W Q T Y E
N C F K I Y P R Z U U W B E D I O Y R P
Q U G T W P T O K R W R J D Y F M S G L
```

图 5-4　一个复杂的异常，在该数据集中发现第二个异常更难

就像图 5-3 和图 5-4 一样，Brett 的工作是找出律师事务所发送给他所在银行的发票中的异常情况。一些发票中的异常项很容易找到。发票可能包含高昂的人力资源费用，例如律师事务所的律师助理或者初级律师每小时收取 500 美元，或者发票可能包含特定任务耗费的大量时间，例如会议计时 360 分钟。

但其他异常项较难发现。例如，反垄断案件通常比破产案件的开庭时间更长。如果是这样的话，破产案件开庭时间为 500 分钟可能是异常项，但同一法庭关于反垄断案件的开庭时间可能就是正常的。

在识别图 5-3 和图 5-4 中的异常时，你可能已经注意到的一个挑战是，你不知道要查找的异常类型。这与识别真实数据中的异常并没有什么不同。如果你被告知异常与数字和字母有关，就很容易在图 5-3 和图 5-4 中找出 5。Brett 是一位训练有素的律师，多年来一直在检查法律发票，因此可以快速、轻松地找出异常，但他可能对于自己为什么能知道某个特定项异常不自知。

本章不会定义任何规则来帮助模型确定哪些发票项存在异常。实际上，你甚至不会告诉模型哪些发票项存在异常，该模型将自己处理，这称为**无监督**机器学习。

5.5 监督机器学习与无监督机器学习

在本章处理的样本中，你可以让 Brett 标记他通常会问询的发票项，并使用这些发票项数据来训练 XGBoost 模型，这与第 2 章和第 3 章中训练 XGBoost 模型的方式类似。但是，如果 Brett 没有为你工作，你是否仍可以使用机器学习来解决这个问题？事实证明是可以的。

本章使用的机器学习应用程序使用一种名为随机裁剪森林的无监督算法来确定是否应该问询发票。监督算法与无监督算法的区别在于，**无监督**算法不会提供任何标注过的数据。你只需提供数据，算法就会决定如何解读。

第 2~4 章使用的是**监督**机器学习算法，本章将使用无监督算法。第 2 章中的数据集中有一个

名为 tech_approval_required 的列，该列用于模型了解是否需要技术部门的审批。第 3 章的数据集有一个名为 churned 的列，该列用于模型了解客户是否流失。第 4 章的数据集中有一个名为 escalate 的列，该列用于了解特定的推文是否上报。

在本章中，你不会告诉模型应该问询哪些发票。取而代之的是，你让算法找出哪些发票存在异常，并且你将问询那些异常超过阈值的发票项，这就是无监督机器学习。

5.6 随机裁剪森林及其工作原理

本章将使用的机器学习算法是随机裁剪森林。它的名称很直白，因为该算法采用随机数据点（随机），将其裁剪为相同数量的点并生成树（裁剪），然后一起查看所有树（森林）以决定某个数据点是否异常。**随机裁剪森林**由此而得名。

树是有序存储数值型数据的一种方法。最简单的树类型被称为**二叉树**。这是一种存储数据的好方法，因为计算机使用起来既简单又快速。要生成一棵树，请随机划分数据点，直到你区分出要测试的数据点以决定它是否异常。每次划分数据点时都会创建树的新层次。在区分出目标数据点之前，划分数据点所需的次数越少，则该数据点成为异常数据样本的可能性就越大。

在接下来的两节，你会看到两个样本，其中包含了带有目标数据点的树。在第一个样本中，目标数据点是异常数据点。在第二个样本中，目标数据点不再异常。当你将所有样本整合起来看成一片森林时，会发现第二个样本中的点不太可能异常。

5.6.1 样本 1

图 5-5 显示了 6 个深色点，它们代表从数据集中随机抽取的 6 个数据点。白色点表示你正在测试以确定是否异常的目标数据点。从视觉上来说，可以看到白色点与数据样本中的其他值略有不同，因此有可能是异常。但是，你如何用算法来确定这一点？这就需要树这种表现形式。

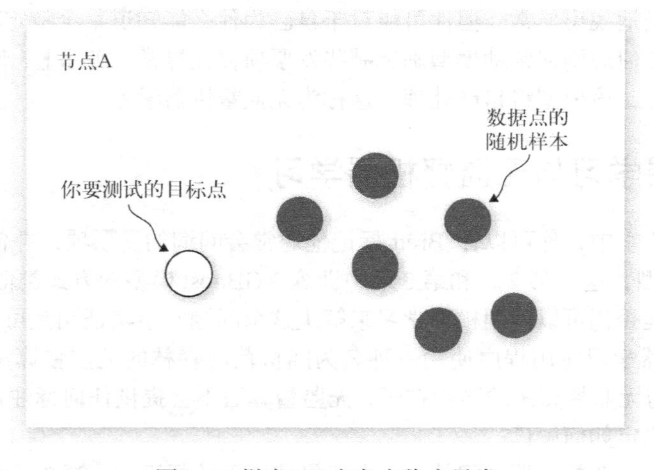

图 5-5 样本 1：白色点代表异常

图 5-6 展示了树的顶层。顶层是单个节点，代表样本中的所有数据点（包括你要测试的目标数据点）。如果节点包含除要测试的目标点以外的所有数据点，则该节点的颜色会显示为深色。（顶层节点始终是深色的，因为它代表了样本中的所有数据点。）

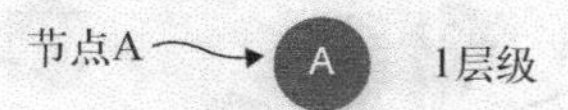

图 5-6　样本 1：1 层级树表示一个节点，其中所有数据点为一组

图 5-7 展示了第一次划分数据之后的数据点。切分线随机插入数据点中。切分线的每一侧代表树中的一个节点。

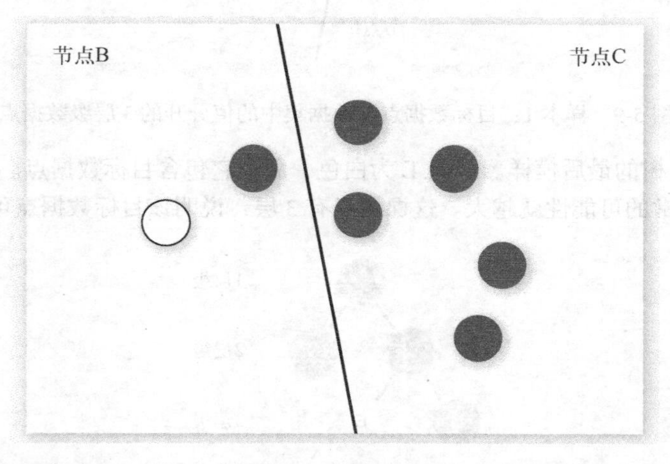

图 5-7　样本 1：在第一次划分后，在两个节点之间划分的 2 层级数据点

图 5-8 展示了树的下一层级。图 5-7 的左侧为树左侧的节点 B，右侧为树右侧的节点 C。树中的两个节点均显示为深色，因为从图 5-7 中划分出来的两侧都至少包含一个深色点。

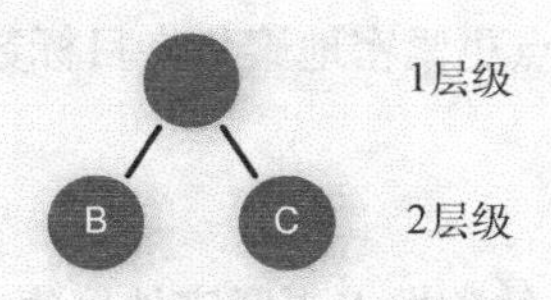

图 5-8　样本 1：2 层级树表示数据点分为两组，其中两个节点均显示为深色

接下来进一步划分图中包含目标数据点的部分，如图 5-9 所示。可以看到右侧的节点 C 保持不变，而左侧又划分为节点 D 和节点 E。节点 E 只包含目标数据点，因此不需要进一步划分。

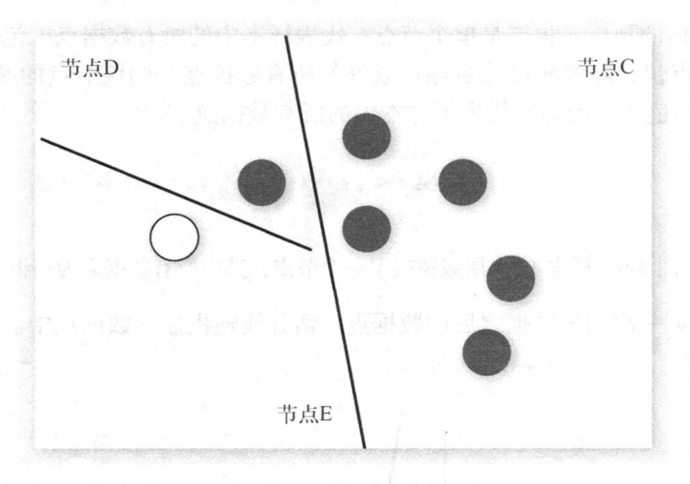

图 5-9　样本 1：目标数据点与数据集中的值分开的 3 层级数据点

图 5-10 展示了树的最后模样。节点 E 为白色，因为它包含目标数据点。此树有 3 层。树的层级越少，该点异常的可能性就越大。这棵树只有 3 层，说明该目标数据点可能是异常的。

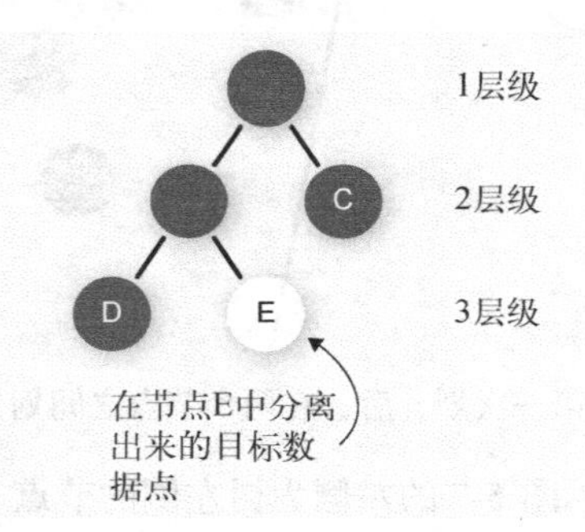

图 5-10　样本 1：3 层级树表示对一个 2 层级组再次划分以分离目标数据点

下面来看另一个样本：6 个数据点更紧密地聚集在目标数据点周围。

5.6.2　样本 2

在第二个数据样本中，随机选择的数据点更紧密地聚集在目标数据点周围。需要注意的是，我们的目标数据点与样本 1 中使用的数据点相同。唯一的区别是从数据集中提取了不同的数据点样本。可以在图 5-11 中看到，样本中的数据点（深色点）比样本 1 中的数据点更紧密地聚集在目标数据点周围。

注意　在图 5-11 和本节后面的图中，树图在数据点图的下方展示。

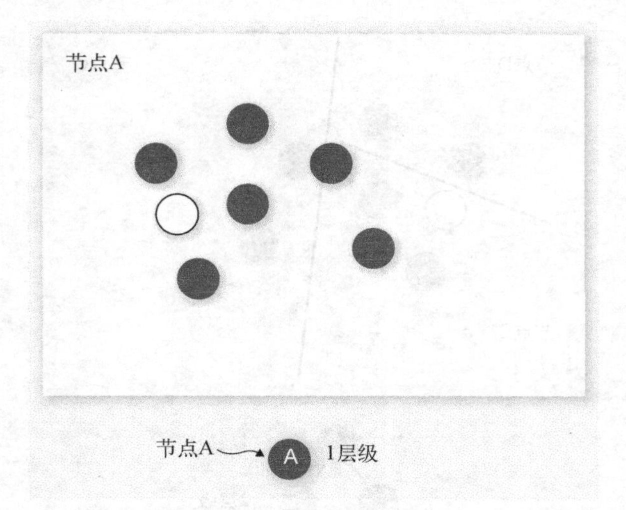

图 5-11　样例 2：1 层级数据点与 1 层级树表示所有数据点都在一个组里

就像在样本 1 中那样，图 5-12 将图分为两部分，分别为标注为 B 和 C。由于两个部分都包含深色点，2 层级树图的所有节点都是深色。

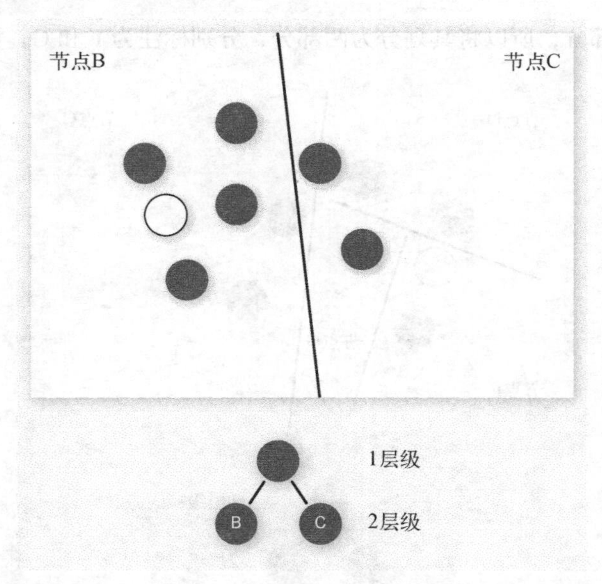

图 5-12　样本 2：2 层级数据点和 2 层级树表示 1 层级组被划分为两组

接下来，再次划分包含目标数据点的部分。如图 5-13 所示，B 部分被划分为标有 D 和 E 的两个部分，并且在树图上增加了一个新的层级。这两部分都包含一个或多个深色点，所以树图的 3 层级显示为深色。

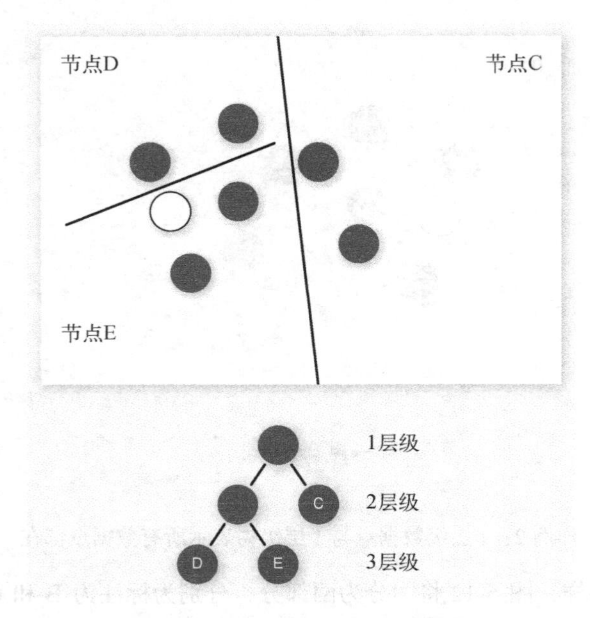

图 5-13　样例 2：3 层级数据点和 3 层级树表示其中一个 2 层级组被划分为两组

目标数据点在 E 部分，所以将其划分为两部分，分别标注为 F 和 G，如图 5-14 所示。

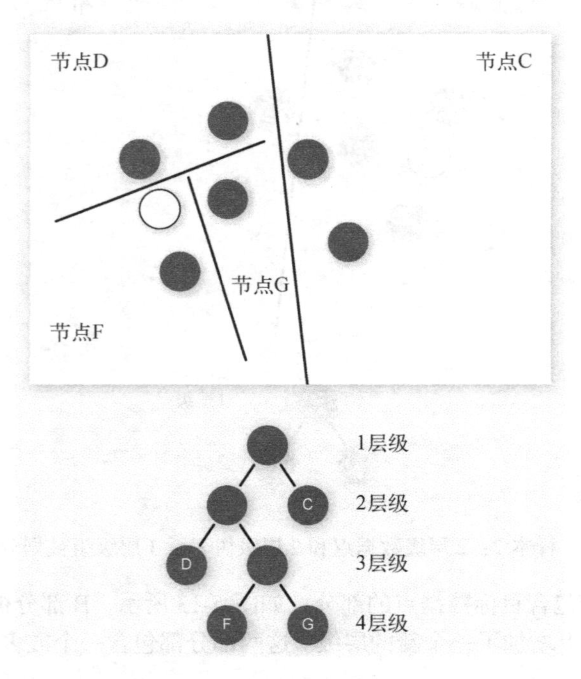

图 5-14　样例 2：4 层级数据点和 4 层级树表示其中一个 3 层级组被划分为两组

目标数据点在 F 部分，因此该部分被划分为 H 和 J 两个部分，如图 5-15 所示。J 部分仅包含目标数据点，因此显示为白色。无须进一步划分。结果图有 5 个层级，这表明目标数据点不太可能是异常。

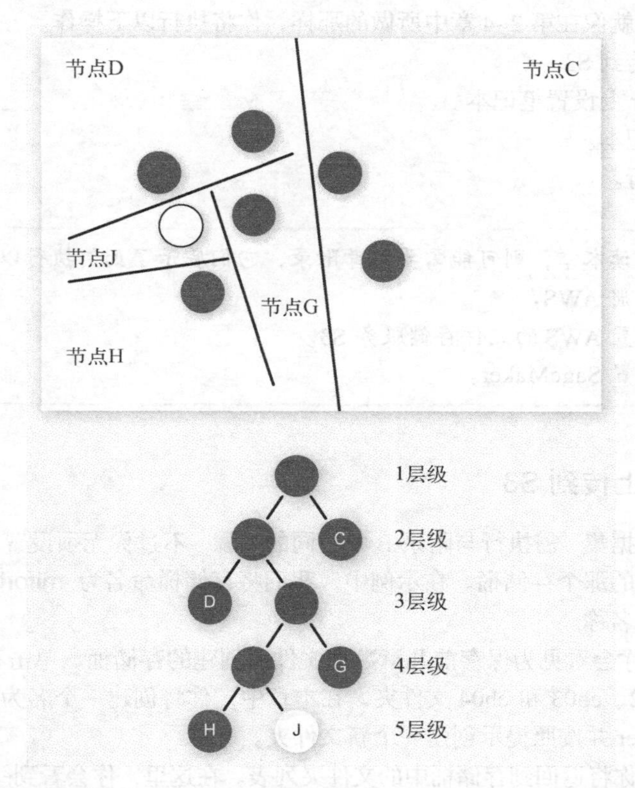

图 5-15 样例 2：5 层级数据点和 5 层级树表示其中一个 4 层级组被划分为两组，用于分离出目标数据点

随机裁剪森林算法执行的最后一步是将树合并为森林。如果很多样本的树的层级很少，那么目标数据点可能是异常。如果只有少数样本的树的层级较少，那么目标数据点可能不是异常。

你可以通过 AWS 网站进一步了解随机裁剪森林。

理查德对于随机裁剪森林中“森林”部分的解释

随机裁剪森林将数据集划分为森林中树的数量（由超参数 num_trees 指定）。在训练过程中，从整个数据集中总共采样了 num_trees × num_samples_per_tree 个独立数据点，并且无放回。对于小型数据集，这等于观测样本总数，但对于大型数据集，则无须如此。

但是，在推测过程中，通过循环遍历森林中的所有树并确定基于每棵树获得的异常分值，可以得到一个全新数据点的异常分值，然后对该分值求平均数，以确定该点是否应该被视为异常。

5.7 准备构建模型

现在，你对随机裁剪森林的工作原理有了更深入的了解，下面将在 SageMaker 中设置另一个笔记本并进行决策。就像在第 2~4 章中所做的那样，你将执行以下操作。

(1) 将数据集上传到 S3。

(2) 在 SageMaker 上设置笔记本。

(3) 上传初始笔记本。

(4) 基于数据运行。

注意 如果你直接阅读本章，则可能需要参考附录，它们展示了如何执行以下操作。

- ❑ 附录 A：注册 AWS。
- ❑ 附录 B：设置 AWS 的文件存储服务 S3。
- ❑ 附录 C：设置 SageMaker。

5.7.1 将数据集上传到 S3

要设置本章的数据集，需执行与附录 B 中相同的步骤。不过你无须设置另一个存储桶，而是可以跳转到先前创建的那个存储桶。在示例中，我们将存储桶命名为 mlforbusiness，但你的存储桶需要一个不同的名称。

进入 S3 账户，你会看见为保存前几章数据文件而创建的存储桶。单击存储桶可以查看你在前面章节创建的 ch02、ch03 和 ch04 文件夹。在本章中，你将创建一个名为 ch05 的新文件夹。通过单击 Create Folder 并按照提示创建一个新文件夹。

创建文件夹后，你将返回到存储桶中的文件夹列表。在这里，你会看到一个名为 ch05 的文件夹。现在已在存储桶中设置好了 ch05 文件夹，你可以上传数据文件并开始在 SageMaker 中设置决策模型。然后通过单击 Upload 将 CSV 文件上传到 ch05 文件夹。现在，可以设置笔记本实例了。

5.7.2 在 SageMaker 上设置笔记本

就像在第 2~4 章中所做的那样，你将在 SageMaker 上设置笔记本。如果你跳过了前面的章节，请按照附录 C 中关于设置 SageMaker 的说明进行操作。

当你打开 SageMaker 时，会看到你的笔记本实例。你为前面章节创建的笔记本实例（或者你刚刚按照附录 C 创建的笔记本实例）将显示 Open 或者 Start。如果显示 Start，则单击 Start 链接，然后等待几分钟，以便 SageMaker 启动；如果屏幕显示 Open Jupyter，则单击该链接以打开你的笔记本列表。

打开后，单击 New 并在下拉列表底部选择 Folder，为第 5 章创建一个新的文件夹。这将创建一个名为 Untitled Folder 的新文件夹。选中 Untitled Folder 旁边的复选框，你会看到 Rename 按钮。

单击 Rename，然后将文件名改为 ch05。单击 ch05 文件夹，你会看到一个空白的笔记本列表。

正如已准备好要上传到 S3 的 CSV 数据（activities.csv）一样，我们也已准备好了现在要使用的 Jupyter 笔记本。

单击 Upload 将笔记本文件 detect_suspicious_lines.ipynb 上传到 ch05 文件夹。上传文件后，你会在列表中看到该笔记本。单击它以将其打开。现在，就像前几章一样，你距离可以运行机器学习模型仅几步之遥了。

5.8 构建模型

与前几章一样，你将分六个部分学习代码：

- 加载并检查数据；
- 将数据转换为正确的格式；
- 创建训练集和验证集（本样本无须准备测试集）；
- 训练机器学习模型；
- 部署机器学习模型；
- 测试机器学习模型并用模型进行决策。

复习在 Jupyter 笔记本中运行代码

SageMaker 使用 Jupyter 笔记本作为其界面。Jupyter 笔记本是一个开源数据科学应用程序，可以让你将代码与文本混合编辑。如下图所示，Jupyter 笔记本的代码部分具有灰色背景，文本部分具有白色背景。

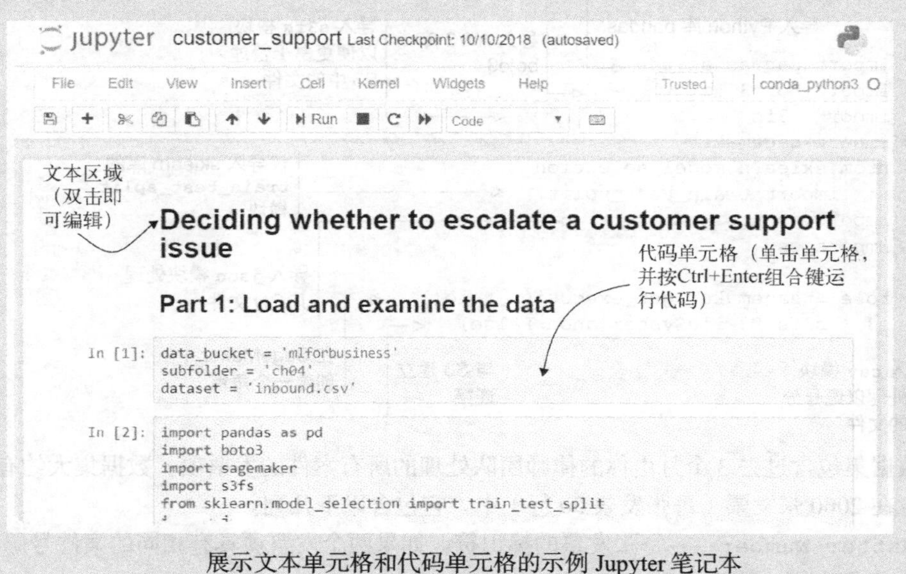

展示文本单元格和代码单元格的示例 Jupyter 笔记本

要运行笔记本中的代码，请单击代码单元格，然后按 Ctrl+Enter 组合键。要运行笔记本，可以从笔记本顶部的 Cell 菜单项中选择 Run All。运行笔记本时，SageMaker 会加载数据、训练模型、设置端点并根据测试数据进行决策。

5.8.1　第一部分：加载并检查数据

与之前三章一样，第一步是指明数据的存储路径。在代码清单 5-1 中，你需要将 'mlforbusiness' 更改为上传数据时创建的存储桶名称，然后将子文件夹更改为要存储数据的 S3 子文件名称。如果你将 S3 文件夹命名为 ch05，则无须更改该文件夹名称。如果你保留了本章前面上传的 CSV 文件名称，则也无须修改 activities.csv 代码行。如果重命名了 CSV 文件，则需要使用更改后的文件名称。要在笔记本单元格中运行代码，请单击该单元格，然后按 Ctrl+Enter 组合键。

代码清单 5-1　指明数据存储的位置

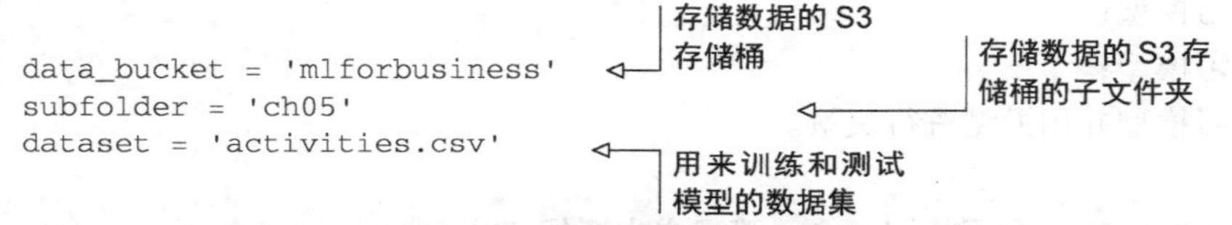

接下来，你将导入 SageMaker 用于准备数据、训练机器学习模型和设置端点的所有 Python 库和模块。代码清单 5-2 中导入的 Python 模块和库与前几章中使用的导入相同。

代码清单 5-2　导入模块

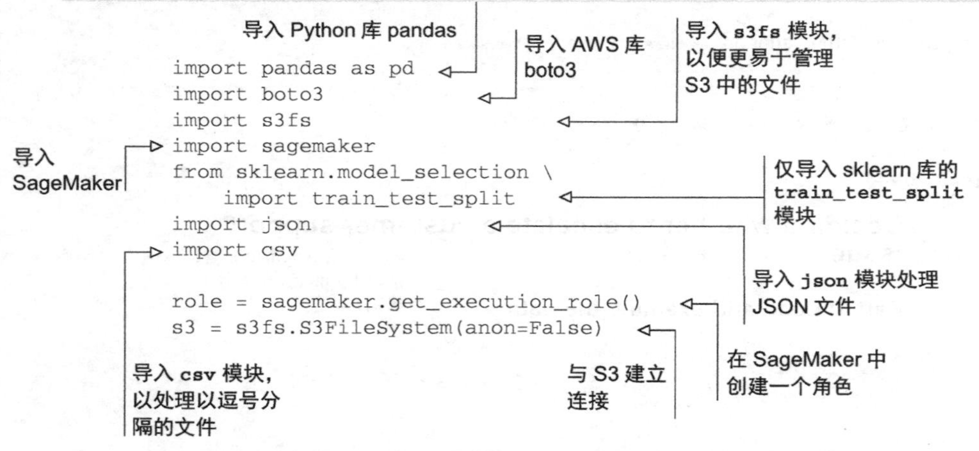

该数据集包含过去 3 个月由你的律师团队处理的所有案件的发票项。数据集大约有 100 000 行，包含在 2000 张发票（每张发票 50 行）中。它包含以下几列。

- **Matter Number**——每张发票的标识符。如果两个发票项具有相同的案件号码，则意味着它们在同一张发票上。

- **Firm Name**——律师事务所名称。
- **Matter Type**——发票所涉及的案件类型。
- **Resource**——执行任务的人员类型。
- **Activity**——执行任务的活动类型。
- **Minutes**——该任务花费的时间。
- **Fee**——执行任务的人员的小时计酬。
- **Total**——总费用。
- **Error**——指示发票项是否收费不合理的列。

注意 训练过程中不会使用 Error 列，因为在我们的场景中，只有在联系律师事务所并确定发票项是否有误时，才会得知该信息。此处包含该字段，可以让你确定模型的运行情况。

接下来加载并查看数据。在代码清单 5-3 中，你读取了 activities.csv 文件中前 20 行的 CSV 数据，以将其显示在 pandas DataFrame 中。在此代码清单 5-3 中，你使用了另一种在 pandas DataFrame 中显示数据行的方式。以前，你使用 head() 函数显示前 5 行。在代码清单 5-3 中，你显式地用数值来展示特定的行。

代码清单 5-3 加载并查看数据

```
df = pd.read_csv(
    f's3://{data_bucket}/{subfolder}/{dataset}')    ← 读取代码清单 5-1 中的 S3 数据集
display(df[5:8])    ← 展示 DataFrame 中的 3 行（第 5 行、第 6 行和第 7 行）
```

在此示例中，前 5 行均未展示发票项有不妥之处。你可以通过查看最右侧的列（Error）来判断发票项是否有误。之所以显示第 5 行、第 6 行和 7 行，是因为它们展示了 2 行 Error 为 False 以及一行 Error 为 True 的记录。表 5-2 展示了运行 display(df[5:8]) 的输出。

表 5-2 发票项数据集展示了运行 display(df[5:8]) 返回的 3 行数据

Row number	Matter Number	Firm Name	Matter Type	Resource	Activity	Minutes	Fee	Total	Error
5	0	Cox Group	Antitrust	Paralegal	Attend Court	110	50	91.67	False
6	0	Cox Group	Antitrust	Junior	Attend Court	505	150	1262.50	True
7	0	Cox Group	Antitrust	Paralegal	Attend Meeting	60	50	50.00	False

在代码清单 5-4 中，使用 pandas 的 value_counts 函数来确定错误率。可以看到，在 100 000 行发票项中，大约 2000 行有不妥之处，这使错误率达到了 2%。请注意，在实际情况中，你不会知道错误率，因此你必须运行一个小项目，通过从发票项中采样以确定错误率。

代码清单 5-4　展示错误率

```
[id="esc
----
df['Error'].value_counts()      <-- 展示错误率：False 表示无误，True 表示有误
----
```

代码清单5-5显示了代码清单5-4中的代码输出。

代码清单 5-5　不需要上报的推文数量和需要上报的推文数量

```
False    103935
True     2030
Name: escalate, dtype: int64
```

代码清单5-6展示了案件类型、人员类型和活动类型。

代码清单 5-6　数据概览

```
print(f'Number of rows in dataset: {df.shape[0]}')
print()
print('Matter types:')
print(df['Matter Type'].value_counts())
print()
print('Resources:')
print(df['Resource'].value_counts())
print()
print('Activities:')
print(df['Activity'].value_counts())
```

代码清单 5-7 展示了代码清单 5-6 中代码的运行结果。可以看到有 10 种案件类型，从 Antitrust（反垄断）到 Securities litigation（证券诉讼）；4种人员类型，从 Paralegal（律师助理）到 Partner（合伙人）；4种活动类型，例如 Phone Call（电话）、Attend Meeting（参加会议）和 Attend Court（出庭）。

代码清单 5-7　查看数据概览

```
Number of rows in dataset: 105965

Matter types:
Antitrust                 23922
Insolvency                16499
IPO                       14236
Commercial arbitration    12927
Project finance           11776
M&A                        6460
Structured finance         5498
Asset recovery             4913
Tax planning               4871
Securities litigation      4863
Name: Matter Type, dtype: int64

Resources:
Partner       26587
```

```
Junior       26543
Paralegal    26519
Senior       26316
Name: Resource, dtype: int64
*
Activities:
Prepare Opinion     26605
Phone Call          26586
Attend Court        26405
Attend Meeting      26369
Name: Activity, dtype: int64
```

机器学习模型使用这些特征来确定哪些发票项可能是错误的。在下一部分中，你将处理这些特征，将其转换为正确的格式供机器学习模型使用。

5.8.2 第二部分：将数据转换为正确的格式

加载数据后，你需要将其转换为正确的形式。这涉及以下 3 个步骤。

- 将分类型数据转换为数值型数据。
- 将数据集切分为训练数据和验证数据。
- 删除不必要的列。

你将在笔记本中使用的机器学习算法是随机裁剪森林算法。就像第 2 章和第 3 章中使用的 XGBoost 算法一样，随机裁剪森林算法无法处理文本值，所有内容都必须是数值。另外，就像第 2 章和第 3 章中做的那样，你将使用 pandas 的 `get_dummies` 函数将 `Matter Type` 列、`Resource` 列和 `Activity` 列中每个不同的文本值转换为 0 或者 1。例如，表 5-3 展示的 3 列表将转换为 4 列表。

表 5-3 应用 **get_dummies** 函数之前的数据

Matter Number	Matter Type	Resource
0	Antitrust	Paralegal
0	Antitrust	Partner

转换后的表（表 5-4）具有 4 列，因为需要为任意一列中每个唯一值创建一个额外的列，如表 5-4 所示。假设表 5-3 中的 `Resource` 列有两个不同的值，则该列被分为两列：每种人员类型为一列。

表 5-4 应用 **get_dummies** 函数后的数据

Matter Number	Matter_Type_Antitrust	Resource_Paralegal	Resource_Partner
0	1	1	0
0	1	0	1

在代码清单 5-8 中，你通过在最初的 `df` pandas DataFrame 上调用 `get_dummies()` 函数来创建一个名为 `encoded_df` 的 pandas DataFrame。这里调用 `head()` 函数将返回 DataFrame 的前 3 行。

请注意，由于列中每个唯一值都变成一列，因此这会创建非常宽的数据集。本章使用的

DataFrame 从 9 列增加到了 24 列。要确定表的宽度，你需要减去应用 get_dummies 函数的列数，并加上每一列中唯一元素的数量。因此，一旦减去应用 get_dummies 函数的 3 列，最初的 9 列表就变成了 6 列表。然后，Matter Type 列中每个唯一元素增加一列，就是 10 列，Resource 和 Activity 列中每个唯一元素增加一列，分别是 4 列，最后将扩展为 24 列。

代码清单 5-8 创建训练数据和验证数据

```
encoded_df = pd.get_dummies(
    df,
    columns=['Matter Type','Resource','Activity'])   <-- 将这 3 列转换为对应每个唯一值的列
encoded_df.head(3)   <-- 展示 DataFrame 前 3 行
```

5.8.3 第三部分：创建训练集和验证集

现在，你将数据集分为训练集和验证集，如代码清单 5-9 所示。请注意，在该笔记本中，你没有测试集。在现实世界中，测试数据的最佳方法通常是比较使用机器学习模型之前和使用机器学习模型之后在识别错误方面的效果。

测试集容量参数 0.2 表示该函数将 80%的数据作为训练 DataFrame，将 20%的数据作为验证 DataFrame。如果要将数据集分为训练数据和验证数据，你通常会将 70%的数据作为训练集，20%的数据作为测试集，10%的数据作为验证集。对于本章中的数据集，你只是将数据分为训练集和测试集，因为在 Brett 的数据中没有验证数据。

代码清单 5-9 创建训练集和验证集

```
train_df, val_df, _, _ = train_test_split(
    encoded_df,
    encoded_df['Error'],
    test_size=0.2,
    random_state=0)   <-- 创建训练集和验证集
print(
    f'{train_df.shape[0]} rows in training data')   <-- 展示训练数据的行数
```

这样，数据就在 SageMaker 会话中，而你可以开始训练模型了。

5.8.4 第四部分：训练模型

在代码清单 5-10 中，你导入了 RandomCutForest 函数，设置训练参数，并将结果存储在名为 rcf 的变量中。除了 RandomCutForest 函数中的最后两个参数外，所有这些看上去与前几章中设置训练有关的工作非常相似。

参数 num_samples_per_tree 设置每棵树包含多少样本。从图中来看，你可以将其视为每棵树上深色点的数量。如果每棵树上有很多样本，那么在该函数创建仅包含目标点的分支前，你的树会变得非常大。大树需要的计算时间比小树长。AWS 建议你从每棵树 100 个样本开始，因为这在训练速度和树的大小之间做了很好的权衡。

参数 num_trees 是树（深色点组）的数量。此参数应设置为近似于预期的错误分数。在你的数据集中，大约 2%（即 1/50）是错误的，因此你将树的数量设置为 50。代码清单 5-10 中的最后一行代码将训练并构建模型。

代码清单 5-10 训练模型

```
from sagemaker import RandomCutForest

session = sagemaker.Session()

rcf = RandomCutForest(role=role,
                      train_instance_count=1,
                      train_instance_type='ml.m4.xlarge',
                      data_location=f's3://{data_bucket}/{subfolder}/',
                      output_path=f's3://{data_bucket}/{subfolder}/output',
                      num_samples_per_tree=100,    # 每棵树包含的样本数
                      num_trees=50)                # 树的数量

rcf.fit(rcf.record_set(train_df_no_result.values))
```

5.8.5 第五部分：部署模型

现在，有了训练好的模型，可以将其部署在 SageMaker 上，以便随时进行决策。如果你已运行过该笔记本，则可能已有了一个端点。为了解决这个问题，请在代码清单 5-11 中删除所有现有的端点，这样就不必为一堆未使用的端点付费了。

代码清单 5-11 部署模型：删除现有的端点

```
endpoint_name = 'suspicious-lines'    # 这样你就不会创建冗余的端点，命名你的端点
try:
    sess.delete_endpoint(
        sagemaker.predictor.RealTimePredictor(
            endpoint=endpoint_name).endpoint)    # 删除该名称现有的端点
    print(
        'Warning: Existing endpoint deleted to make way for new endpoint.')
except:
    pass
```

接下来，在代码清单 5-12 中创建并部署端点。SageMaker 具有高度可扩展性，可以处理非常大的数据集。对于本书中使用的数据集，你只需要一台 t2.medium 机器即可部署你的端点。

代码清单 5-12 部署模型：设置机器性能

```
rcf_endpoint = rcf.deploy(
    initial_instance_count=1,           # 部署端点的机器数量
    instance_type='ml.t2.medium'        # 机器性能
)
```

现在，你需要设置代码，以从端点获取结果，并将其转换为易于使用的格式，如代码清单 5-13 所示。

代码清单 5-13　部署模型：转换为易于使用的格式

```
from sagemaker.predictor import csv_serializer, json_deserializer

rcf_endpoint.content_type = 'text/csv'
rcf_endpoint.serializer = csv_serializer
rcf_endpoint.accept = 'application/json'
rcf_endpoint.deserializer = json_deserializer
```

5.8.6　第六部分：测试模型

现在，可以基于验证数据来计算异常，如代码清单 5-14 所示。这里使用 val_df_no_result 数据集，因为它不包含 Error 列（就像训练数据中不包含 Error 列一样）。然后，创建 scores_df DataFrame，以保存 rcf_endpoint.predict 函数返回的数值型结果。接着，将 scores_df DataFrame 与 val_df DataFrame 合并在一起，以便查看随机裁剪森林算法对应每一行训练数据的分数。

代码清单 5-14　在验证数据中添加 scores 列

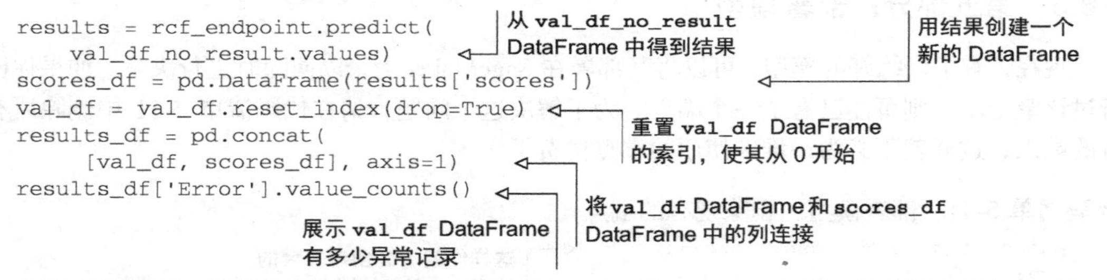

```
results = rcf_endpoint.predict(
    val_df_no_result.values)
scores_df = pd.DataFrame(results['scores'])
val_df = val_df.reset_index(drop=True)
results_df = pd.concat(
     [val_df, scores_df], axis=1)
results_df['Error'].value_counts()
```


为了合并数据，我们使用了代码清单 5-14 中 pandas 的 concat 函数。该函数使用 DataFrame 的索引合并了两个 DataFrame。axis 参数如果为 0，则将连接行；如果为 1，则将连接列。

因为我们刚刚创建了 scores_df DataFrame，所以行的索引从 0 开始，一直到 21 192（因为 val_df DataFrame 和 scores_df DataFrame 有 21 193 行）。然后，我们重置 val_df DataFrame 的索引，使其也从 0 开始。这样，当我们连接 DataFrame 时，scores 列的值会与 val_df DataFrame 中正确的行对齐。

可以从代码清单 5-15 中看到，验证集（val_df）中有 20 791 条正确的记录，有 402 条错误的记录（根据 val_df DataFrame 中的 Error 列）。

代码清单 5-15　查看错误的行数

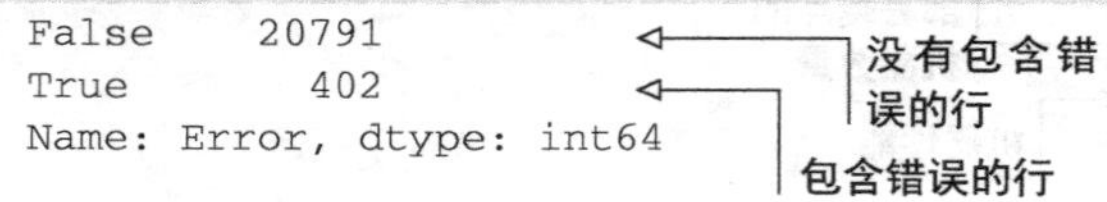

```
False    20791
True       402
Name: Error, dtype: int64
```


Brett 相信，他和他的团队发现了律师事务所所犯大约一半的错误，这足以让银行督促律师的行为：准确计费。这是因为他们知道，如果不这么做，他们就会被要求提供额外的发票证明信息。

要找出前半部分错误记录的分数，请使用 pandas 的 `median` 函数来展示有错误记录的中位数，然后创建一个 `results_above_cutoff` DataFrame 来保存结果，如代码清单 5-16 所示。要确认中位数，可以查看 DataFrame 中 `Error` 列的值来确定 DataFrame 有 201 行（`val_df` DataFrame 中错误记录总数的一半）。

代码清单 5-16 将计算分数大于中位数分数的行数。

代码清单 5-16　计算分数大于 1.5（中位数分数）的行数

```
score_cutoff = results_df[
    results_df['Error'] == True]['score'].median()
print(f'Score cutoff: {score_cutoff}')
results_above_cutoff = results_df[
    results_df['score'] > score_cutoff]
results_above_cutoff['Error'].value_counts()
```

得到 `results_df DataFrame` 的中位数分数

创建一个名为 `results_above_cutoff` 的新 DataFrame，其中包含分数大于 `Error` 列为 `True` 的中位数分数的记录

展示 `results_above_cutoff` DataFrame 的行数

代码清单 5-17 展示了高于中位数的真实错误记录数和误报记录数。

代码清单 5-17　查看误报数

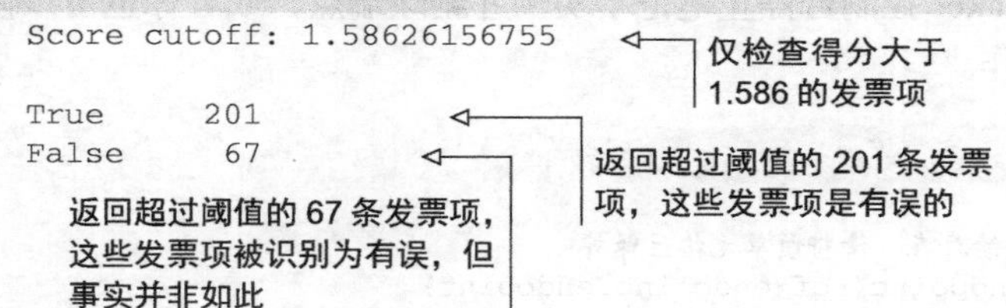

因为你正在查看 `Error` 列的 `value_counts`，所以还可以看到不包含错误的 67 行记录，你将问询律师事务所。Brett 告诉你，这比他的团队通常得到的命中率高。有了这些信息，你就可以用两个关键指标来描述模型的性能。这两个关键指标是**召回率**和**精确率**。

- 召回率是正确识别出的有误发票项数量占所有有误发票项数量的比例。
- 精确率是正确识别出的有误发票项数量占所有预测为有误发票项数量的比例。

通过例子更容易理解这些概念。分析中的关键数值可以让你计算召回率和精确率，如下所示。

- 验证集中有 402 条错误记录。
- 你设置了一个阈值，以识别律师事务所提交的一半有误发票项（201 行）。
- 在这个阈值基础上，你误认为 67 条正确的发票项是有误的。

召回率是识别出的错误数除以错误总数。由于我们决定使用中位数来确定阈值，因此召回率始终为 50%。

精确率是正确识别的错误数除以预测的错误总数。预测的错误总数为 268，即 201+67。精确率为 201/268，即 75%。

现在你已经定义了阈值，你可以在 `results_df` DataFrame 中设置一列，该列将得分超过阈值的行设置为 `True`，将得分低于阈值的行设置为 `False`，如代码清单 5-18 所示。

代码清单 5-18　用 pandas DataFrame 来展示结果

```
results_df['Prediction'] = \
    results_df['score'] > score_cutoff    ← 得分大于阈值时，将 Prediction 列的值设置为 True
results_df.head()    ← 展示结果
```

现在，数据集将展示验证集中每个发票项的结果。

> **练习：**
>
> (1) val_df 数据集的第 356 行得分是多少？
>
> (2) 你如何将这一行提交给预测函数，仅返回该行的得分？

5.9　删除端点并停止笔记本实例

停止笔记本实例并删除端点很重要。我们不希望你因未使用的 SageMaker 服务而付费。

5.9.1　删除端点

附录 D 描述了如何使用 SageMaker 控制台停止笔记本实例并删除端点，或者你也可以使用代码清单 5-19 中的代码来执行此操作。

代码清单 5-19　删除端点

```
# 删除端点（可选）
# 如果希望端点在单击 Run All 后继续存在，请将该单元格注释掉
sagemaker.Session().delete_endpoint(rcf_endpoint.endpoint)
```

要删除端点，请取消代码清单中的代码注释，然后单击 Ctrl+Enter 组合键运行单元格中的代码。

5.9.2　停止笔记本实例

要停止笔记本，请返回打开 SageMaker 的浏览器选项卡。单击 Notebook instances 菜单项以查看所有笔记本实例。选择笔记本实例名称旁边的单选按钮（如图 5-16 所示），然后单击 Actions 菜单上的 Stop。停止操作需要几分钟。

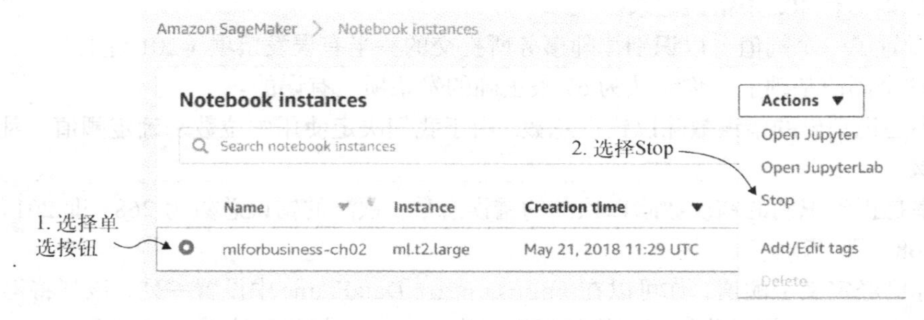

图 5-16　停止笔记本

5.10 检查以确保端点已被删除

如果你没有用笔记本删除端点（或者只想确保端点已被删除），则可以从 SageMaker 控制台执行此操作。要删除端点，请单击端点名称左侧的单选按钮，然后单击 Actions 菜单项，接着在出现的菜单中单击 Delete。

成功删除端点后，你将不再为此支付 AWS 费用。当你在 Endpoints 页面底部看到"There are currently no resources"时，可以确认所有端点已经删除，如图 5-17 所示。

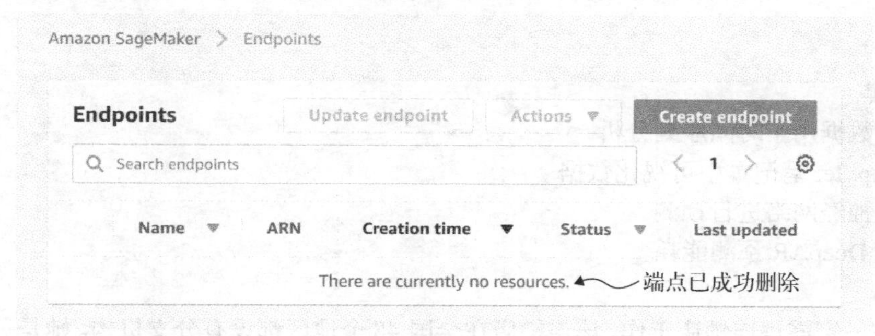

图 5-17 确认你已成功删除端点

Brett 的团队现在可以处理从律师那里收到的每张发票，并在几秒钟内确定是否应该问询发票。下面 Brett 的团队可以专注于评估律师事务所对他们问询的答复是否合理，而不必关注是否应该问询发票。这样一来，Brett 的团队就可以用同样的精力处理更多的发票。

5.11 小结

- 确定你的算法尝试达到的目标。在本章 Brett 的案例中，该算法无须识别每条有误的发票项，而只需识别出足够的发票项以促使律师事务所合规行动。
- 合成数据是分析师创建的数据，而不是现实世界中的真实数据。好的真实数据集通常比合成数据更有趣，因为它更加微妙。
- 无监督机器学习可用于解决没有任何训练数据的问题。
- 监督算法和无监督算法的区别在于，你无须向无监督算法提供任何标注的数据。你只需要提供数据，然后算法就会决定如何解读。
- 异常是不寻常的数据点。
- 随机裁剪森林算法可用于解决识别异常所带来的固有挑战。
- 召回率和精确率是用来描述模型性能的两个关键指标。

第 6 章

预测你公司的每月能耗

本章要点

- ❑ 准备数据用于时间序列分析
- ❑ 在 Jupyter 笔记本中可视化数据
- ❑ 使用神经网络进行预测
- ❑ 使用 DeepAR 预测能耗

Kiara 在一家零售连锁店工作，该连锁店在全国 48 个地区都设有分支机构。她是一名工程师，每个月，她的老板都会问她下个月的能耗。Kiara 按照前任工程师教给她的流程，查看了去年该月公司的能耗，根据分支机构数目的变化进行加权，并将结果提供给老板。她的老板将这次预算发送给设施管理团队，以帮助他们制订活动计划，然后交给财务部门预测支出。问题是，Kiara 的估算通常是错的，有时还差得很多。

作为工程师，她认为必须要有更好的办法来解决这个问题。本章将使用 SageMaker 来帮助 Kiara 更好地估计公司未来的能耗。

6.1 你在决策什么

本章介绍的内容与你在前面各章中所看到的不同。在前面的章节中，你使用了监督机器学习算法和无监督机器学习算法来进行决策，了解了每种算法的工作原理，然后将算法应用于数据。本章将使用**神经网络**来预测 Kiara 公司下个月的能耗。

直观地理解神经网络比理解我们到目前为止介绍的机器学习算法都要困难。本章并不打算让你深入了解神经网络，而是将重点放在如何解释神经网络的输出上。无须了解神经网络的理论，你就能知道如何使用神经网络来预测时间序列事件以及如何解释预测结果。你也无须了解神经网络的**工作原理**，而是学习**如何**使用神经网络。

图 6-1 展示了从 2018 年 10 月中旬到 11 月末的 6 周时间里，Kiara 给出的一个分支机构的预测能耗与实际能耗之间的关系。该分支机构的模式以周为周期进行重复，在工作日使用量较高而在星期日下降得非常多。

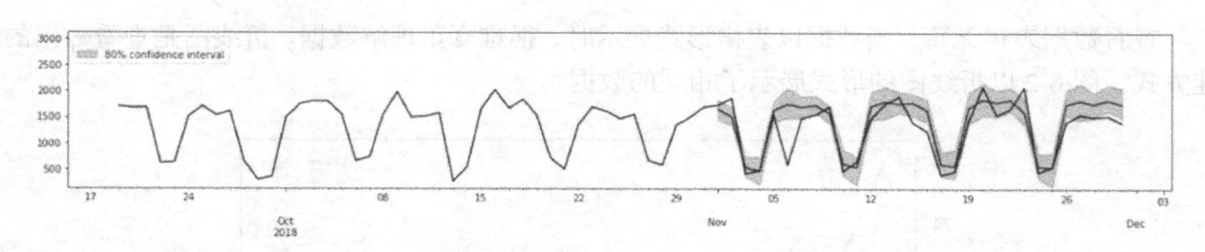

图 6-1 Kiara 的一个分支结构在 2018 年 11 月的预测能耗与实际能耗

阴影区域显示了 Kiara 的预测范围，准确度为 80%。Kiara 计算其预测平均误差时，结果为 5.7%，这意味着对于任何预测值，误差很可能在 5.7%以内。使用 SageMaker，你可以完成所有这些操作而无须深入了解神经网络的实际功能。而且，在我们看来，这完全可以。

要了解如何将神经网络用于时间序列预测，你首先需要了解时间序列预测问题棘手的原因。了解了这一点后，你将了解什么是神经网络以及如何将神经网络应用于时间序列预测。然后启动 SageMaker，你就会看到它在真实数据上的效果。

注意 本章使用的能耗数据由 BidEnergy 提供，它是一家专门从事能耗预测与最大化节约能耗的公司。BidEnergy 使用的算法比本章介绍的更复杂，但你将了解一般的机器学习（尤其是神经网络）如何应用于预测问题。

6.1.1 时间序列数据介绍

时间序列数据由特定时间间隔的多个观测值组成。例如，如果你创建了一个体重的时间序列，那么可以在一年中每个月的第一天记录体重。你的时间序列将包含 12 个观测值，每个观测值都有一个数值。表 6-1 展示了时间序列数据的样子。

表 6-1 时间序列数据展示了我（道格）过去一年的体重，以千克（kg）为单位

Date	Weight (kg)
2018-01-01	75
2018-02-01	73
2018-03-01	72
2018-04-01	71
2018-05-01	72
2018-06-01	71
2018-07-01	70
2018-08-01	73
2018-09-01	70
2018-10-01	69
2018-11-01	72
2018-12-01	74

查看数据表很无聊。当数据以表格形式展示时，很难真正理解数据。折线图是查看数据的最佳方式。图 6-2 以折线图的形式展示了相同的数据。

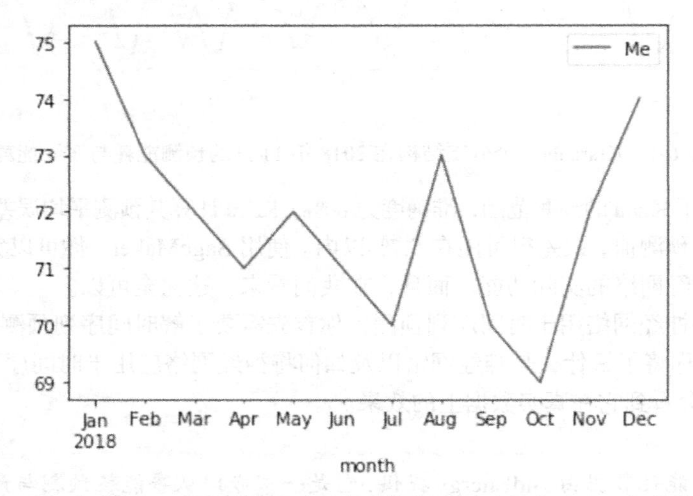

图 6-2　折线图显示了相同的时间序列数据，展示了我过去一年的体重（以千克为单位）

可以看到，在该时间序列中，日期在左边，我的体重在右边。例如，如果要记录整个家庭的体重时间序列，则可以为每个家庭成员添加一列。在表 6-2 中，可以看到一年中我的体重以及我的每个家庭成员的体重。

表 6-2　时间序列数据展示了过去一年我的家庭成员的体重（以千克为单位）

Date	Me	Spouse	Child_1	Child_2
2018-01-01	75	52	38	67
2018-02-01	73	52	39	68
2018-03-01	72	53	40	65
2018-04-01	71	53	41	63
2018-05-01	72	54	42	64
2018-06-01	71	54	42	65
2018-07-01	70	55	42	65
2018-08-01	73	55	43	66
2018-09-01	70	56	44	65
2018-10-01	69	57	45	66
2018-11-01	72	57	46	66
2018-12-01	74	57	46	66

而且，一旦有了表 6-2，就可以将数据可视化为 4 张单独的图，如图 6-3 所示。

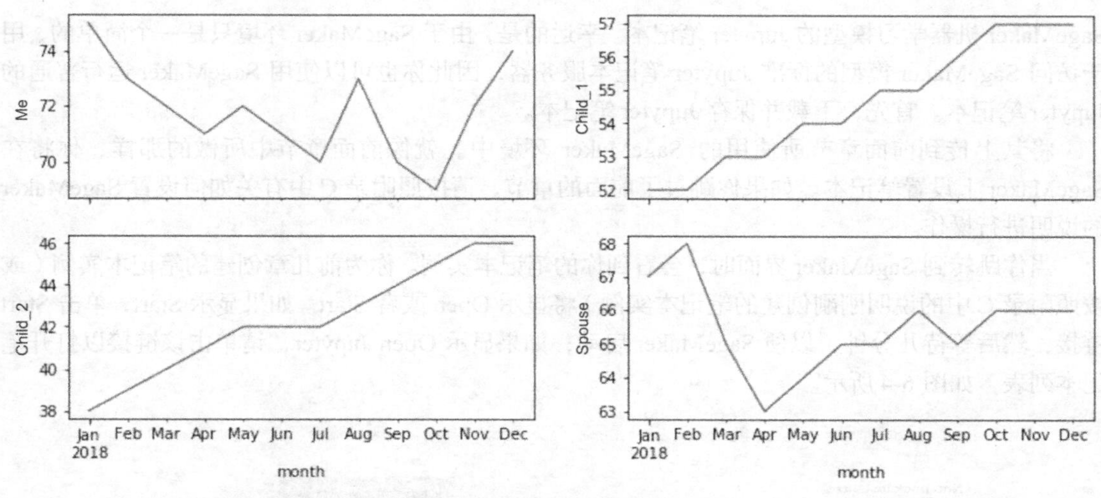

图 6-3　折线图显示了相同的时间序列数据，该数据展示了过去一年中家庭成员的体重（以千克为单位）

你将在本章和下一章中看到这种格式的图表。这是一种简明地展示时间序列数据的常见格式。

6.1.2　Kiara 的时间序列数据：每日能耗

能耗数据的展示方式与我们的体重数据相似。Kiara 的公司有 48 个不同的业务分支机构（零售店和仓库），因此，编制数据时每个分支机构都有自己的列。每个观测值都是该列中的一个单元格。表 6-3 展示了本章中使用的电量数据样本。

表 6-3　以 30 分钟作为间隔，Kiara 公司的能耗数据样本

Time	Site_1	Site_2	Site_3	Site_4	Site_5	Site_6
2017-11-01 00:00:00	13.30	13.3	11.68	13.02	0.0	102.9
2017-11-01 00:30:00	11.75	11.9	12.63	13.36	0.0	122.1
2017-11-01 01:00:00	12.58	11.4	11.86	13.04	0.0	110.3

该数据类似于表 6-2 中的数据，该表展示了每个家庭成员每月的体重。不同的是，在 Kiara 的数据中，每一列代表其公司的分支结构（零售店或仓库），而不是家庭成员。Kiara 的数据中每一行代表每个分支结构当天使用的电量，而不是家庭成员每个月第一天的体重。

既然你已了解了如何表示和可视化时间序列数据，那么就可以用 Jupyter 笔记本来可视化这些数据了。

6.2　加载处理时间序列数据的 Jupyter 笔记本

为了帮助你了解如何在 SageMaker 中展示时间序列数据，这是本书第一次使用没有包含

SageMaker 机器学习模型的 Jupyter 笔记本。幸运的是，由于 SageMaker 环境只是一个简单的、用于访问 SageMaker 模型的标准 Jupyter 笔记本服务器，因此你也可以使用 SageMaker 运行普通的 Jupyter 笔记本。首先，下载并保存 Jupyter 笔记本。

将其上传到前面章节所使用的 SageMaker 环境中。就像前面章节中所做的那样，你将在 SageMaker 上设置笔记本。如果你跳过了前面的章节，请按照附录 C 中有关如何设置 SageMaker 的说明进行操作。

当你跳转到 SageMaker 界面时，会看到你的笔记本实例。你为前几章创建的笔记本实例（或按照附录 C 中的说明刚刚创建的笔记本实例）将显示 Open 或者 Start。如果显示 Start，单击 Start 链接，然后等待几分钟，以便 SageMaker 启动；如果显示 Open Jupyter，请单击该链接以打开笔记本列表，如图 6-4 所示。

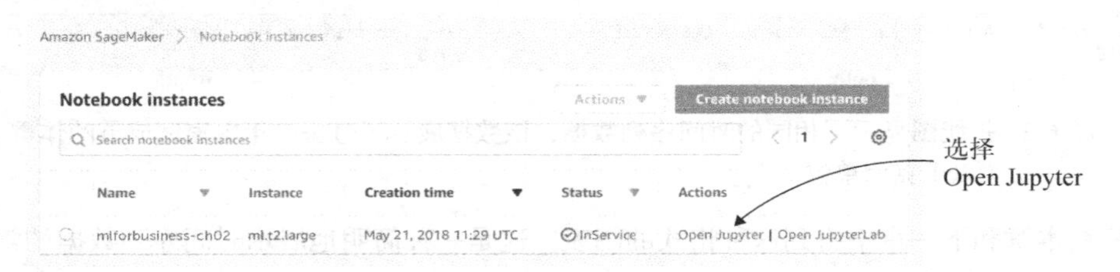

图 6-4　查看笔记本实例列表

单击 New 并在下拉列表底部选择 Folder，为第 6 章创建一个新文件夹，如图 6-5 所示。这将创建一个名为 Untitled Folder 的新文件夹。

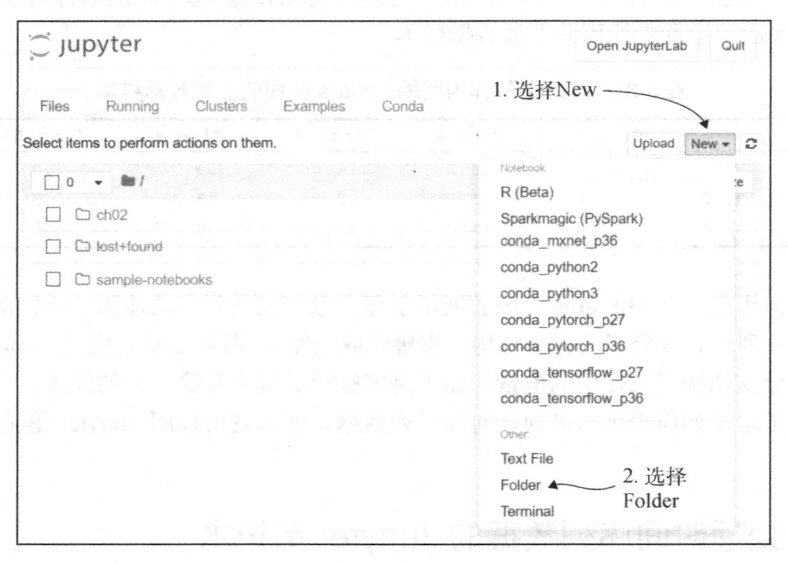

图 6-5　在 SageMaker 中创建一个新文件夹

要重命名文件夹，请勾选 Untitled Folder 旁边的复选框，Rename 按钮就会出现。单击它并将名称改为 ch06。单击 ch06 文件夹，你将看到一个空白的笔记本列表。单击 Upload 将 time_series_practice.ipynb 笔记本上传到该文件夹。

上传文件后，你会在列表中看到该笔记本。单击笔记本将其打开，现在可以使用 time_series_practice 笔记本了。但在设置该笔记本的时间序列数据之前，让我们先来看看有关时间序列分析的一些理论和实践。

6.3 准备数据集：绘制时间序列数据

Jupyter 笔记本和 pandas 库是处理时间序列数据的绝佳工具。在本章后面创建的 SageMaker 神经网络笔记本中，你将使用 pandas 和名为 Matplotlib 的数据可视化库来为神经网络准备数据并分析结果。为了帮助你了解神经网络工作原理，你将使用时间序列笔记本，该笔记本可直观地展示一年中 4 个人的体重。

要使用 Jupyter 笔记本可视化数据，你需要做一些设置。如代码清单 6-1 所示，首先需要告诉 Jupyter 你打算在笔记本中展示一些图表。可以使用`%matplotlib inline`代码行来执行此操作，如代码清单 6-1 第 1 行所示。

代码清单 6-1 展示图表

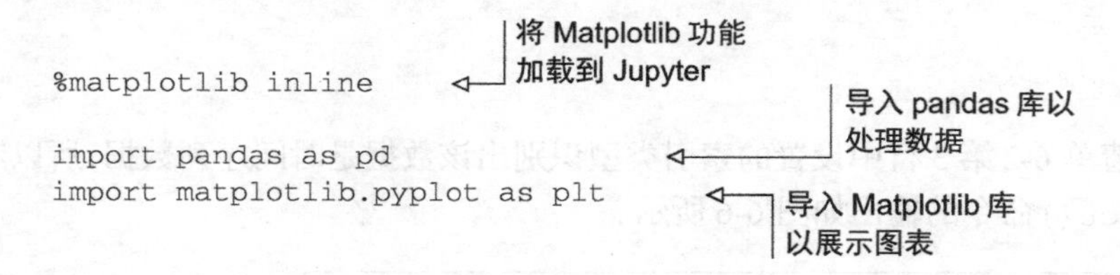

Matplotlib 是一个 Python 绘图库，但可供你选择的 Python 绘图库还有许多。我们选择 Matplotlib 是由于它可以在 Python 标准库中使用，并且对于简单的需求，它易于使用。

第 1 行以`%`符号开头是因为该行是对 Jupyter 的**指令**，而不是代码行。它会告诉 Jupyter 笔记本你要展示图表，因此要加载软件在笔记本中执行，这被称为**魔术命令**（magic command）。

魔术命令：真的是魔术吗

实际上是的。Jupyter 笔记本中以`%`或`%%`开头的命令被称为魔术命令。魔术命令为 Jupyter 笔记本提供了其他功能，例如展示图表或运行外部脚本的能力。

如代码清单 6-1 所示，在将 Matplotlib 功能加载到 Jupyter 笔记本中后，你随后导入了库：pandas 和 Matplotlib。（请记住，在代码清单第 1 行中，你引入了`%matplotlib inline`，但没有导入 Matplotlib 库；在第 3 行，你导入了该库。）

导入相关库后，你需要获取一些数据。前几章使用 SageMaker 时，我们从 S3 加载了数据。

对于该笔记本来说，由于你只是在学习用 Pandas 和 Jupyter 笔记本进行数据可视化的有关知识，所以只需创建一些数据并将其发送到 pandas DataFrame，如代码清单 6-2 所示。

代码清单 6-2　输入时间序列数据

```
my_weight = [                                      <-- 为图 6-1 中的数据
    {'month': '2018-01-01', 'Me': 75},                 创建数据集
    {'month': '2018-02-01', 'Me': 73},
    {'month': '2018-03-01', 'Me': 72},
    {'month': '2018-04-01', 'Me': 71},
    {'month': '2018-05-01', 'Me': 72},
    {'month': '2018-06-01', 'Me': 71},
    {'month': '2018-07-01', 'Me': 70},
    {'month': '2018-08-01', 'Me': 73},
    {'month': '2018-09-01', 'Me': 70},
    {'month': '2018-10-01', 'Me': 69},             将数据集转换为
    {'month': '2018-11-01', 'Me': 72},             pandas DataFrame
    {'month': '2018-12-01', 'Me': 74}
]                                                  将 DataFrame 的索引
df = pd.DataFrame(my_weight).set_index('month')    设置为时间序列
df.index = pd.to_datetime(df.index)
df.head()                                      <-- 展示数据集的前 5 行
```

现在，这才是真正的魔术所在。要展示图表，你需要做的就是在 Jupyter 笔记本单元格中键入以下行：

```
df.plot()
```

Matplotlib 库从代码清单 6-2 第 3 行中设置的索引类型识别出该数据是时间序列数据，所以起作用了。真神奇！df.plot()命令的输出如图 6-6 所示。

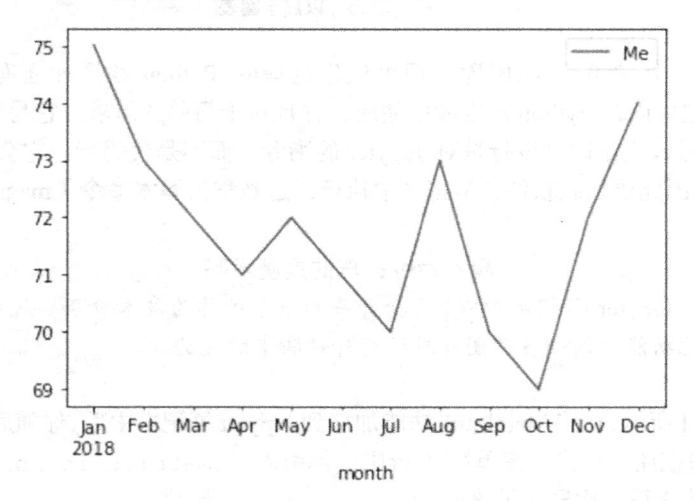

图 6-6　df.plot()返回的时间序列数据，展示了我过去一年的体重（以千克为单位）

要将数据扩展到每个家庭成员的体重，你首先需要设置数据。代码清单 6-3 展示了将数据扩展到每个家庭成员的数据集。

代码清单 6-3　为每个家庭成员输入时间序列数据

```
family_weight = [                                          ◁ 创建每个人每月的
    {'month': '2018-01-01', 'Me': 75, 'spouse': 67,           体重数据集
        'ch_1': 52, 'ch_2': 38},
    {'month': '2018-02-01', 'Me': 73, 'spouse': 68,
        'ch_1': 52, 'ch_2': 39},
    {'month': '2018-03-01', 'Me': 72, 'spouse': 65,
        'ch_1': 53, 'ch_2': 40},
    {'month': '2018-04-01', 'Me': 71, 'spouse': 63,
        'ch_1': 53, 'ch_2': 41},
    {'month': '2018-05-01', 'Me': 72, 'spouse': 64,
        'ch_1': 54, 'ch_2': 42},
    {'month': '2018-06-01', 'Me': 71, 'spouse': 65,
        'ch_1': 54, 'ch_2': 42},
    {'month': '2018-07-01', 'Me': 70, 'spouse': 65,
        'ch_1': 55, 'ch_2': 42},
    {'month': '2018-08-01', 'Me': 73, 'spouse': 66,
        'ch_1': 55, 'ch_2': 43},
    {'month': '2018-09-01', 'Me': 70, 'spouse': 65,
        'ch_1': 56, 'ch_2': 44},
    {'month': '2018-10-01', 'Me': 69, 'spouse': 66,
        'ch_1': 57, 'ch_2': 45},
    {'month': '2018-11-01', 'Me': 72, 'spouse': 66,
        'ch_1': 57, 'ch_2': 46},
    {'month': '2018-12-01', 'Me': 74, 'spouse': 66,
        'ch_1': 57, 'ch_2': 46}
]                                                          将数据集转换为
df2 = pd.DataFrame(                                        pandas DataFrame
        family_weight).set_index('month')            ◁
df2.index = pd.to_datetime(df2.index)            ◁ 将 DataFrame 的索引
df2.head()  ◁ 展示前 5 行数据                       设置为时间序列
```

用 Matplotlib 展示 4 个图表比展示一个图表复杂一些。你首先需要创建一个显示图表的区域，然后需要循环遍历数据列以展示每列数据。因为这是本书中使用的第一个循环，所以我们将对其进行详细介绍。

6.3.1　通过循环展示数据列

该循环被称为 **for** 循环，这意味着你（通常）会提供一个列表，然后依次遍历列表中的每个元素。这是你将在数据分析与机器学习中使用的最常见的循环类型，因为你需要循环遍历的大部分内容是元素列表或数据行。

代码清单 6-4 展示了标准的循环方式。该代码清单的第一行定义了包含 3 个元素（A、B 和 C）的列表，第 2 行代码设置了循环，第 3 行代码打印了每个元素。

代码清单 6-4　循环遍历列表的标准方法

```
my_list = ['A', 'B', 'C']          ← 创建一个名为 my_list 的列表
for item in my_list:               ← 循环遍历 my_list
    print(item)                    ← 打印列表中的每个元素
```

运行此代码将打印 `A`、`B` 和 `C`，如代码清单 6-5 所示。

代码清单 6-5　运行循环遍历列表的命令时的标准输出

```
A
B
C
```

使用 Matplotlib 创建图表时，除了循环之外，你还需要记下循环的次数。Python 有一个不错的方法：**枚举**（enumerate）。

为了枚举列表，你需要两个变量来存储循环中的信息并包装正在循环遍历的列表。`enumerate` 函数返回两个这样的变量：第一个变量是记录循环的次数（从 0 开始）；第二个变量是列表中检索到的元素。代码清单 6-6 展示了将代码清单 6-4 转换为枚举的 `for` 循环。

代码清单 6-6　循环中枚举的标准方法

```
my_list = ['A', 'B', 'C']              ← 创建一个名为 my_list 的列表
for i, item in enumerate(my_list):     ← 循环遍历 my_list，将计数存储在变量 i 中，并将列表元素存储在 item 变量中
    print(f'{i}. {item}')              ← 打印循环计数（从 0 开始）以及列表中的每个元素
```

运行此代码将生成与代码清单 6-5 中相同的输出，但还可以显示出在列表中循环的次数。要运行代码，请单击单元格，然后按 Ctrl+Enter 组合键。代码清单 6-7 显示了在循环中使用 `enumerate` 函数的输出。

代码清单 6-7　循环中枚举的输出

```
0. A
1. B
2. C
```

使用这种方法，你就可以在 Matplotlib 中创建多个图表。

6.3.2　创建多个图表

在 Matplotlib 中，你可以使用 subplots 功能来创建多个图表。要用数据填充子图，你可以循环遍历表中每一列来展示每个家庭成员的体重，如代码清单 6-8 所示，以及展示每列的数据。

代码清单 6-8　绘制每个家庭成员时间序列数据的图表

```
start_date = "2018-01-01"        ◁ 设置开始日期
end_date = "2018-12-31"          ◁ 设置结束日期
fig, axs = plt.subplots(
    2,
    2,
    figsize=(12, 5),
    sharex=True)                 ◁ 创建包含 4 个图表的 Matplotlib
axx = axs.ravel()                ◁ 确保子图以序列的形式存储，这样你就能循环遍历它们
for i, column in enumerate(df2.columns):     ◁ 循环遍历数据的每一列
    df2[df2.columns[i]].loc[start_date:end_date].plot(
        ax=axx[i])               ◁ 设置图表以展示数据特定列
    axx[i].set_xlabel("month")   ◁ 设置 x 轴标签
    axx[i].set_ylabel(column)    ◁ 设置 y 轴标签
```

在代码清单 6-8 的第 3 行，你声明要展示 2×2 图表的网格，其宽为 12 英寸[①]，高为 5 英寸。这将在 2×2 的网格中创建 4 个 Matplotlib 对象，你可以在其中填充数据。可以使用第 4 行中的代码将 2×2 的网格转换为可循环遍历的列表。变量 axx 存储了 Matplotlib 的子图列表，我们会用数据对其进行填充。

当你单击单元格并按 Ctrl+Enter 组合键在单元格中运行代码时，可以看到生成的图表，如图 6-7 所示。

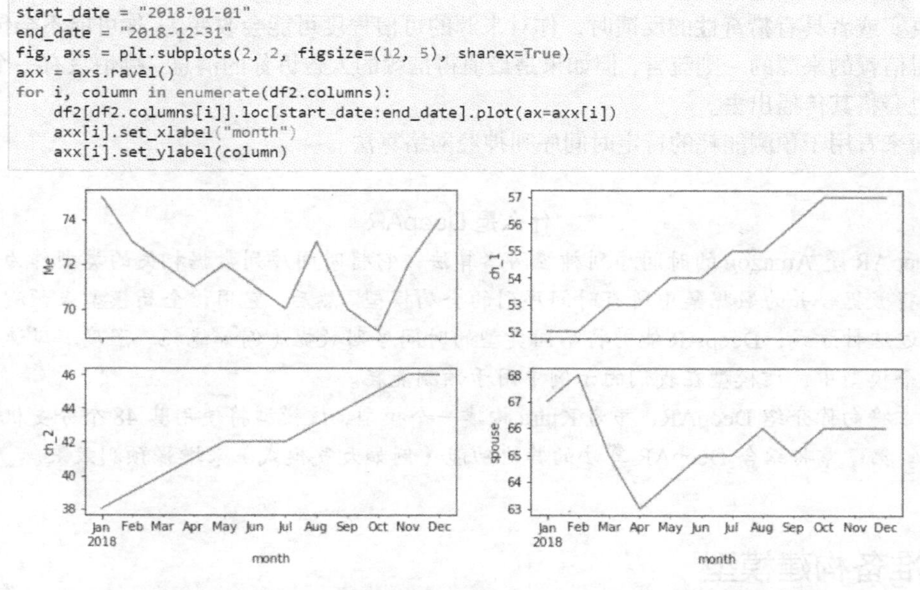

图 6-7　代码生成的时间序列数据，展示了过去一年每个家庭成员的体重

① 1 英寸约为 2.54 厘米。——编者注

到目前为止，在本章你已经研究了时间序列数据，学习了如何循环遍历数据以及如何将其可视化。下面你将了解为什么神经网络是预测时间序列事件的好方法。

6.4 神经网络是什么

神经网络（有时也称为**深度学习**）以一种不同于传统机器学习模型（如 XGBoost）的方式来实现机器学习。尽管 XGBoost 和神经网络都是监督机器学习的例子，但它们分别使用不同的工具来解决问题。XGBoost 使用多种方法尝试预测目标问题的结果，而神经网络仅使用一种方法。

神经网络尝试通过使用相互连接的神经元层来解决问题。神经元在一端接收输入，然后从另一端输出。神经元之间的连接具有权重。如果神经元接收到足够大的加权输入，那么它将**发出**信号并将信号输送到与之连接的下一层神经元。

定义　神经元只是一个数学函数，它接收两个及两个以上的输入，对输入进行加权处理，如果加权结果大于某个阈值，则将结果传递到多个输出。

假设你是神经网络中的一个神经元，目的是根据流言的真实性与猎奇性进行过滤。有 10 个人（相互连接的神经元）告诉你流言，如果它足够具有猎奇性或足够真实，又或者兼而有之，你就会将其发送给另外 10 个人，否则就把它烂在肚子里。

还可以假设告诉你流言的一些人不是很值得信任，而其他人则完全诚实。（当你得到关于流言是否真实或者具有猎奇性的反馈时，你对来源的可信程度可能会改变。）你可能不会传播来自最不值得信赖的来源的一则流言，但如果是最值得信赖的人告诉你的消息，哪怕只有一个人告诉你，你也会将其传播出去。

下面来看用于预测能耗的特定时间序列神经网络算法。

什么是 DeepAR

DeepAR 是 Amazon 的时间序列神经网络算法，它将时间序列数据相关的类型作为输入，并自动将数据合并为数据集中所有时间序列的全局模型。然后，它用该全局模型来预测未来事件。通过这种方式，DeepAR 能够将不同类型的时间序列数据（例如能耗、温度、风速等）合并到一个模型中，该模型在我们的示例中用于预测能耗。

本章将向你介绍 DeepAR，并为 Kiara 构建一个模型，该模型将使用其 48 个分支机构的历史数据。第 7 章将结合 DeepAR 算法的其他功能（例如天气模式）来增强预测效果。

6.5 准备构建模型

现在，对神经网络和 DeepAR 的工作原理有了更深入的了解，你可以在 SageMaker 中设置另一个笔记本并进行决策。就像在前面章节中所做的那样，你将执行以下操作。

(1) 将数据集上传到 S3。

(2) 在 SageMaker 上配置笔记本。

(3) 上传初始笔记本。

(4) 基于数据运行。

提示 如果你直接阅读本章，则可能需要参考附录，它们向你展示了如何执行以下操作。

- ❑ 附录 A：注册 AWS。
- ❑ 附录 B：设置 AWS 的文件存储服务 S3。
- ❑ 附录 C：设置 SageMaker。

6.5.1 将数据集上传到 S3

要设置本章的数据集，你将执行与附录 B 中相同的步骤。不过无须设置其他存储桶，你可以用之前创建的那个存储桶。在示例中，我们将存储桶命名为 mlforbusiness，但你的存储桶需要一个不同的名称。

进入你的 S3 账户后，你会看到存储桶列表。单击你为本书创建的存储桶，你会看到 ch02、ch03、ch04 和 ch05 文件夹（如果你为前面的章节创建了这些文件夹）。在本章中，你将创建一个名为 ch06 的文件夹。通过单击 Create Folder 并按照提示创建新文件夹。

创建文件夹后，你将返回到存储桶中的文件夹列表。在那里，你会看到一个名为 ch06 的文件夹。

现在已经在存储桶中设置好了 ch06 文件夹，你可以上传数据文件并开始在 SageMaker 中设置决策模型。然后通过单击 Upload 将 CSV 文件上传到 ch06 文件夹。下面可以设置笔记本实例了。

6.5.2 在 SageMaker 上设置笔记本

正如我们已准备好为这个场景要上传到 S3 的 CSV 数据一样，我们也已经准备好了现在要使用的 Jupyter 笔记本。

你可以将笔记本上传到用来保存 time_series_practice.ipynb 笔记本的同一个 SageMaker 文件夹下（单击 Upload 将笔记本上传到该文件夹）。

6.6 构建模型

与前面的章节一样，你将分六个部分学习代码：

- ❑ 加载并检查数据；
- ❑ 将数据转换为正确的格式；
- ❑ 创建训练集和验证集；

- ❑ 训练机器学习模型；
- ❑ 部署机器学习模型；
- ❑ 测试机器学习模型并用模型进行决策。

6.6.1　第一部分：加载并检查数据

就像前几章一样，第一步是指明数据的存储位置。为此，你需要将'mlforbusiness'更改为上传数据时创建的存储桶名称，并将其子文件夹重命名为要存储数据的 S3 子文件夹名称，如代码清单 6-9 所示。

如果你将 S3 文件夹命名为 ch06，则无须更改该文件夹名称。如果你保留了本章前面上传的 CSV 文件的名称，则无须更改 meter_data.csv 代码行。如果你更改了 CSV 文件的名称，则将 meter_data.csv 更改为你将其更改的名称。要在笔记本单元格中运行代码，请单击该单元格，然后按 Ctrl+Enter 组合键。

代码清单 6-9　指明数据存储的位置

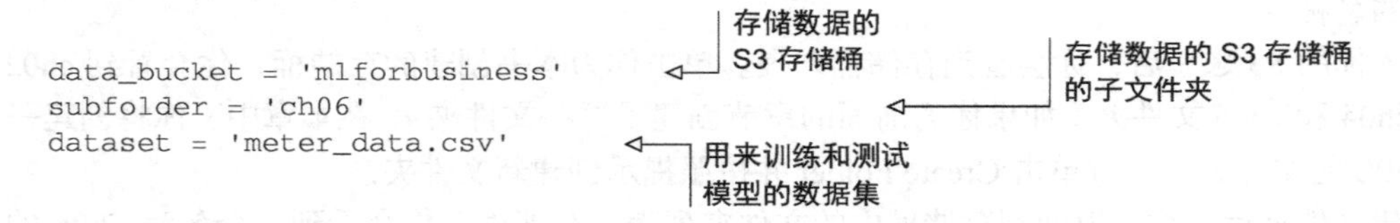

```
data_bucket = 'mlforbusiness'
subfolder = 'ch06'
dataset = 'meter_data.csv'
```


代码清单 6-10 中导入的许多 Python 模块和库与前几章中使用的相同，但本章中还将使用 Matplotlib 库。

代码清单 6-10　导入模块

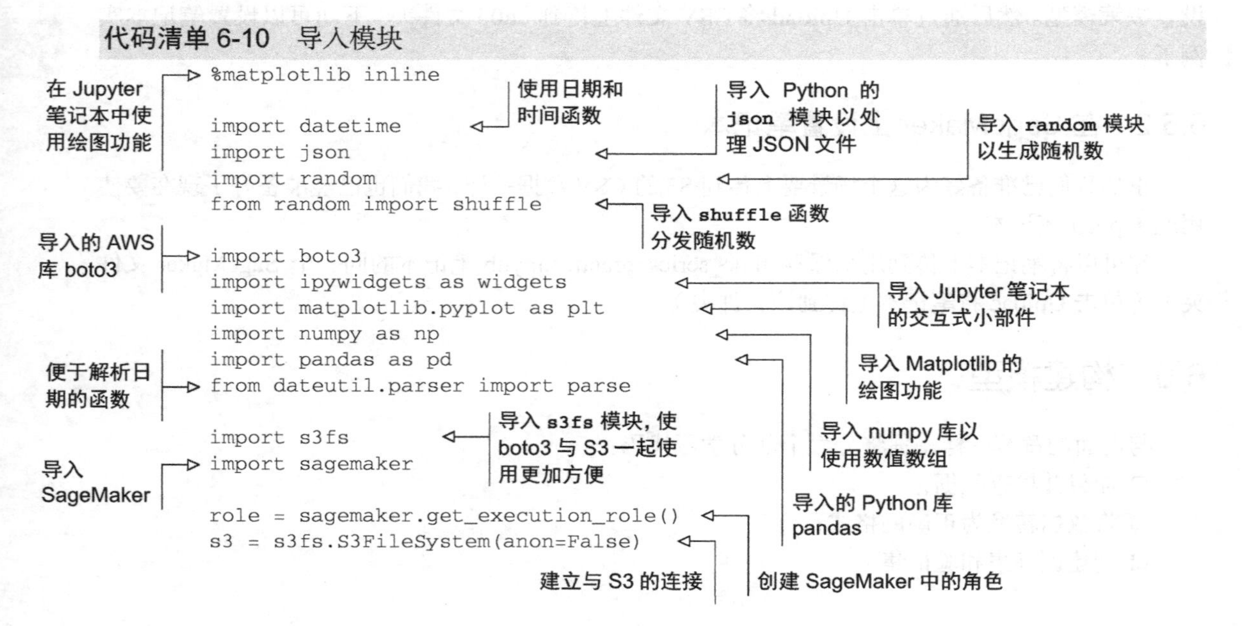

```
%matplotlib inline

import datetime
import json
import random
from random import shuffle

import boto3
import ipywidgets as widgets
import matplotlib.pyplot as plt
import numpy as np
import pandas as pd
from dateutil.parser import parse

import s3fs
import sagemaker

role = sagemaker.get_execution_role()
s3 = s3fs.S3FileSystem(anon=False)
```

接下来,你将加载并查看数据。在代码清单 6-11 中,你读取了 CSV 数据并在 pandas DataFrame 中显示了前 5 行。数据集的每一行显示了 13 个月内(从 2017 年 11 月 1 日到 2018 年 12 月中旬)以 30 分钟为时间间隔的能源使用数据。每一列代表了 Kiara 公司拥有的 48 个零售分支机构之一。

代码清单 6-11 加载并查看数据

```
s3_data_path = \
    f"s3://{data_bucket}/{subfolder}/data"          ← 读取 S3 数据集
s3_output_path = \
    f"s3://{data_bucket}/{subfolder}/output"        ← 展示 DataFrame 的 3 行(第 5 行、第 6 行和第 7 行)
df = pd.read_csv(
    f's3://{data_bucket}/{subfolder}/meter_data.csv',
    index_col=0)                                    ← 读取电表数据
df.head()                                           ← 展示前 5 行数据
```

表 6-4 展示了运行 display(df[5:8]) 的输出。该表仅展示了前 6 个分支机构的数据,但 Jupyter 笔记本中的数据集包含了 48 个分支结构。

表 6-4 半小时间隔的能耗数据

Index	Site_1	Site_2	Site_3	Site_4	Site_5	Site_6
2017-11-01 00:00:00	13.30	13.3	11.68	13.02	0.0	102.9
2017-11-01 00:30:00	11.75	11.9	12.63	13.36	0.0	122.1
2017-11-01 01:00:00	12.58	11.4	11.86	13.04	0.0	110.3

可以看到,表 6-4 中的第 5 列展示了 11 月前一个半小时零消耗。我们不知道这是否是数据错误,或在此期间商店没有消耗任何电量。在进行分析时,我们将讨论这种情况意味着什么。

我们来看看数据集的大小。运行代码清单 6-12 中的代码时,可以看到数据集有 48 列(每个分支机构为一列)和 19 632 行的 30 分钟能耗数据。

代码清单 6-12 查看行数和列数

```
print(f'Number of rows in dataset: {df.shape[0]}')
print(f'Number of columns in dataset: {df.shape[1]}')
```

加载数据后,你需要将数据转换为可以使用的正确格式。

6.6.2 第二部分:将数据转换为正确的格式

将数据转换为正确的格式涉及四个步骤:

- 将数据转换为正确的时间间隔;
- 确定缺失值是否会造成问题;
- 如果需要,修复所有缺失值;
- 将数据保存到 S3。

首先，将数据转换为正确的时间间隔。每个分支机构的能耗电表的时间序列数据以 30 分钟为间隔进行记录。该数据的细粒度特性对于某些工作很有用，例如快速识别功率峰值或低谷，但在我们的分析场景下，它不是正确的时间间隔。

对于本章，由于你没有将此数据集与其他任何数据集合并，因此可以使用 30 分钟间隔的数据来运行模型。但下一章将历史能耗数据与每日天气预报相结合，以更好地预测下个月的能耗。第 7 章中使用的天气数据反映了每天的天气状况。由于你要将能耗数据与每天的天气数据相结合，因此最好使用相同间隔的能耗数据。

1. 将数据集的时间间隔从 30 分钟转换为 1 天

代码清单 6-13 展示了如何将 30 分钟的数据转换为以每日数据。pandas 库包含许多可以处理时间序列数据的实用功能。其中最有用的是 `resample` 函数，它可以轻松地将特定时间间隔（例如 30 分钟）中的时间序列数据转换为另一种时间间隔（例如每日）。

为了使用 `resample` 函数，你需要确保数据集使用日期列作为索引，并且该索引采用日期-时间的格式。如你所料，该索引用于引用数据集中的行。因此，例如，索引为 `1:30 AM 1 November 2017` 的数据集可以由 `1:30 AM 1 November 2017` 进行检索。pandas 库可以获取此类索引引用的行，并将其转换为其他时间周期，例如日、月、季度或年。

代码清单 6-13　将数据转换为每日数据

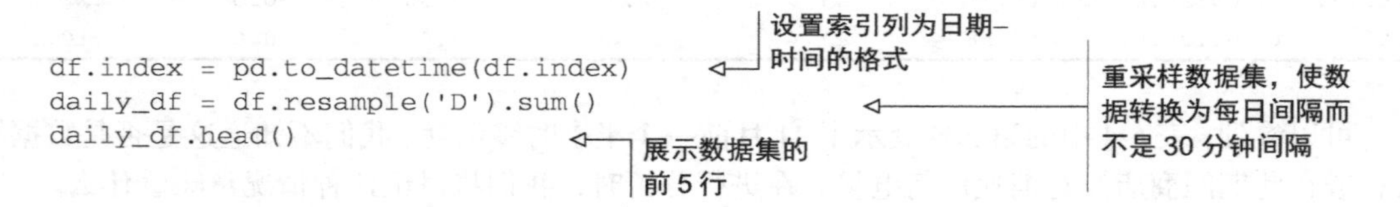
```
df.index = pd.to_datetime(df.index)
daily_df = df.resample('D').sum()
daily_df.head()
```


表 6-5 展示了转换后的每日数据。

表 6-5　以 1 天为间隔的能耗数据

Index	Site_1	Site_2	Site_3	Site_4	Site_5	Site_6
2017-11-01	1184.23	1039.1	985.95	1205.07	None	6684.4
2017-11-02	1210.9	1084.7	1013.91	1252.44	None	6894.3
2017-11-03	1247.6	1004.2	963.95	1222.4	None	6841

代码清单 6-14 展示了数据集中的行数和列数，以及最早和最晚的日期。

代码清单 6-14　以 1 天为间隔查看数据

```
print(daily_df.shape)
print(f'Time series starts at {daily_df.index[0]} \
and ends at {daily_df.index[-1]}')
```

打印数据集的行数和列数

展示数据集中的最早的日期和最晚的日期

在输出中可以看到，数据集从 19 000 行的 30 分钟间隔数据变为 409 行的每日数据，且列数保持不变。

```
(409, 48)
Time series starts at 2017-11-01 00:00:00 and ends at 2018-12-14 00:00:00
```

2. 如有需要，处理任何缺失值

在使用 pandas 库时，你会发现有一些精华功能可以让你优雅地处理棘手的问题。代码清单 6-15 中展示的代码行就是这样一个例子。

基本上，除了前 30 天外，本章中使用的数据质量还不错。不过它缺失了一些观测值，这表示一些缺失的数据点。这不会影响数据的训练（DeepAR 可以很好地处理缺失值），但你无法使用有缺失值的数据进行预测。要使用该数据集进行预测，你需要确保没有缺失值。本节会说明如何操作。

注意 你需要确保用于预测的数据是完整的且没有缺失值。

---

pandas 的 `fillna` 函数可用于填充缺失数据。这意味着你可以告诉 `fillna` 函数用之前的值填充缺失值。但 Kiara 知道，他们大部分分支机构的能耗是以周为单位循环的。如果其中一处仓库（周末关闭）缺少星期六的数据，而你用星期五的数据进行填充，那么数据就没有那么准确。取而代之的是，在代码清单 6-15 中代码将缺失值替换为 7 天前的值。

代码清单 6-15 替换缺失值

```
daily_df = daily_df.fillna(daily_df.shift(7))
```

使用这一行代码，你就将缺失值替换为 7 天前的值了。

3. 查看数据

时间序列数据最好从视觉上理解。为了帮助你更好地理解数据，你可以创建图表来展示每个分支机构的能耗。代码清单 6-16 中的代码与你在本章前面练习笔记本中使用的代码相似。主要区别在于，你无须循环遍历每个分支机构，而是在名为 `indices` 的变量中设置了分支机构的列表，然后对其进行循环遍历。

如果你还记得，在代码清单 6-16 中，你以 `plt.` 的别名导入了 `matplotlib.pyplot`。现在，你可以使用 `plt.` 中的所有函数。在代码清单 6-16 的第 2 行，创建了一个包含 2×5 网格的 Matplotlib 图。第 3 行告诉 Matplotlib，当你给它提供要使用的数据时，它应将数据转换为单个数据序列而不是一个数组。

在第 4 行，`indices` 是数据集中分支机构的列编号。请记住，Python 是从 0 开始的，因此 0 代表 1 号分支机构。这 10 个分支机构展示在第 2 行中设置的 2×5 的网格中。要查看其他分支机构，只需更改数值并再次运行代码单元格即可。

第 5 行是一个循环，该循环遍历你在第 4 行中定义的 `indices` 中每个元素。对于 `indices`

中的每个元素，循环会将数据添加到第 2 行创建的 Matplotlib 图中。该图包含一个网格，该网格宽 2 个图表，长 5 个图表，所以可以容纳 10 个图表，这与 indices 中元素的数量相同。

第 6 行是将所有数据放入图表的位置。daily_df 是一个数据集，其中包含每个分支机构的每日能耗数据。该行的第一部分选择你将在图表中展示的数据。第 7 行将数据插入图表中。第 8 行和第 9 行在图表上设置标签。

代码清单 6-16　生成图表展示每个分支机构在几个月内的情况

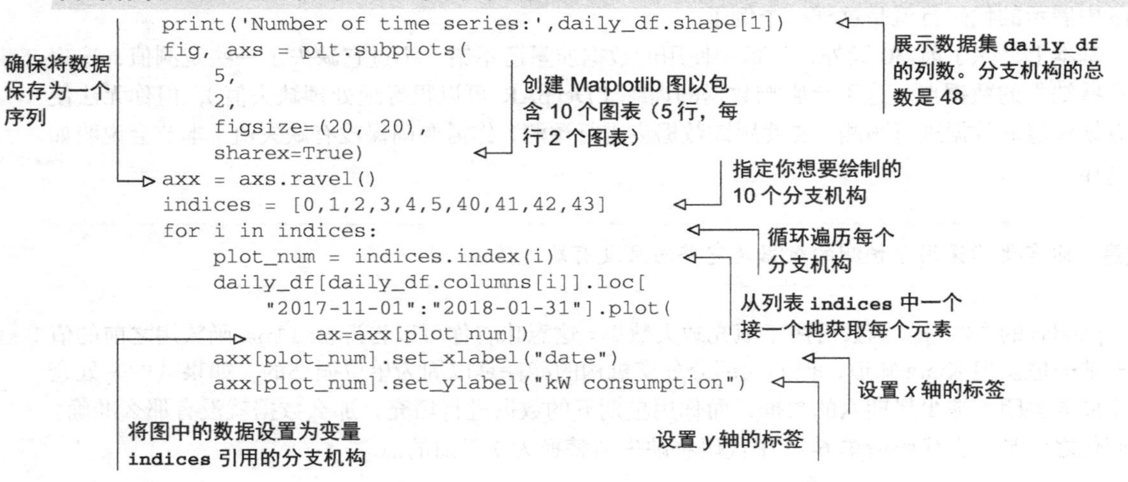

```
print('Number of time series:',daily_df.shape[1])
fig, axs = plt.subplots(
    5,
    2,
    figsize=(20, 20),
    sharex=True)
axx = axs.ravel()
indices = [0,1,2,3,4,5,40,41,42,43]
for i in indices:
    plot_num = indices.index(i)
    daily_df[daily_df.columns[i]].loc[
        "2017-11-01":"2018-01-31"].plot(
            ax=axx[plot_num])
    axx[plot_num].set_xlabel("date")
    axx[plot_num].set_ylabel("kW consumption")
```


现在，你可以看到数据的模样了，下面可以创建训练集和测试集了。

6.6.3　第三部分：创建训练集和测试集

DeepAR 要求数据为 JSON 格式。JSON 是一种非常常见的数据格式，人和机器都能够读取。

常用的一种层次结构是计算机上的文件夹系统。当你存储正在处理的不同项目的文档时，可以为每个项目创建一个文件夹，并将与每个项目有关的文档放在该文件夹中，这就是一个层次结构。

在本章中，你将创建一个具有简单结构的 JSON 文件。与保存项目文档的项目文件夹（就像前面的文件夹示例）不同，JSON 文件中的每个元素将保存一个分支结构的每日能耗数据。另外，每个元素还将包含两个额外的元素，如代码清单 6-17 所示。第一个元素是 start，它包含日期；第二个元素是 target，它包含该分支机构每天的能耗数据。由于你的数据集涵盖了 409 天，因此有 409 个 target 元素。

代码清单 6-17　JSON 文件示例

```
{
    "start": "2017-11-01 00:00:00",
    "target": [
        1184.23,
```

```
        1210.9000000000003,
        1042.9000000000003,
        ...
        1144.2500000000002,
        1225.1299999999999
    ]
}
```

要创建 JSON 文件，你需要进行一些转换来获取数据：

- 将数据从 DataFrame 转换为序列列表；
- 从训练集中保留 30 天的数据，这样你就不需要在测试数据上训练模型；
- 创建 JSON 文件。

第一次转换是将数据从 DataFrame 转换为数据序列的列表，每个序列包含一个分支机构的能耗数据。代码清单 6-18 展示了如何执行该操作。

代码清单 6-18 将 DataFrame 转换为序列列表

```
daily_power_consumption_per_site = []
for column in daily_df.columns:
    site_consumption = site_consumption.fillna(0)
    daily_power_consumption_per_site.append(
        site_consumption)

print(f'Time series covers \
{len(daily_power_consumption_per_site[0])} days.')
print(f'Time series starts at \
{daily_power_consumption_per_site[0].index[0]}')
print(f'Time series ends at \
{daily_power_consumption_per_site[0].index[-1]}')
```

循环遍历 DataFrame 中的列
创建一个空列表来保存 DataFrame 中的列
用 0 替换缺失值
追加列到列表
打印天数
打印第一个分支机构的开始日期
打印第一个分支机构的结束日期

在代码清单 6-18 的第 1 行中，你创建一个列表来保存每个分支机构。该列表的每个元素都包含数据集的一列。第 2 行创建一个循环来遍历各列。第 3 行将每列数据追加到第 1 行创建的 daily_power_consumption_per_site 列表中。第 4 行和第 5 行打印结果，因此你可以确认转换后的数据仍与 DataFrame 中的数据具有相同的天数和时间段。

接下来设置几个变量，这些变量将帮助你在笔记本中保持时间周期和间隔一致。第一个变量是 freq，你将其设置为 D。D 代表日，表示你正在使用的是每日数据。如果你使用每小时数据，则使用 H，每月数据为 M。

你还可以设置**预测期限**（prediction period）。这表示你要预测的天数。例如，在此笔记本中，训练集的时间为从 2017 年 11 月 1 日到 2018 年 10 月 31 日，并且你要预测 2018 年 11 月的能耗。11 月为 30 天，因此你将 prediction_length 设置为 30。

设置了代码清单 6-19 中的第 1 行和第 2 行中的变量后，接着以时间戳格式定义开始和结束日期。**时间戳**（Timestamp）是一种将日期、时间和频率存储为单个对象的数据格式。这样可以轻易地从一种频率转换为另一种频率（例如每日转换到每月），还可以方便地对日期和时间进行加减操作。

在第 3 行，你将数据集的 start_date 设置为 2017 年 11 月 1 日，并将训练集的结束日期设置为 2018 年 10 月末。训练集的结束日期是 364 天后，测试集是在那之后的 30 天。请注意，你只需在最初的时间戳中增加天数，即可自动计算出日期。

代码清单 6-19　设置预测期限的长度

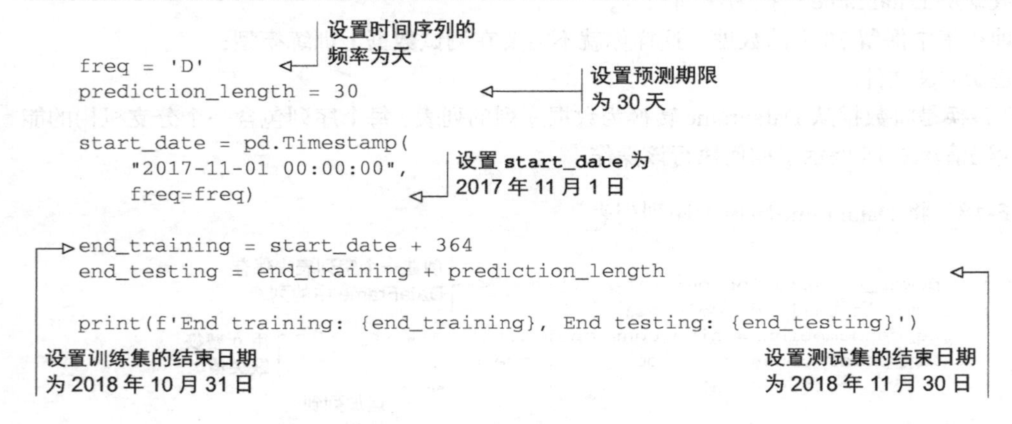


```
freq = 'D'
prediction_length = 30

start_date = pd.Timestamp(
    "2017-11-01 00:00:00",
    freq=freq)

end_training = start_date + 364
end_testing = end_training + prediction_length

print(f'End training: {end_training}, End testing: {end_testing}')
```

DeepAR 的 JSON 输入格式将每个时间序列都表示为一个 JSON 对象。在最简单的情况下（本章将用到），每个时间序列都由一个开始时间戳（start）和一个值列表（target）组成。JSON 输入格式是一个 JSON 文件，其中展示了 Kiara 提供的 48 个分支机构的每日能耗。DeepAR 模型需要两个 JSON 文件：第一个是训练数据，第二个是测试数据。

创建 JSON 文件分为两步。首先，创建与 JSON 文件结构相同的 Python 字典，然后将 Python 字典转换为 JSON 并保存为文件。

要创建 Python 字典格式，你需要循环遍历代码清单 6-18 中创建的 daily_power_consumption_per_site 列表，并设置变量 start 和目标列表。代码清单 6-20 使用了一种名为**列表推导式**（list comprehension）的 Python 循环方式。左右花括号（代码清单 6-20 的第 2 行和第 5 行）之间的代码标记了代码清单 6-17 所示的 JSON 文件中每个元素的开始和结束。第 3 行和第 4 行中的代码导入训练集中的开始日期和天数列表。

第 1 行和第 7 行标志了列表推导式的开始和结束。该循环在第 6 行进行了说明，代码表示列表 ts 将用来保存循环遍历 daily_power_consumption_per_site 列表时的每个分支机构。这就是为什么在第 4 行出现了变量 ts[start_date:end_training]。代码 ts[start_date:end_training] 是一个列表，其中包含一个分支结构以及代码清单 6-19 中设置的从 start_date 到 end_training 之间所有日期的数据。

代码清单 6-20　创建一个与 JSON 文件结构相同的 Python 字典

```
training_data = [
    {
        "start": str(start_date),
        "target": ts[
            start_date:end_training].tolist()
    }
    for ts in timeseries
]

test_data = [
    {
        "start": str(start_date),
        "target": ts[
            start_date:end_testing].tolist()
    }
    for ts in timeseries
]
```

- 创建一个字典对象列表来保存训练数据
- 设置每个字典对象的开始
- 设置开始日期
- 为每个分支机构创建一个能耗训练数据列表
- 设置每个字典对象的结束
- 设置训练数据的结束
- 列表推导式循环
- 为每个分支机构创建一个能耗测试数据列表

现在你已经创建了两个 Python 字典，分别为 `test_data` 和 `training_data`，你需要将它们保存为 S3 上的 JSON 文件，以便 DeepAR 使用。为此，创建一个辅助函数，该函数将 Python 字典转换为 JSON，然后将该函数应用于 `test_data` 和 `training_data` 字典，如代码清单 6-21 所示。

代码清单 6-21　将 JSON 文件保存到 S3 上

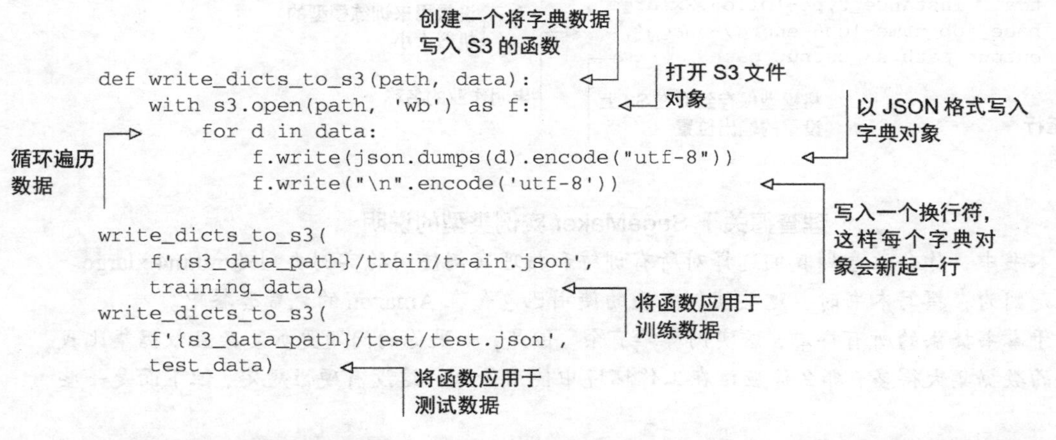

```
def write_dicts_to_s3(path, data):
    with s3.open(path, 'wb') as f:
        for d in data:
            f.write(json.dumps(d).encode("utf-8"))
            f.write("\n".encode('utf-8'))

write_dicts_to_s3(
    f'{s3_data_path}/train/train.json',
    training_data)
write_dicts_to_s3(
    f'{s3_data_path}/test/test.json',
    test_data)
```


你的训练数据和测试数据现在以 JSON 格式存储在 S3 上了。这样，数据就存在于 SageMaker 会话中，你可以开始训练模型了。

6.6.4　第四部分：训练模型

现在已将数据以 JSON 格式保存在 S3 上，你可以开始训练模型了。如代码清单 6-22 所示，第一步是设置一些变量，这些变量将作为构建模型的 `estimator` 函数的参数。

代码清单 6-22　设置训练模型的服务器

```
s3_output_path = \
    f's3://{data_bucket}/{subfolder}/output'
sess = sagemaker.Session()
image_name = sagemaker.amazon.amazon_estimator.get_image_uri(
    sess.boto_region_name,
    "forecasting-deepar",
    "latest")
```

- 设置保存机器学习模型的路径
- 创建保持 SageMaker 会话的变量
- 告诉 AWS 用 **forecasting-deepar** 镜像来构建模型

接下来将变量赋予 estimator，如代码清单 6-23 所示。这将设置 SageMaker 启动以构建模型的机器类型。你将使用 c5.2xlarge 机器的单个实例。SageMaker 创建该机器，启动它，构建模型，然后自动将其停止。这台机器的成本大约每小时 0.47 美元。构建模型大约需要 3 分钟，这意味着只需花费几美分即可。

代码清单 6-23　设置 estimator 来保存训练参数

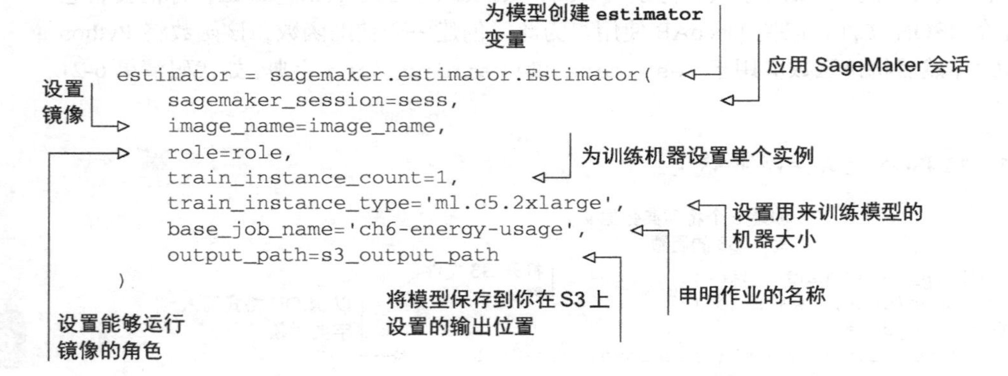

理查德关于 SageMaker 实例类型的说明

在本书中，你会注意到我们选择对所有训练和推理实例使用的实例类型是 ml.m4.xlarge。这仅仅是因为在撰写本书时，这些实例类型的使用已包含在 Amazon 的免费套餐中。

对于本书提供的所有样本，该实例绰绰有余。但是，如果你的问题更加复杂且数据集比我们提供的数据集大得多，那么你应该在工作环境中使用什么？这没有硬性规定，但下面是一些准则。

- 有关你使用的算法，请参阅 Amazon 网站上的 SageMaker 示例。以 Amazon 示例作为默认值开始。
- 确定计算出所选实例类型实际花费了多少训练和推断费用。
- 如果你在训练或推断的成本以及时间方面遇到问题，请尝试不同的规格的实例。
- 请注意，一个大型且昂贵的实例通常比一个较小的实例训练模型的成本要低，而且运行时间更短。

- 在计算实例上进行训练时，XGBoost 可以并行运行，但完全无法从 GPU 实例中受益，因此，不要在基于 GPU 的实例（p3 或加速计算）上浪费时间进行训练或推理。但是，请随时在训练中尝试使用 m5.24xlarge 或 m4.16xlarge。它实际上可能更便宜！
- 在训练过程中，GPU 实例对基于神经网络的模型帮助非常大，但通常无须用 GPU 实例进行推理，因为它们非常昂贵。
- 如果你大量使用笔记本实例，那么它很可能会受到内存限制，因此，如果这对你造成问题，请考虑使用具有更多内存的实例。请注意，即使你没有使用实例，你也要为实例运行的每一小时付费！

设置好 estimator 后，你需要设置其参数。SageMaker 为你提供了几个参数。你唯一需要修改的两个参数是代码清单 6-24 的第 7 行和第 8 行中展示的最后两个参数：context_length 和 prediction_length。

上下文长度（context_length）是用于进行预测的最短时间。将此值设置为 90，表示你希望 DeepAR 至少使用 90 天的数据来进行预测。在业务环境中，这通常是一个不错的选择，因为它可以捕捉到季度趋势。**预测长度**（prediction_length）是预测的时间段。对于该笔记本，你要预测的是 11 月的数据，因此你使用 30 天的 prediction_length。

代码清单 6-24　设置 estimator 的参数

```
estimator.set_hyperparameters(
    time_freq=freq,
    epochs="400",
    early_stopping_patience="40",
    mini_batch_size="64",
    learning_rate="5E-4",
    context_length="90",
    prediction_length=str(prediction_length)
)
```

- 设置超参数
- 将频率设置为每天
- 设置迭代次数为 400（保留该值不变）
- 设置提前停止的值为 40（保留该值不变）
- 将批大小设置为 64（保留该值不变）
- 将学习率设置为 0.0005（指数值 5E-4 的十进制转换）
- 将上下文长度设置为 90 天
- 将预测长度设置为 30 天

现在，你可以训练模型了，如代码清单 6-25 所示。这将花费 5~10 分钟的时间。

代码清单 6-25　训练模型

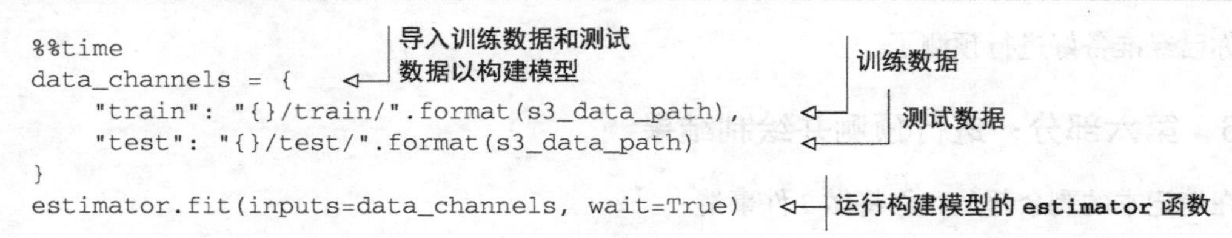

这段代码运行后，模型就训练完成了，你现在就可以将其部署在 SageMaker 上，以准备进行决策。

6.6.5 第五部分：部署模型

部署模型涉及几个步骤。首先，在代码清单 6-26 中，你删除了现有的所有端点，避免为一堆未使用的端点付费。

代码清单 6-26 删除现有的端点

```
endpoint_name = 'energy-usage'
try:
    sess.delete_endpoint(
            sagemaker.predictor.RealTimePredictor(
                endpoint=endpoint_name).endpoint,
                delete_endpoint_config=True)
    print(
        'Warning: Existing endpoint deleted to make way for new endpoint.')
    from time import sleep
    sleep(10)
except:
    pass
```

接下来是一个代码单元格，你实际上不需要对其有所了解。这是 Amazon 准备的助手类，使你可以将 DeepAR 模型的结果作为 pandas DataFrame 而不是 JSON 对象来查看。可以肯定的是，将来他们会将这段代码作为 M 库的一部分。现在，只需单击单元格并按 Ctrl+Enter 组合键即可运行。

现在到了设置端点进行预测的阶段，如代码清单 6-27 所示。你将使用 m5.large 机器，因为它的性价比很高。截至 2019 年 3 月，AWS 对该类机器收费是每小时 13.4 美分。因此，如果你将端点保留一天，那么总费用约为 3.22 美元。

代码清单 6-27 设置 predictor 类

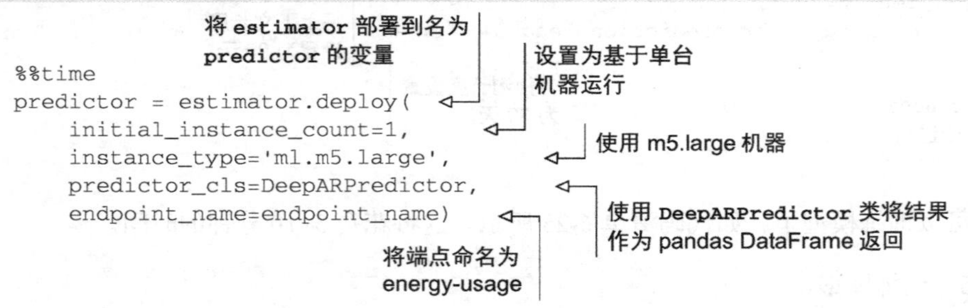

你已经准备好进行预测了。

6.6.6 第六部分：进行预测并绘制结果

在笔记本的剩余部分，你将做 3 件事情。

- 对一个月进行预测，该预测将显示第 50 百分位数（最有可能）的预测结果，并且还显示其他两个百分位数之间的预测区间。例如，如果要显示 80%的置信区间，则预测结果还将显示落在 80%置信度区间的上限和下限。
- 用图形表示结果，以便你可以轻松地描述结果。
- 对 2018 年 11 月的所有数据结果进行预测。该数据并没有用于训练 DeepAR 模型，因此它可以证明模型的准确性。

1. 预测单个分支机构的能耗

要预测单个分支机构的能耗，只需要将该分支机构的详细信息传递给 predictor 函数。在代码清单 6-28 中，你正在针对 1 号分支机构的数据进行预测。

代码清单 6-28　设置 predictor 类

```
predictor.predict(ts=daily_power_consumption_per_site[0]
                    [start_date+30:end_training],
                  quantiles=[0.1, 0.5, 0.9]).head()
```

对第一个分支机构运行 predictor 函数

表 6-6 展示了对 1 号分支机构进行预测的结果。第一列展示日期；第二列展示结果的第 10 百分位数的预测；第三列展示了第 50 百分位数的预测；最后一列展示了结果的第 90 百分位数的预测。

表 6-6　预测 Kiara 公司 1 号分支机构的能耗数据

Day	0.1	0.5	0.9
2018-11-01	1158.509766	1226.118042	1292.315430
2018-11-02	1154.938232	1225.540405	1280.479126
2018-11-03	1119.561646	1186.360962	1278.330200

现在你有了进行预测的方法，可以绘制预测结果图了。

2. 绘制单个分支机构的能耗预测结果图表

代码清单 6-29 中的代码展示了可以让你设置图表的函数。它与你在练习笔记本中使用的代码类似，但还要复杂些，可以让你以图形的方式展示结果范围。

代码清单 6-29　设置绘图函数

```
def plot(
    predictor,
    target_ts,
    end_training=end_training,
    plot_weeks=12,
    confidence=80
):
    print(f"Calling served model to generate predictions starting from \
{end_training} to {end_training+prediction_length}")
```

设置绘图函数的参数

```
low_quantile = 0.5 - confidence * 0.005
up_quantile = confidence * 0.005 + 0.5

plot_history = plot_weeks * 7

fig = plt.figure(figsize=(20, 3))
ax = plt.subplot(1,1,1)

prediction = predictor.predict(
    ts=target_ts[:end_training],
    quantiles=[
        low_quantile, 0.5, up_quantile])

target_section = target_ts[
    end_training-plot_history:\
    end_training+prediction_length]

target_section.plot(
    color="black",
    label='target')

ax.fill_between(
    prediction[str(low_quantile)].index,
    prediction[str(low_quantile)].values,
    prediction[str(up_quantile)].values,
    color="b",
    alpha=0.3,
    label=f'{confidence}% confidence interval'
)
prediction["0.5"].plot(
    color="b",
    label='P50')

ax.legend(loc=2)
ax.set_ylim(
    target_section.min() * 0.5,
    target_section.max() * 1.5)
```

计算下限

计算上限

设置图表的大小

设置展示的单个图表

计算基于参数 plot_weeks 的天数

预测函数

设置实际值

设置实际值的线的颜色

设置范围的颜色

设置预测结果的颜色

创建图例

设置缩放倍数

代码第 1 行创建了一个名为 plot 的函数，该函数可以让你为每个分支结构创建一个数据图表。plot 函数有以下 3 个参数。

- predictor——你在代码清单 6-28 中运行的 predictor，它将生成分支机构的预测结果。
- plot_weeks——你想要在图表中展示的周数。
- confidence——图表中展示的区间的置信度。

在代码清单 6-29 的第 2 行和第 3 行中，你可以根据在第 1 行中作为参数输入的 confidence 值来计算要展示的置信区间。第 4 行根据参数 plot_weeks 计算天数。第 5 行和第 6 行设置了图和子图的大小。（你只展示一个图）第 7 行运行分支机构的 prediction 函数。第 8 行和第 9 行设置图表的日期范围和实线的颜色。第 10 行设置将在图表中展示的预测范围，第 11 行定义预测线。最后，第 12 行和第 13 行设置了图例和图表缩放比例。

> **注意** 在设置图表的函数中，我们使用笔记本较早设置的全局变量。这不是理想的选择，但这么做是出于使该函数简单点的目的。

代码清单 6-30 运行该函数。图 6-8 展示了单个分支机构实际数据和预测数据。该代码清单使用 34 号分支机构作为要展示的例子，该图中展示了 30 天预测期限之前的 8 周数据，并定义了 80% 的置信度。

代码清单 6-30 运行创建图表的函数

```
site_id = 34
plot_weeks = 8
confidence = 80
plot(
        predictor,
        target_ts=daily_power_consumption_per_site[
            site_id][start_date+30:],
        plot_weeks=plot_weeks,
        confidence=confidence
    )
```

- `site_id = 34`：设置要绘制图表的分支结构
- `plot_weeks = 8`：设置图表包含的周数
- `confidence = 80`：设置置信度为 80%
- `plot(`：运行 `plot` 函数

图 6-8 展示了你生成的图表。你可以使用该图表展示 Kiara 的每个分支机构的预计使用模式。

```
In [65]: customer_id = 34
         plot_weeks = 6
         confidence = 80
         plot(
                 predictor,
                 target_ts=daily_power_consumption_per_site[customer_id][start_date+30:],
                 plot_weeks=plot_weeks,
                 confidence=confidence
             )
         Calling served model to generate predictions starting from 2018-10-31 00:00:00 to 2018-11-30 00:00:00
```


图 6-8 图表展示了 Kiara 的其中一个分支机构 2018 年 11 月的能耗预测值与实际值之间的对比

3. 计算所有分支机构的预测准确率

现在你能看到其中一个分支机构的预测情况，是时候计算所有分支机构的误差了。为此，你可以使用平均绝对百分比误差（Mean Absolute Percentage Error，MAPE）。该函数将实际值与预测值之差除以实际值。例如，如果实际值为 50，而预测值为 45，则将 50 减去 45，得 5，然后除以 50，结果为 0.1。结果通常用百分比表示，因此，你将该数乘以 100 即可得出 10%。所以，实际值 50 和预测值 45 的 MAPE 为 10%。

计算 MAPE 的第一步是在 2018 年 11 月的所有数据上运行 predictor，并获取该月的实际值（使用值）。代码清单 6-31 显示了如何做到这一点。

在第 5 行，可以看到一个书中尚未使用的函数：zip 函数。这是一段非常有用的代码，它允许你同时循环遍历两个列表，并使用每个列表的对应元素做些有趣的事情。在该代码清单中，你要做的有趣的事情是将实际值与预测值进行比较。

代码清单 6-31　运行 predictor

```
predictions= []
for i, ts in enumerate(
    daily_power_consumption_per_site):        <-- 循环遍历每个分支机构每日能耗

    print(i, ts[0])
    predictions.append(
        predictor.predict(
            ts=ts[start_date+30:end_training]
            )['0.5'].sum())                   <-- 对 11 月进行预测

usages = [ts[end_training+1:end_training+30].sum() \
    for ts in daily_power_consumption_per_site]    <-- 得到实际值

for p,u in zip(predictions,usages):               <-- 打印实际值和预测值
    print(f'Predicted {p} kwh but usage was {u} kwh,')
```

代码清单 6-32 展示了计算 MAPE 的代码。定义了函数后，你将用它来计算 MAPE。

代码清单 6-32　计算 MAPE

```
def mape(y_true, y_pred):
    y_true, y_pred = np.array(y_true), np.array(y_pred)
    return np.mean(np.abs((y_true - y_pred) / y_true)) * 100
```

代码清单 6-33 对 2018 年 11 月的 30 天内的所有实际值和预测值运行了 mape 函数，并返回了每一天的平均 MAPE 值。

代码清单 6-33　运行 mape 函数

```
print(f'MAPE: {round(mape(usages, predictions),1)}%')
```

由于你尚未添加天气数据，因此所有天的平均 MAPE 为 5.7%，这结果非常不错。你将在第 7 章中添加天气数据。在第 7 章中，你需要处理更长周期的数据，以便 DeepAR 算法可以开始发现年度趋势。

6.7　删除端点并停止你的笔记本实例

停止笔记本实例并删除端点很重要。我们不希望你因未使用的 SageMaker 服务而付费。

6.7.1 删除端点

附录 D 描述了如何使用 SageMaker 控制台停止笔记本实例并删除端点，或者你也可以使用代码清单 6-34 中的代码来执行操作。

代码清单 6-34 删除笔记本

```
# 删除端点（可选）
# 如果希望端点在单击 Run All 后继续存在，请将该单元格注释掉
sagemaker.Session().delete_endpoint(rcf_endpoint.endpoint)
```

要删除端点，请去掉代码清单 6-34 中的代码注释，然后按 Ctrl+Enter 组合键运行单元格中的代码。

6.7.2 停止笔记本实例

要停止笔记本，请返回打开 SageMaker 的浏览器选项卡。单击 Notebook instances 菜单项以查看所有笔记本实例。选择笔记本实例名称旁边的单选按钮，如图 6-9 所示，然后在 Actions 菜单上单击 Stop。停止操作需要几分钟的时间。

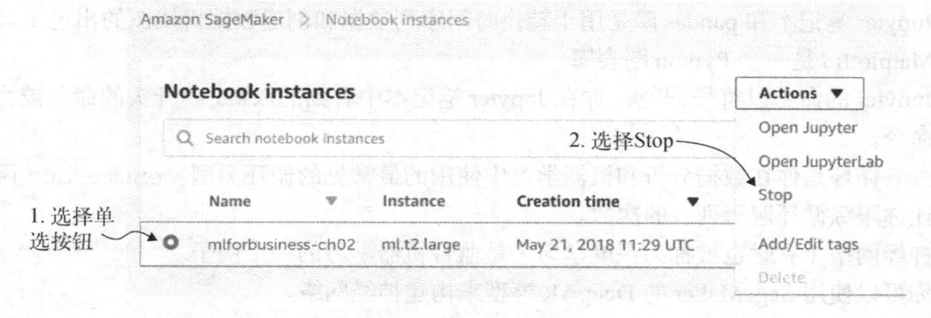

图 6-9 停止笔记本

6.8 检查以确保端点已被删除

如果你没有使用笔记本删除端点（或者只是想确保端点已被删除），那么可以从 SageMaker 控制台执行此操作。要删除端点，请单击端点名称左侧的单选按钮，然后单击 Actions 菜单项，接着在出现的菜单中单击 Delete。

成功删除端点后，你将不再为此支付 AWS 费用。当你在 Endpoints 页面的底部看到“There are currently no resources”时，可以确认所有端点已删除，如图 6-10 所示。

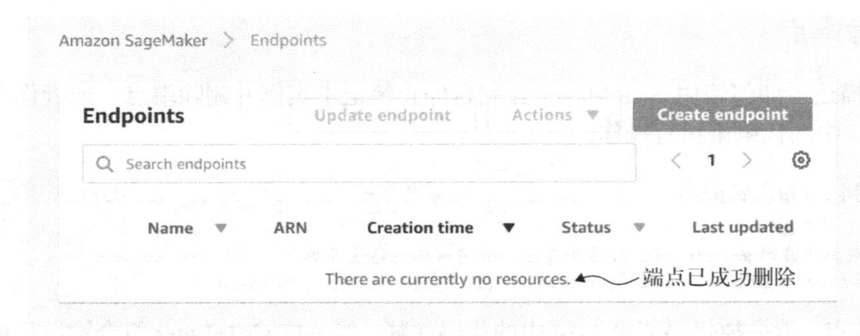

图 6-10　已删除端点

现在，Kiara 可以使用 5.7%的 MAPE 来预测每个分支机构的能耗，而且重要的是，她可以向老板展示她预测的每个分支机构的能耗图表。

6.9 小结

- 时间序列数据由特定时间间隔的多个观察值组成。你可以将时间序列数据可视化为折线图。
- Jupyter 笔记本和 pandas 库是用于转换时间序列数据和创建数据折线图的出色工具。
- Matplotlib 是一个 Python 图表库。
- Jupyter 的命令以符号`%`开头。你在 Jupyter 笔记本中看到的以`%`或`%%`开头的命令被称为魔术命令。
- `for` 循环是你在数据分析和机器学习中使用的最常见的循环类型。`enumerate` 函数可以让你跟踪循环遍历列表的次数。
- 神经网络（有时也被称为**深度学习**）是监督机器学习的一个例子。
- 你可以使用 SageMaker 的 DeepAR 模型来构建神经网络。
- DeepAR 是 Amazon 的时间序列神经网络算法，它可以将与时间序列数据相关的类型作为输入，并自动将数据合并到数据集中所有时间序列的全局模型中，以预测未来事件。
- 你可以使用 DeepAR 来预测能耗。

第 7 章

优化你公司的每月能耗预测

本章要点

- ❑ 为分析过程补充额外的数据
- ❑ 使用 pandas 库填充缺失值
- ❑ 可视化你的时间序列数据
- ❑ 使用神经网络生成预测结果
- ❑ 使用 DeepAR 预测能耗

在第 6 章中，你与 Kiara 合作开发了一个 AWS SageMaker DeepAR 模型，以预测公司 48 个分支机构的能耗。你有的仅是每个分支机构一年多一点的数据，而你预测的 2018 年 11 月能耗的平均百分比误差小于 6%。这令人惊叹！接下来通过补充其他用于分析的数据并填充所有缺失值来扩展这种场景。首先，我们来深入了解一下 DeepAR。

7.1 DeepAR 对周期性事件的处理能力

DeepAR 算法能够从第 6 章的数据中识别出诸如每周趋势等模式。图 7-1 显示了 11 月的 33 号分支机构的预测能耗和实际能耗。该分支机构的每周模式非常稳定。

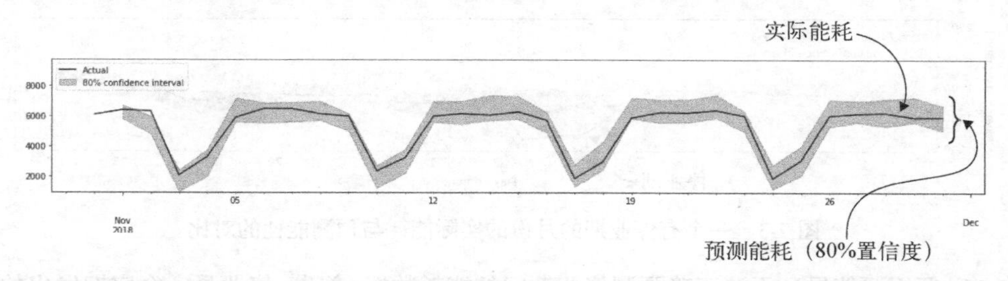

图 7-1 使用你在第 6 章中构建的 DeepAR 模型对比 33 号分支结构的预测能耗与实际能耗

你和 Kiara 是公司的英雄。公司的简报用了一个两页的版面来展示你和 Kiara，还展示了你对 12 月的预测。不幸的是，1 月来临的时候，任何看到这张照片的人都会注意到你对 12 月的预测并不是那么准确。对你和 Kiara 来说幸运的是，并没有多少人注意到，因为大部分员工在圣诞节期间放假，而一些分支结构也会有强制停止营业的时间。

“等一下！”你和 Kiara 在讨论 12 月的预测为什么不那么准确时同时说道，“由于员工休假和强制性停业，难怪 12 月的预测不那么准确。”

当你在时间序列数据中遇到少见但仍定期发生的事件时，如圣诞节停工，只要你有足够的历史数据供机器学习模型掌握趋势，你的预测仍将是准确的。你和 Kiara 需要使用数年的能耗数据才能让你的模型获得圣诞节停业的趋势。但你无法这么做，因为智能电表在 2017 年 11 月才安装。那你应该怎么做呢？

对你（和 Kiara）来说幸运的是，SageMaker DeepAR 是一个神经网络，特别擅长将几个不同的时间序列数据集纳入预测过程中。这些数据集可以用来解释你时间序列预测中那些你的时间序列数据不能直接推断的事件。

为了演示其工作原理，图 7-2 展示了某个典型月份的时间序列数据。x 轴显示的是每个月的天数。y 轴显示的是每天的能耗。阴影区域是具有 80%置信区间的预测能耗。80%的置信区间意味着每 5 天中有 4 天将落入该范围。黑线展示的是当天的实际能耗。在图 7-2 中，你可以看到实际能耗落在该月每一天的置信区间内。

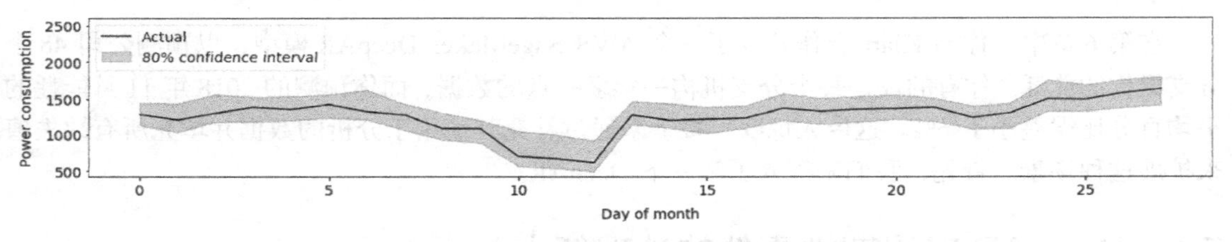

图 7-2　正常月份的实际能耗与预测能耗的对比

图 7-3 展示了从当月的 10 日到 12 日停止营业的一个月。你可以看到这几天的实际能耗下降了，但预测能耗并没有对此有所预料。

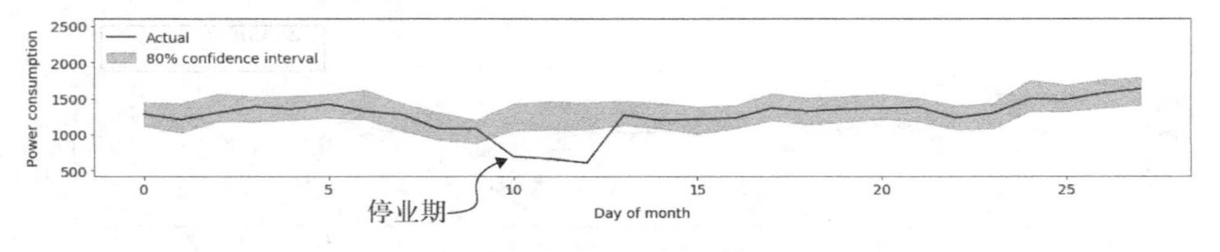

图 7-3　一个有停业期的月份的实际能耗与预测能耗的对比

有 3 种原因可能导致无法正确预测停业期间的能耗数据。首先，停业是一个定期发生的事件，但 DeepAR 算法没有足够的历史数据来捕获到重复事件。其次，停业不是一个重复事件（所以无法在历史数据中体现），但是是一个可以通过其他数据集识别的事件。例如，Kiara 的公司计划在 12 月关闭某个分支机构几天。尽管历史数据集没有展示该事件，但如果模型将计划的人员排班作为其中一个时间序列，那么可以预测该事件对能耗的影响。下一节将更详细地讨论该问题。最后，停业是没有计划的，也没有可以纳入的数据集来展示停业情况。这方面的一个例子是由于员工罢工导致的工作中断。除非你的模型可以预测员工积极性，否则你的机器学习模型无法预测这些时期的能耗。

7.2 DeepAR 的最大优势：整合相关的时间序列

为了帮助 DeepAR 模型预测趋势，你需要为其提供展示趋势的额外数据。例如，你知道在停业期间，只有少数员工排班了。如果你可以将该数据输入 DeepAR 算法，那么它就可以使用该信息来预测停业期间的能耗。

图 7-4 展示了停业期间所在月份的在岗员工的数量。可以看到，大多数情况下在岗的员工有 10~15 名，但 10 日、11 日和 12 日只有 4~6 名员工在岗。

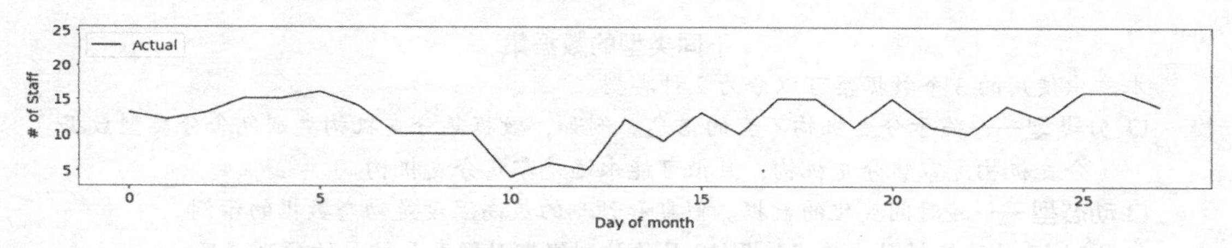

图 7-4　停业期间所在月份的在岗员工数量

如果你可以将该时间序列整合到 DeepAR 模型中，那么就能更好的预测未来能耗。图 7-5 展示了在 DeepAR 模型中同时使用历史能耗数据和在岗员工数据的预测结果。

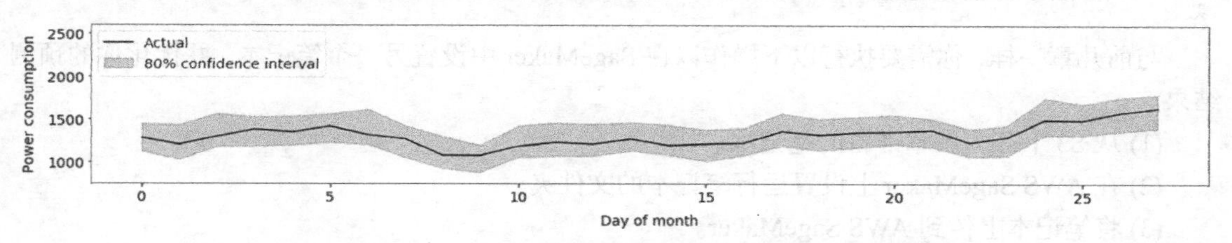

图 7-5　整合历史数据与在岗员工数据的能耗预测结果

在本章中，你将学习如何将额外的数据集整合到 DeepAR 模型中，以提高模型在已知将要发生的非周期性事件或者是周期性事件，却没有足够的历史数据来整合到模型预测中时的准确率。

7.3 整合额外的数据集到 Kiara 的能耗模型

在第 6 章中，你帮助 Kiara 构建了 DeepAR 模型，该模型可以预测其公司拥有的 41 个分支机构的能耗。该模型在预测 11 月的能耗时效果很好，但在预测 12 月的能耗时效果不佳，因为某些分支机构减少了营业时间或者完全停业。

另外，你注意到，由于温度变化，能耗会出现季节性波动，并且不同类型的分支机构有不同的能耗模式。有些类型的分支机构每个周末都会停业，而另一些分支机构每天都会营业。在与 Kiara 讨论后你意识到，有些分支机构是零售机构，而另一些分支机构则负责工业或交通相关的领域。

在本章中，你要构建的笔记本会整合以下数据。具体来说，你会将以下数据集补充到第 6 章使用的能耗计量数据。

- **分支机构类别**——表明零售、工业或者运输分支机构。
- **分支机构假期**——表明分支机构是否停业。
- **分支机构最高温度**——列出每个分支机构每天的最高温度预测。

接着，你将使用这 3 个数据集训练模型。

不同类型的数据集

本章中使用的 3 个数据集可以分为 2 种类型。

- **分类型**——关于分支机构不变的信息。例如，数据集分支机构类别包含分类型数据。（分支机构是零售分支机构，且很可能永远是零售分支机构。）
- **动态型**——随时间变化的数据。假期和预测的最高温度是动态数据的示例。

在预测 12 月的能耗时，你将使用 12 月的计划假期时间表和该月的预测温度。

7.4 准备构建模型

与前几章一样，你需要执行以下操作以在 SageMaker 中设置另一个笔记本，并优化你的预测结果。

(1) 从 S3 下载为本章准备的笔记本。

(2) 在 AWS SageMaker 上设置运行笔记本的文件夹。

(3) 将笔记本上传到 AWS SageMaker。

(4) 从 S3 存储桶下载数据集。

(5) 在 S3 存储桶中创建文件夹以保存数据集。

(6) 将数据集上传到你的 AWS S3 存储桶。

由于你已经按照前面章节中的步骤进行了操作，因此，本章将简要介绍这些步骤。

7.4.1 下载我们准备的笔记本

我们准备了本章要使用的笔记本。

将此文件保存在你的计算机上。在步骤(3)中，你要将其上传到 SageMaker。

7.4.2 在 SageMaker 上设置文件夹

页面跳转到 AWS SageMaker，然后从左侧菜单中选择 Notebook instances。如果实例已停止，则需要启动它。启动后，单击 Open Jupyter。

这将打开一个新的选项卡，并向你展示 SageMaker 中的文件夹列表。如果你已按照前几章进行了操作，那么前面的每章都会有一个文件夹。为本章创建一个新文件夹，我们将其命名为 ch07。

7.4.3 将笔记本上传到 SageMaker

单击你刚刚创建的文件夹，然后单击 Upload 以上传笔记本。选择你在步骤(1)中下载的笔记本，然后将其上传到 SageMaker。图 7-6 展示了上传笔记本后 SageMaker 文件夹的样子。

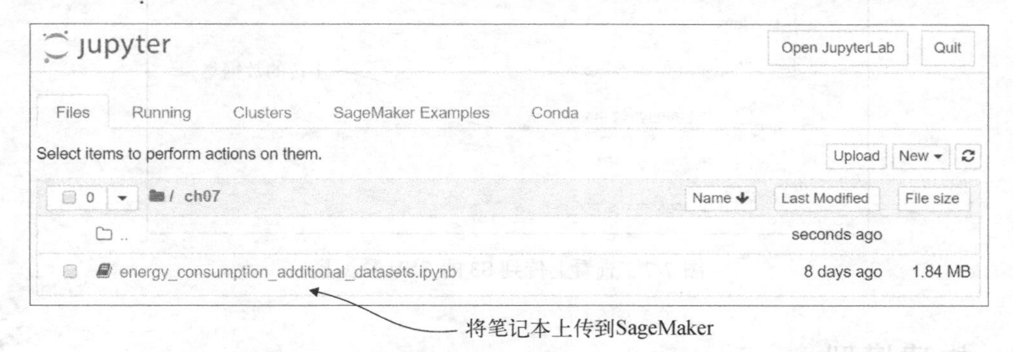

图 7-6 在 S3 上查看上传的笔记本 energy_consumption_additional_datasets

7.4.4 从 S3 存储桶下载数据集

我们将本章的数据集存储在一个 S3 存储桶中，可以在随书代码中找到。

你在本章使用的能耗数据由 BidEnergy提供，该公司专注于研究能耗预测和能耗最小化。BidEnergy 使用的算法比本章介绍的更加复杂，但你仍可以大致了解机器学习（尤其是神经网络）如何应用于预测问题。

7.4.5 在 S3 上创建文件夹以保存你的数据

在 AWS S3 中，跳转到你在前面章节创建用来保存数据的存储桶，然后创建另一个文件夹。

我们用来保存数据的存储桶名为 mlforbusiness。你的存储桶名称由你决定。单击存储桶后，创建一个文件夹来保存你的数据，并将其命名为 ch07。

7.4.6 将数据集上传到你的 AWS 存储桶

在 S3 创建文件夹后，上传步骤(4)中下载的数据集。图 7-7 展示了 S3 文件夹。

图 7-7 查看上传到 S3 的 CSV 数据集

7.5 构建模型

将数据上传到 S3 以及将笔记本上传到 SageMaker 后，你现在就可以开始构建模型了。与前几章一样，你将执行以下步骤。

- 设置笔记本。
- 导入数据集。
- 将数据转换为正确的格式。
- 创建训练集和测试集。
- 配置模型并构建服务器。
- 进行预测并绘制结果。

7.5.1 第一部分：设置笔记本

代码清单 7-1 展示了你的笔记本设置。你需要将第 1 行的值更改为在 S3 上创建的存储桶名称，然后将第 2 行更改为你在该存储桶上存储数据的子文件夹。第 3 行设置为在该笔记本中创建的训练数据和测试数据的位置，第 4 行设置保存模型的位置。

代码清单 7-1 设置笔记本

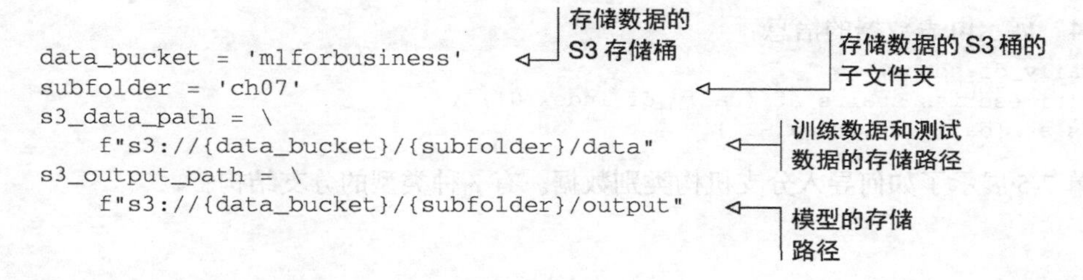

```
data_bucket = 'mlforbusiness'
subfolder = 'ch07'
s3_data_path = \
    f"s3://{data_bucket}/{subfolder}/data"
s3_output_path = \
    f"s3://{data_bucket}/{subfolder}/output"
```


代码清单 7-2 将导入笔记本所需的模块。这与第 6 章导入的模块相同，所以这里不进行说明了。

代码清单 7-2 导入 Python 模块和库

```
%matplotlib inline

from dateutil.parser import parse
import json
import random
import datetime
import os

import pandas as pd
import boto3
import s3fs
import sagemaker
import numpy as np
import pandas as pd
import matplotlib.pyplot as plt
role = sagemaker.get_execution_role()
s3 = s3fs.S3FileSystem(anon=False)
s3_data_path = f"s3://{data_bucket}/{subfolder}/data"
s3_output_path = f"s3://{data_bucket}/{subfolder}/output"
```

完成后，你就可以导入数据集了。

7.5.2 第二部分：导入数据集

与其他章节不同，在该笔记本中，你将上传 4 种类别的数据集：电表、分支机构类别、假期和最高温度。代码清单 7-3 展示了如何导入电表数据。

代码清单 7-3 导入电表数据

```
daily_df = pd.read_csv(
    f's3://{data_bucket}/{subfolder}/meter_data_daily.csv',
    index_col=0,
    parse_dates=[0])
daily_df.index.name = None
daily_df.head()
```

你将在本章使用的电表数据还多了几个月的观测值。在第 6 章中，数据范围为 2017 年 10 月至

2018 年 10 月。本章的数据集包含了 2017 年 11 月到 2019 年 2 月的电表数据，如代码清单 7-4 所示。

代码清单 7-4　展示电表数据的信息

```
print(daily_df.shape)
print(f'timeseries starts at {daily_df.index[0]} \
and ends at {daily_df.index[-1]}')
```

代码清单 7-5 展示了如何导入分支机构类别数据。有 3 种类型的分支结构：

- 零售
- 工业
- 运输

代码清单 7-5　展示分支机构类别的信息

```
category_df = pd.read_csv
    (f's3://{data_bucket}/{subfolder}/site_categories.csv',
    index_col=0
    ).reset_index(drop=True)
print(category_df.shape)
print(category_df.Category.unique())
category_df.head()
```

在代码清单 7-6 中，你将导入假期数据。工作日和正常周末标记为 0，假期标记为 1。由于 DeepAR 可以从分支机构的电表数据中提取该模式，因此无须将所有周末都标记为假期。尽管你没有足够的分支机构数据来让 DeepAR 识别出年度模式，但如果 DeepAR 能够访问到展示每个分支结构假期的数据集，就可以计算出该模式。

代码清单 7-6　展示每个分支机构的假期信息

```
holiday_df = pd.read_csv(
    f's3://{data_bucket}/{subfolder}/site_holidays.csv',
    index_col=0,
    parse_dates=[0])
print(holiday_df.shape)
print(f'timeseries starts at {holiday_df.index[0]} \
and ends at {holiday_df.index[-1]}')
holiday_df.loc['2018-12-22':'2018-12-27']
```

代码清单 7-7 展示了每个分支机构每天达到的最高温度。这些分支机构位于澳大利亚，因此，夏季升温时开空调导致能耗增加；而在温和的气候条件下，冬季气温下降到零摄氏度以下时供暖导致能耗增加。

代码清单 7-7　展示每个分支机构最高温度的信息

```
max_df = pd.read_csv(
    f's3://{data_bucket}/{subfolder}/site_maximums.csv',
    index_col=0,
    parse_dates=[0])
print(max_df.shape)
print(f'timeseries starts at {max_df.index[0]} \
and ends at {max_df.index[-1]}')
```

有了这些，你就可以将数据加载到笔记本中了。回顾一下，对于每个分支机构，从 2018 年 11 月 1 日到 2019 年 2 月 28 日的每一天，你都从 CSV 文件中加载了以下数据：

- 能耗；
- 分支机构类别（零售、工业和运输）；
- 假期信息（1 代表假期，0 代表工作日或正常周末）；
- 分支机构达到的最高温度。

现在，你要将数据转换为正确的格式以训练 DeepAR 模型。

7.5.3 第三部分：将数据转换为正确的格式

当数据加载到 DataFrame 中后，你现在可以准备好数据集以训练 DeepAR 模型了。每个数据集的格式相同：每个分支机构为一列，每天为一行。

本节你将确保每一列和每一行中都不会出现有问题的缺失值。DeepAR 非常擅长处理训练数据中的缺失值，但无法处理用于预测的数据中的缺失值。为了确保在进行预测时不会出现烦人的错误，你需要补充预测范围中的缺失值。你将使用 2018 年 11 月 1 日到 2019 年 1 月 31 日这段时间的数据来训练模型，并使用 2018 年 12 月 1 日到 2019 年 2 月 28 日这段时间的数据来测试模型。这意味着，对于你的预测范围来说，从 2018 年 12 月 1 日到 2019 年 2 月 28 日的数据中不能有任何缺失。代码清单 7-8 将所有 0 值替换为 `None`，然后检查缺失的能耗数据。

代码清单 7-8 检查缺失的能耗数据

```
daily_df = daily_df.replace([0],[None])
daily_df[daily_df.isnull().any(axis=1)].index
```

可以从输出中看到，在 2018 年 11 月有几天缺失数据，因为那是安装智能电表的月份，但是在 2018 年 11 月之后没有缺失数据。这意味着你无须对该数据集做任何操作，因为没有缺失预测数据。

代码清单 7-9 检查缺失的类别数据。同样，没有缺失的类别数据，所以你可以来看看缺失的假期数据和最高温度数据。

代码清单 7-9 检查缺失的类别数据和假期数据

```
print(f'{len(category_df[category_df.isnull().any(axis=1)])} \
sites with missing categories.')
print(f'{len(holiday_df[holiday_df.isnull().any(axis=1)])} \
days with missing holidays.')
```

代码清单 7-10 检查缺失的最高温度数据。有好几天没有最高温度值。这是一个问题，但很容易解决。

代码清单 7-10 检查缺失的最高温度数据

```
print(f'{len(max_df[max_df.isnull().any(axis=1)])} \
days with missing maximum temperatures.')
```

代码清单 7-11 采用 `interpolate` 函数来填充时间序列的缺失数据。在缺失其他信息的情况下，推断缺失值（如温度时间序列）的最好方法是基于时间的线性插值法。

代码清单 7-11 修复缺失的最高温度数据

```
max_df = max_df.interpolate(method='time')          ◁ 内插缺失值
print(f'{len(max_df[max_df.isnull().any(axis=1)])} \
days with missing maximum temperatures. Problem solved!')
```

为了确保你查看的数据与我们在第 6 章使用的数据类似，下面直观地看看数据。在第 6 章中，你学习了如何使用 Matplotlib 展示多个图表。回顾一下，代码清单 7-12 展示了用于展示多个图表的代码。第 1 行将图表的形状设置为 6 行 × 2 列。第 2 行创建了一个可以循环遍历的序列。第 3 行设置将要展示的 12 个分支机构。第 4~7 行设置每个图表的内容。

代码清单 7-12 修复缺失的最高温度数据

```
print('Number of timeseries:',daily_df.shape[1])
fig, axs = plt.subplots(
    6,
    2,
    figsize=(20, 20),
    sharex=True)                       ◁ 设置图表的形状为 6 行×2 列
axx = axs.ravel()                      ◁ 从 6×2 的图表中创建一个序列
indices = [0,1,2,3,26,27,33,39,42,43,46,47]      ◁ 设置图表中展示的分支机构
for i in indices:
    plot_num = indices.index(i)        ◁ 循环遍历分支机构列表并获取每个分支机构的编号
    daily_df[daily_df.columns[i]].loc[
        "2017-11-01":"2019-02-28"
        ].plot(ax=axx[plot_num])       ◁ 获取图表的数据
    axx[plot_num].set_xlabel("date")   ◁ 设置图表 x 轴的标签
    axx[plot_num].set_ylabel("kW consumption")   ◁ 设置图表 y 轴的标签
```

图 7-8 展示了代码清单 7-12 的输出结果。在笔记本中，因为图表形状是 6 行×2 列，所以你还可以看到另外 8 个图表。

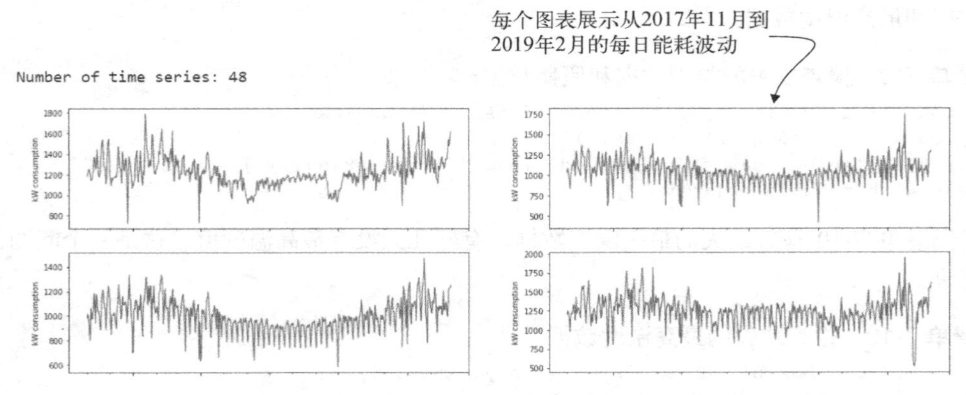

图 7-8 分支机构图表展示了从 2017 年 11 月到 2019 年 2 月的温度波动

完成后，你可以开始准备训练集和测试集了。

7.5.4 第四部分：创建训练集和测试集

在上一节，你已将每个数据集加载到 pandas DataFrame 中，并修复了所有缺失值。本节你将把 DataFrame 转换成列表以创建训练数据和测试数据。

代码清单 7-13 将类别数据转换为数值列表。从 0 到 2 的每个数分别代表这些类别中的一个：零售、工业或者运输。

代码清单 7-13 将类别数据转换为数字列表

```
cats = list(category_df.Category.astype('category').cat.codes)
print(cats)
```

代码清单 7-14 将能耗数据转换为列表的列表。每个分支机构的数据都是一个列表，一共有 48 个这样的列表。

代码清单 7-14 将能耗数据转换为列表的列表

```
usage_per_site = [daily_df[col] for col in daily_df.columns]
print(f'timeseries covers {len(usage_per_site[0])} days.')
print(f'timeseries starts at {usage_per_site[0].index[0]}')
print(f'timeseries ends at {usage_per_site[0].index[-1]}')
usage_per_site[0][:10]
```

从 0 号分支机构开始，展示前 10 天的能耗

代码清单 7-15 对假期数据重复此操作。

代码清单 7-15 将假期数据转换为列表的列表

```
hols_per_site = [holiday_df[col] for col in holiday_df.columns]
print(f'timeseries covers {len(hols_per_site[0])} days.')
print(f'timeseries starts at {hols_per_site[0].index[0]}')
print(f'timeseries ends at {hols_per_site[0].index[-1]}')
hols_per_site[0][:10]
```

代码清单 7-16 对最高温度数据重复此操作。

代码清单 7-16 将最高温度数据转换为列表的列表

```
max_per_site = [max_df[col] for col in max_df.columns]
print(f'timeseries covers {len(max_per_site[0])} days.')
print(f'timeseries starts at {max_per_site[0].index[0]}')
print(f'timeseries ends at {max_per_site[0].index[-1]}')
max_per_site[0][:10]
```

将数据格式化为列表后，你可以将其分为训练数据和测试数据，然后将文件写入 S3。代码清单 7-17 将测试数据和训练数据的开始日期设置为 2017 年 11 月 1 日。然后将训练数据的结束日期设置为 2019 年 1 月底，并将测试数据的结束日期设置为 28 天后（即 2019 年 2 月底）。

代码清单 7-17 为测试数据和训练数据设置开始和结束日期

```
freq = 'D'
prediction_length = 28
```

```
start_date = pd.Timestamp("2017-11-01", freq=freq)
end_training = pd.Timestamp("2019-01-31", freq=freq)
end_testing = end_training + prediction_length

print(f'End training: {end_training}, End testing: {end_testing}')
```

就像在第 6 章中所做的那样，你现在创建了一个简单的函数，如代码清单 7-18 所示，该函数将每个数据集写入 S3。在代码清单 7-19 中，你将对测试数据和训练数据应用该函数。

代码清单 7-18 创建一个将数据写入 S3 的函数

```
def write_dicts_to_s3(path, data):
    with s3.open(path, 'wb') as f:
        for d in data:
            f.write(json.dumps(d).encode("utf-8"))
            f.write("\n".encode('utf-8'))
```

代码清单 7-19 会创建训练集和测试集。DeepAR 需要将分类型数据和动态特征分开。请注意在代码清单 7-19 中是如何完成的。

代码清单 7-19 创建训练集和测试集

```
training_data = [
    {
        "cat": [cat],                    <-- 表示分支机构类别的分类型数据
        "start": str(start_date),
        "target": ts[start_date:end_training].tolist(),
        "dynamic_feat": [
            hols[
                start_date:end_training
                ].tolist(),              <-- 假期的动态数据
            maxes[
                start_date:end_training
                ].tolist(),              <-- 最高温度的动态数据
        ] # 注意: 集合的集合
    }
    for cat, ts, hols, maxes in zip(
        cats,
        usage_per_site,
        hols_per_site,
        max_per_site)
]

test_data = [
    {
        "cat": [cat],
        "start": str(start_date),
        "target": ts[start_date:end_testing].tolist(),
        "dynamic_feat": [
            hols[start_date:end_testing].tolist(),
            maxes[start_date:end_testing].tolist(),
        ] # 注意: 集合的集合
    }
    for cat, ts, hols, maxes in zip(
```

```
        cats,
        usage_per_site,
        hols_per_site,
        max_per_site)
]

write_dicts_to_s3(f'{s3_data_path}/train/train.json', training_data)
write_dicts_to_s3(f'{s3_data_path}/test/test.json', test_data)
```

本章设置笔记本的方式与前几章略有不同。本章是关于如何使用额外数据集（例如分支机构类别、假期和最高温度）来提高时间序列预测的准确性。

为了让你看到这些额外数据集对预测的影响，我们准备了一个删除注释的笔记本单元格，该单元格在不使用额外数据集的情况下构建和测试模型。如果你有兴趣看此结果，可以取消笔记本该部分的注释，并重新运行整个笔记本。如果这么做，你将看到，不使用额外数据集，2 月的 MAPE 为 20%！继续本章的内容，以了解将额外数据集纳入模型中时会遇到的问题。

7.5.5 第五部分：配置模型并设置服务器以构建模型

代码清单 7-20 设置了在 S3 上存储模型的位置，并确定 SageMaker 如何配置用来构建模型的服务器。在这一点上，你通常会设置一个随机种子，以确保每次运行 DeepAR 算法都能生成一致的结果。在撰写本文时，SageMaker 的 DeepAR 模型存在不一致之处——该功能不可用。它不会影响结果的准确性，只会影响结果的一致性。

代码清单 7-20　设置 SageMaker 会话和服务器以构建模型

```
s3_output_path = f's3://{data_bucket}/{subfolder}/output'
sess = sagemaker.Session()
image_name = sagemaker.amazon.amazon_estimator.get_image_uri(
    sess.boto_region_name,
    "forecasting-deepar",
    "latest")

data_channels = {
    "train": f"{s3_data_path}/train/",
    "test": f"{s3_data_path}/test/"
}
```

代码清单 7-21 用于计算预测结果的 MAPE。它是根据你预测的每一天的值计算的，通过实际能耗减去每天的预测能耗，其结果除以预测值（如果结果为负，则取绝对值），然后取所有结果的平均值。

例如，如果你连续 3 天的预测能耗为 1000 千瓦，而实际能耗为 800 千瓦、900 千瓦和 1150 千瓦，那么 MAPE 为(200/800) + (100/900) + (150/1150)的结果除以 3，这约等于 0.16，即 16%。

代码清单 7-21　计算 MAPE

```
def mape(y_true, y_pred):
    y_true, y_pred = np.array(y_true), np.array(y_pred)
    return np.mean(np.abs((y_true - y_pred) / y_true)) * 100
```

7

代码清单 7-22 是创建 DeepAR 模型的标准 SageMaker 函数。你无须修改这个函数，只需在笔记本单元格中按 Ctrl+Enter 组合键就可以运行它。

代码清单 7-22　第 6 章使用过的 DeepAR 的 predictor 函数

```
class DeepARPredictor(sagemaker.predictor.RealTimePredictor):

    def __init__(self, *args, **kwargs):
        super().__init__(
            *args,
            content_type=sagemaker.content_types.CONTENT_TYPE_JSON,
            **kwargs)

    def predict(
            self,
            ts,
            cat=None,
            dynamic_feat=None,
            num_samples=100,
            return_samples=False,
            quantiles=["0.1", "0.5", "0.9"]):x
        prediction_time = ts.index[-1] + 1
        quantiles = [str(q) for q in quantiles]
        req = self.__encode_request(
            ts,
            cat,
            dynamic_feat,
            num_samples,
            return_samples,
            quantiles)
        res = super(DeepARPredictor, self).predict(req)
        return self.__decode_response(
            res,
            ts.index.freq,
            prediction_time,
            return_samples)

    def __encode_request(
            self,
            ts,
            cat,
            dynamic_feat,
            num_samples,
            return_samples,
            quantiles):
        instance = series_to_dict(
            ts,
            cat if cat is not None else None,
            dynamic_feat if dynamic_feat else None)
        configuration = {
            "num_samples": num_samples,
            "output_types": [
                "quantiles",
                "samples"] if return_samples else ["quantiles"],
```

```
        "quantiles": quantiles
    }
    http_request_data = {
        "instances": [instance],
        "configuration": configuration
    }
    return json.dumps(http_request_data).encode('utf-8')

def __decode_response(
        self,
        response,
        freq,
        prediction_time,
        return_samples):
    predictions = json.loads(
        response.decode('utf-8'))['predictions'][0]
    prediction_length = len(next(iter(
            predictions['quantiles'].values()
        )))
    prediction_index = pd.DatetimeIndex(
        start=prediction_time,
        freq=freq,
        periods=prediction_length)
    if return_samples:
        dict_of_samples = {
                'sample_' + str(i): s for i, s in enumerate(
                    predictions['samples'])
            }
    else:
        dict_of_samples = {}
    return pd.DataFrame(
        data={**predictions['quantiles'],
        **dict_of_samples},
        index=prediction_index)

def set_frequency(self, freq):
    self.freq = freq

def encode_target(ts):
    return [x if np.isfinite(x) else "NaN" for x in ts]

def series_to_dict(ts, cat=None, dynamic_feat=None):
    # 输入一个pandas.Series，返回一个编码时间序列的dict
    obj = {"start": str(ts.index[0]), "target": encode_target(ts)}
    if cat is not None:
        obj["cat"] = cat
    if dynamic_feat is not None:
        obj["dynamic_feat"] = dynamic_feat
    return obj
```

与第6章一样，你现在需要设置 estimator，然后为其设置参数。SageMaker会为你展示几个参数。唯一需要改变的两个参数是代码清单 7-23 的第 1 行和第 2 行中的前两个参数：context_length（上下文长度）和prediction_length（预测长度）。

上下文长度是用于进行预测的最短时间。将此值设置为 `90`，就表示你希望 DeepAR 至少使用 90 天的数据来进行预测。在业务环境中，这通常是一个不错的选择，因为它可以捕获季度趋势。**预测长度**是预测的时间段。在此笔记本中，你正在预测 2 月的数据，因此将 `prediction_length` 的值设置为 28 天。

代码清单 7-23　设置 estimator

```
%%time
estimator = sagemaker.estimator.Estimator(
    sagemaker_session=sess,
    image_name=image_name,
    role=role,
    train_instance_count=1,
    train_instance_type='ml.c5.2xlarge', # $0.476 per hour as of Jan 2019.
    base_job_name='ch7-energy-usage-dynamic',
    output_path=s3_output_path
)

estimator.set_hyperparameters(
    context_length="90",
    prediction_length=str(prediction_length),
    time_freq=freq,
    epochs="400",
    early_stopping_patience="40",
    mini_batch_size="64",
    learning_rate="5E-4",
    num_dynamic_feat=2,
)

estimator.fit(inputs=data_channels, wait=True)
```

设置预测长度为 28 天

设置上下文长度为 90 天

设置频率为每天

设置迭代次数为 400（保持此值不变）

设置提前停止次数为 40（保持此值不变）

设置批大小为 64（保持此值不变）

将假期和温度的动态特征数量设置为 2（保持此值不变）

将学习率设置为 0.0005（指数值 5E-4 的十进制转换）

代码清单 7-24 创建了用于测试预测的端点。在下一章中，你将学习如何将该端点发布到互联网上，但对于本章，就像前面几章一样，你将使用笔记本中的代码来访问端点。

代码清单 7-24　设置端点

```
endpoint_name = 'energy-usage-dynamic'

try:
    sess.delete_endpoint(
        sagemaker.predictor.RealTimePredictor(
            endpoint=endpoint_name).endpoint)
    print(
        'Warning: Existing endpoint deleted to make way for new endpoint.')
    from time import sleep
    sleep(30)
except:
    pass
```

现在是时候构建模型了。代码清单 7-25 构建了模型并将其赋予变量 `predictor`。

代码清单 7-25 构建并部署模型

```
%%time
predictor = estimator.deploy(
    initial_instance_count=1,
    instance_type='ml.m5.large',
    predictor_cls=DeepARPredictor,
    endpoint_name=endpoint_name)
```

7.5.6 第六部分：进行预测并绘制结果

构建好模型后，可以对 2 月的每一天进行预测，但要先测试一下 predictor，如代码清单 7-26 所示。

代码清单 7-26 检查模型的预测是否正常

```
predictor.predict(
    cat=[cats[0]],
    ts=usage_per_site[0][start_date+30:end_training],
    dynamic_feat=[
             hols_per_site[0][start_date+30:end_training+28].tolist(),
             max_per_site[0][start_date+30:end_training+28].tolist(),
        ],
    quantiles=[0.1, 0.5, 0.9]
).head()
```

现在你知道 predictor 工作正常，下面就可以对 2019 年 2 月的数据进行预测。但在执行该操作之前，为了便于计算 MAPE，你将创建一个名为 usages 的列表来存储每个分支机构在 2019 年 2 月每天的实际能耗。当对 2 月进行预测时，你将结果存储到名为 predictions 的列表中，如代码清单 7-27 所示。

代码清单 7-27 获取 2019 年 2 月所有分支机构的预测结果数据

```
usages = [
    ts[end_training+1:end_training+28].sum() for ts in usage_per_site]

predictions= []
for s in range(len(usage_per_site)):
    # 调用端点返回 28 天的预测结果
    predictions.append(
        predictor.predict(
            cat=[cats[s]],
            ts=usage_per_site[s][start_date+30:end_training],
            dynamic_feat=[
                hols_per_site[s][start_date+30:end_training+28].tolist(),
                max_per_site[s][start_date+30:end_training+28].tolist(),
            ]
        )['0.5'].sum()
    )

for p,u in zip(predictions,usages):
    print(f'Predicted {p} kwh but usage was {u} kwh.')
```

一旦准备好了列表 usages 和列表 predictions，就可以通过运行代码清单 7-21 中创建的 mape 函数来计算 MAPE，如代码清单 7-28 所示。

代码清单 7-28　计算 MAPE

```
print(f'MAPE: {round(mape(usages, predictions),1)}%')
```

代码清单 7-29 与第 6 章中的 plot 函数相同。该函数接受列表 usages 并以与代码清单 7-27 中相同的方式进行预测。这里 plot 函数的区别在于，它还计算了 80%置信度的置信区间。接着，它将实际使用量绘制成一条线，并将 80%置信度的置信区间涂上阴影。

代码清单 7-29　展示分支机构的图表

```
def plot(
    predictor,
    site_id,
    end_training=end_training,
    plot_weeks=12,
    confidence=80
):
    low_quantile = 0.5 - confidence * 0.005
    up_quantile = confidence * 0.005 + 0.5
    target_ts = usage_per_site[site_id][start_date+30:]
    dynamic_feats = [
            hols_per_site[site_id][start_date+30:].tolist(),
            max_per_site[site_id][start_date+30:].tolist(),
        ]

    plot_history = plot_weeks * 7

    fig = plt.figure(figsize=(20, 3))
    ax = plt.subplot(1,1,1)

    prediction = predictor.predict(
        cat = [cats[site_id]],
        ts=target_ts[:end_training],
        dynamic_feat=dynamic_feats,
        quantiles=[low_quantile, 0.5, up_quantile])

    target_section = target_ts[
        end_training-plot_history:end_training+prediction_length]
    target_section.plot(color="black", label='target')

    ax.fill_between(
        prediction[str(low_quantile)].index,
        prediction[str(low_quantile)].values,
        prediction[str(up_quantile)].values,
        color="b",
        alpha=0.3,
        label=f'{confidence}% confidence interval'
    )

    ax.set_ylim(target_section.min() * 0.5, target_section.max() * 1.5)
```

代码清单 7-30 运行你在代码清单 7-29 中创建的 plot 函数。

代码清单 7-30 绘制几个分支机构 2 月的预测结果

```
indices = [2,26,33,39,42,47,3]
for i in indices:
    plot_num = indices.index(i)
    plot(
        predictor,
        site_id=i,
        plot_weeks=6,
        confidence=80
```

图 7-9 展示了几个分支机构的预测结果。可以看到，每个时间序列的每日预测结果都位于阴影区域内。

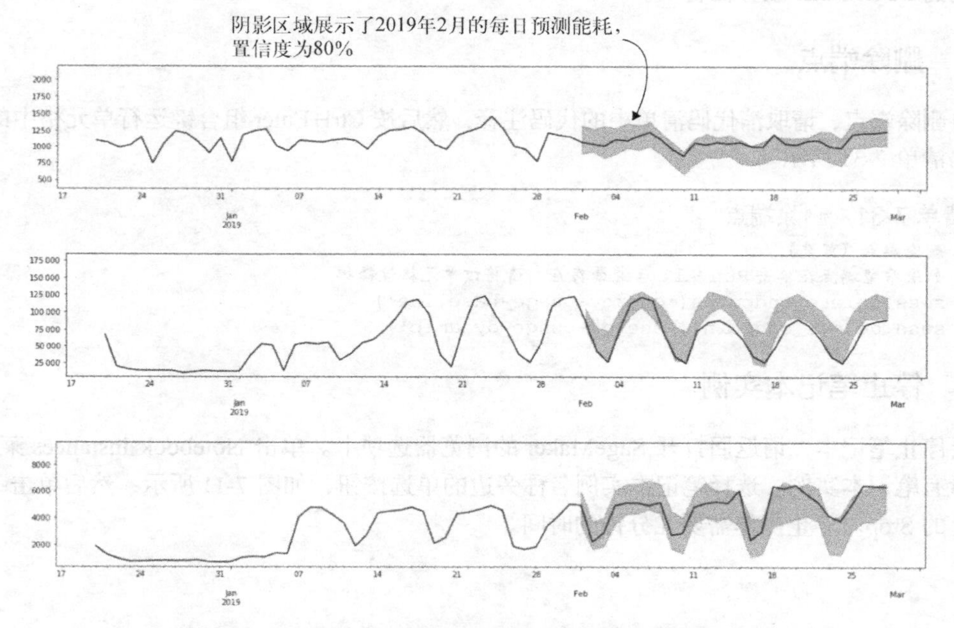

图 7-9 展示 2019 年 2 月预测能耗的分支机构图

以这种方式展示数据的一个优点是，可以很容易地找出你没有准确预测的分支机构。例如，如果你查看 3 号分支机构（图 7-10 中图列表的最后一个分支机构），就会发现 2 月有一段时间几乎没有能耗，而你预测该时段有相当高的能耗。这为你提供了通过包含额外数据集来改进模型的机会。

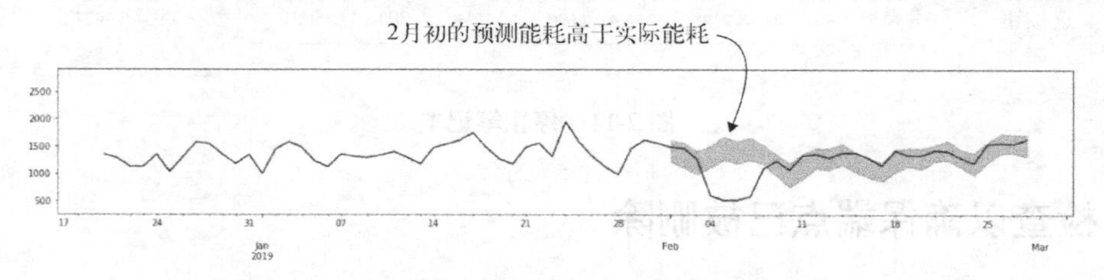

图 7-10 3 号分支机构 2 月初的预测能耗不准确

当你看到明显不准确的预测时，可以调查这段时间内发生了什么，并确定是否可以将某些数据源整合到预测结果中，例如，如果该分支机构计划在 2 月初停业进行维护，并且你的假期数据中尚未包含此次停业信息，如果你能得到一份计划停业维护时间表，那么就可以很容易地将这些数据纳入模型中去，就像你整合假期数据一样。

7.6　删除端点并停止你的笔记本实例

与往常一样，当你不再使用笔记本时，请记住停止笔记本实例并删除端点。我们不希望你因未使用的 SageMaker 服务而付费。

7.6.1　删除端点

要删除端点，请取消代码清单中的代码注释，然后按 Ctrl+Enter 组合键运行单元格中的代码，如代码清单 7-31 所示。

代码清单 7-31　删除端点

```
# 删除端点（可选）
# 如果希望端点在单击 Run All 后继续存在，请将该单元格注释掉
# sess.delete_endpoint('energy-usage-baseline')
# sess.delete_endpoint('energy-usage-dynamic')
```

7.6.2　停止笔记本实例

要停止笔记本，请返回打开 SageMaker 的浏览器选项卡。单击 Notebook instances 菜单项以查看所有笔记本实例。选择笔记本实例名称旁边的单选按钮，如图 7-11 所示，然后单击 Actions 菜单上的 Stop。停止操作需要几分钟的时间。

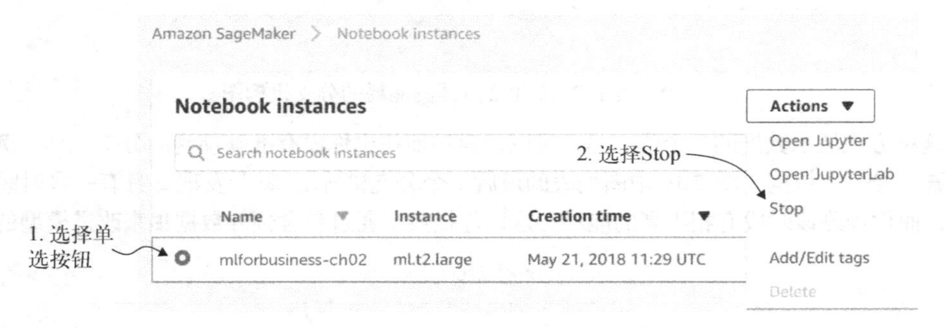

图 7-11　停止笔记本

7.7　检查以确保端点已被删除

如果你没有使用笔记本删除端点（或者只想确保端点已被删除），那么可以从 SageMaker 控

制台执行此操作。要删除端点，请单击端点名称左侧的单选按钮，然后单击 Actions 菜单项，接着在出现的菜单中单击 Delete。

成功删除端点后，你将不再为此支付 AWS 费用。当你在 Endpoints 页面的底部看到 “There are currently no resources” 时，可以确认所有端点已经删除，如图 7-12 所示。

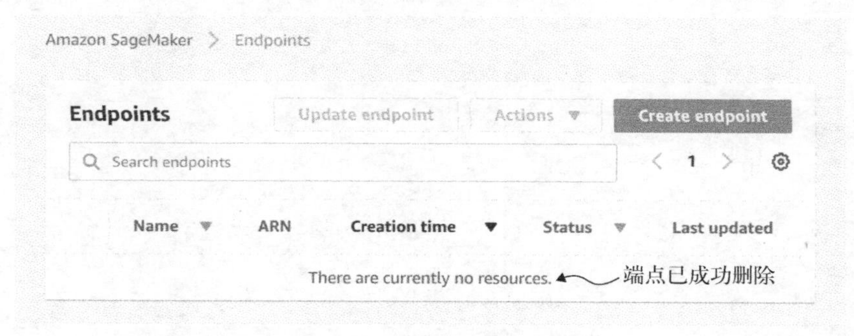

图 7-12 确认你已成功删除端点

现在，Kiara 可以用 MAPE 为 6.9%的水平来预测每个分支机构的能耗，即使是在有多个节假日或天气波动的月份，也能进行预测。

7.8 小结

- 过去的使用量并不能很好地预测未来的使用量。
- DeepAR 是一种神经网络算法，它特别擅长将多个不同的时间序列数据集整合到其预测结果中，从而解释你的时间序列预测中无法直接推断的事件。
- 本章中使用的数据集可以分为两种类型的数据：分类型数据和动态数据。分类型数据是关于那些不会改变的分支机构的信息；动态数据是随着时间变化的数据。
- 对于预测范围内的每一天，你都可以通过定义函数 `mape` 来计算时间序列数据的 MAPE。
- 构建模型后，你可以进行预测并将结果显示在多个时间序列图中，这样就能轻松可视化预测结果。

Part 3 第三部分

将机器学习应用到生产环境中

本书的最后一部分将展示如何在不设置任何服务器或其他基础设施的情况下，通过 Web 为你的机器学习模型提供 Web 服务。

本书正文部分以两个案例研究作为结尾，展示公司如何在运营过程中运行机器学习项目，以及他们如何改变自己的员工以抓住机器学习和自动化带来的机会。

第8章

通过 Web 提供预测服务

本章要点

- ❑ 设置 SageMaker 以通过 Web 提供预测服务
- ❑ 构建和部署无服务器 API 以交付 SageMaker 预测服务
- ❑ 通过 Web 浏览器将数据发送给 API 并接收预测结果

到目前为止，你构建的机器学习模型只能在 SageMaker 中使用。如果要为其他人提供预测服务或进行决策，那么必须从 SageMaker 中运行的 Jupyter 笔记本提交查询并将结果发送给他们。当然，这不是 AWS 设计 SageMaker 的本意。AWS 希望你的用户能够通过 Web 访问预测服务并进行决策。在本章中，你将帮助你的用户做到这一点。

支持服务推文

在第 4 章中，你帮助 Naomi 识别出哪些推文应该上报给支持团队，以及哪些推文可以由自动机器人处理，但你没有为她提供一种方法，使她能够发送推文到机器学习模型并接收是否上报推文的决策结果。在本章中，你将弥补这一点。

8.1 为什么通过 Web 提供决策和预测服务这么难

在前面每一章中，你都构建了一个 SageMaker 模型并为其设置了端点。在 Jupyter 笔记本的最后几个代码单元格中，你将测试数据发送给端点并接收到结果。你仅在 SageMaker 环境中与 SageMaker 端点进行了交互。为了在互联网上部署机器学习模型，你需要将该端点暴露给互联网。

直到现在，这也不是一件容易的事情。你首先需要设置好一个 Web 服务器；接下来编写 Web 服务器要使用的 API 代码；最后部署好 Web 服务器，并将 API 通过网址（URL）提供出来。这涉及许多需要改动的部分，并不是很好做。现在，这一切都变得简单多了。

在本章中，我们以上一章学到的与 Python 和 AWS 相关的许多技能为基础，来解决创建 Web 服务器和部署 API 的问题。目前，你可以提供 Web 应用程序服务，而不必担心设置 Web 服务器的复杂性。在本章中，你将使用 AWS Lambda 作为你的 Web 服务器，如图 8-1 所示。

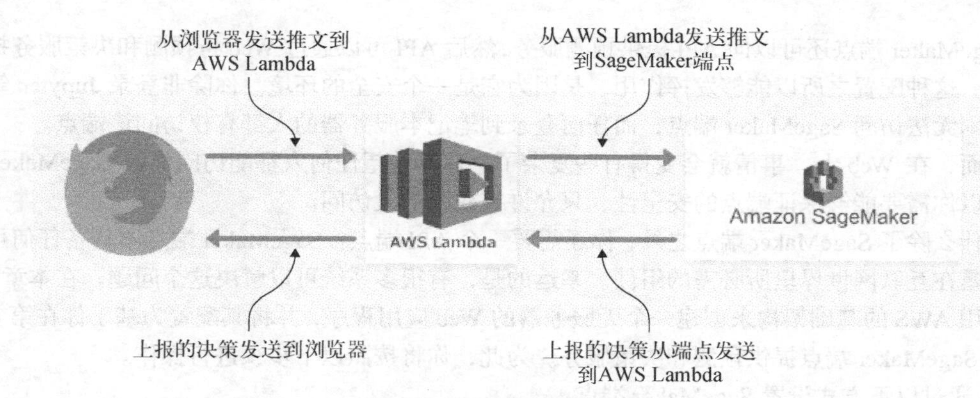

图 8-1 从浏览器发送推文到 SageMaker

AWS Lambda 是一个按需启动的服务器。你向 SageMaker 端点发送的每一条推文都会创建一个服务器，发送推文并接收响应，完成后就会关闭。这段描述听起来可能会很慢，但事实并非如此。AWS Lambda 可以在几毫秒内启动和关闭。提供 API 服务的优势在于，只有当 Lambda 服务器基于 API 提供决策服务时，你才会为此付费。对于许多 API 而言，这是一种比拥有永久专用的 Web 服务器并基于你的 API 提供预测服务更节省成本的模式。

无服务器计算

像 AWS Lambda 这样的服务通常称为**无服务器**。无服务器这个术语是一个有问题的说法。当你在互联网上提供 API 服务时，根据定义，它不可能是无服务器的。无服务器指的是别人在运行你的服务器时会遇到麻烦。

8.2 本章的步骤概述

本章包含的新代码很少，主要是一些配置。为了帮助你完成本章的内容，你会看到一个步骤列表以及你在步骤中的位置。这些步骤分为以下 4 个部分。

(1) 设置 SageMaker 端点。

(2) 在本地计算机配置 AWS。

(3) 创建一个 Web 端点。

(4) 提供决策服务。

好了，我们开始吧！

8.3 SageMaker 端点

到目前为止，你已经使用 Jupyter 笔记本和 SageMaker 端点与机器学习模型进行了交互。当你以这种方式与模型进行交互时，它隐藏了系统各部分之间的一些区别。

SageMaker 端点还可以向 API 提供预测服务，然后 API 可以通过 Web 将预测和决策服务提供给用户。这种配置之所以能够发挥作用，是因为它是一个安全的环境。你除非登录 Jupyter 笔记本，否则无法访问 SageMaker 端点，而任何登录到笔记本服务器的人都有权访问该端点。

然而，在 Web 上，事情就会变得有些复杂了。你不希望任何人都能访问你的 SageMaker 端点，所以你需要能够保证端点的安全性，只允许有权限的人访问。

为什么除了 SageMaker 端点之外，你还需要一个 API 端点？SageMaker 端点不具备任何可安全地暴露在互联网世界里所必需的组件。幸运的是，有很多系统可以解决这个问题。在本章中，你将使用 AWS 的基础架构来创建一个无服务器的 Web 应用程序，并将其配置为基于你在第 4 章设置的 SageMaker 端点提供预测和决策服务。为此，你将按照以下步骤进行操作。

(1) 通过以下方式设置 SageMaker 端点：

  a. 启动 SageMaker；

  b. 上传笔记本；

  c. 运行笔记本。

(2) 在本地计算机配置 AWS。

(3) 创建一个 Web 端点。

(4) 提供决策服务。

首先需要启动 SageMaker 并为笔记本创建一个端点。你要使用的笔记本与第 4 章中使用的笔记本（customer_support.ipynb）是一样的，只是它使用了不同的方法来标准化推文文本。如果你没有学完那一章或者没有 SageMaker 的笔记本，不用担心，我们会逐步教你如何设置。

8.4 设置 SageMaker 端点

和其他章节一样，你需要启动 SageMaker（详见附录 C）。为了方便，这里做了总结。首先，跳转到 AWS 的 SageMaker 服务。

然后，启动你的笔记本实例。图 8-2 展示了 AWS Notebook 实例的页面。单击 Start。

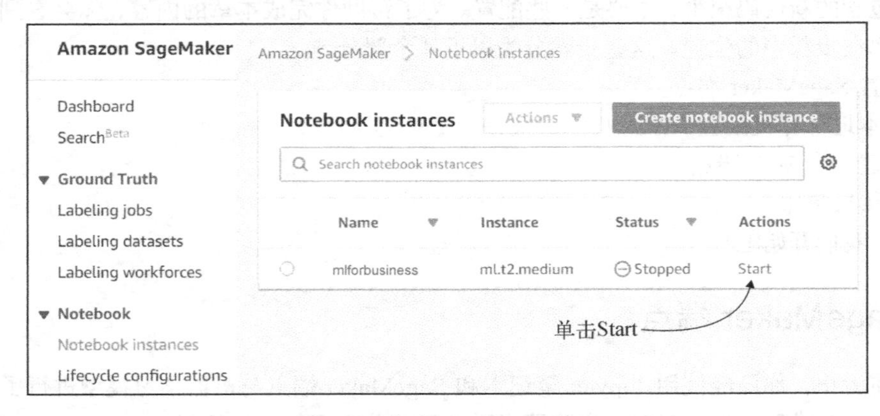

图 8-2 启动 SageMaker 实例

几分钟后，页面刷新，出现了 Open Jupyter 的链接以及 InService 的状态信息。图 8-3 展示了笔记本实例启动后的 AWS Notebook 实例页面。

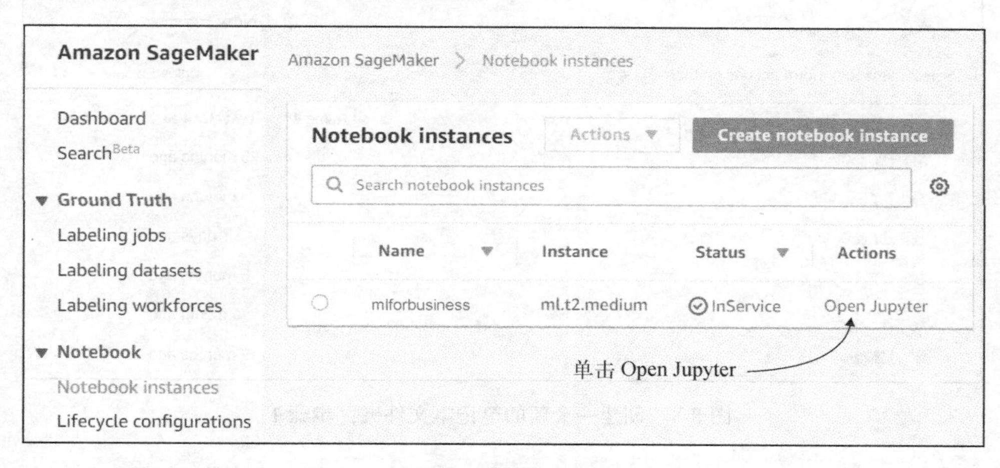

图 8-3　打开 Jupyter

下一节将展示如何上传本章的笔记本和数据。第 4 章和本章使用的笔记本有什么区别呢？

在本章中，即使你像第 4 章中那样决定上报哪些推文，也会创建一个新的笔记本，而不是重复使用第 4 章的笔记本。这样做的原因是，我们希望能在浏览器的地址栏将推文文本作为 URL 进行传递（这样就不必构建 Web 表单来输入推文文本）。这意味着推文的文本不能包含浏览器地址栏不允许输入的字符。由于在第 4 章中没有考虑到这一点，因此在本章我们需要训练一个新的模型。

本章创建的笔记本与第 4 章的笔记本完全相同，只是本章使用名为 slugify 的库而不是 NLTK 来预处理推文。slugify 通常用于将文本转换为网站 URL 链接。除了提供轻量级处理机制来标准化文本之外，它还允许通过 URL 访问推文。

8.4.1　上传笔记本

首先将 Jupyter 笔记本下载到你的计算机。

现在，在图 8-4 所示的笔记本实例中，通过单击 Files 页面上的 New 并选择 Folder 菜单项，创建一个文件夹来存储笔记本，如图 8-5 所示。这个新文件夹将包含本章的所有代码。

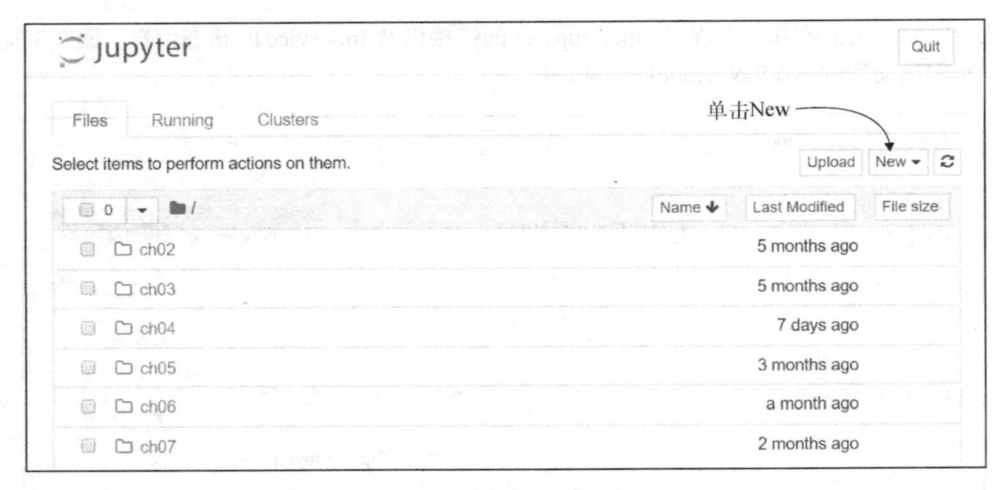

图 8-4　创建一个新的笔记本文件夹：步骤 1

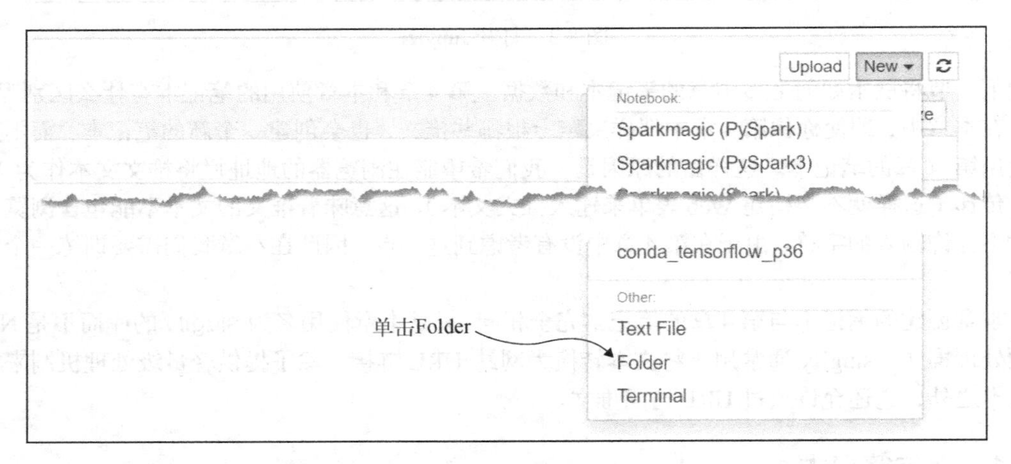

图 8-5　创建一个新的笔记本文件夹：步骤 2

图 8-6 展示了操作后的新文件夹。进入文件夹后，可以在页面右上方看到一个 Upload 按钮。单击此按钮可以打开文件选择窗口。导航到你下载 Jupyter 笔记本的位置，然后将其上传到笔记本实例中。

图 8-6 上传笔记本到新的笔记本文件夹

图 8-7 展示了你上传到 SageMaker 的笔记本。

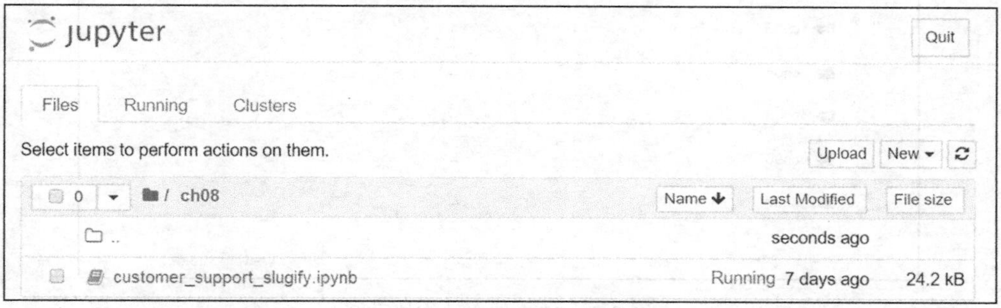

图 8-7 确定笔记本 customer_support_slugify.ipynb 已上传到你的 SageMaker 文件夹

8.4.2 上传数据

即使你无法重用第 4 章中的笔记本，也可以重用数据。如果你设置了笔记本和第 4 章的数据，那么可以使用该数据集，直接跳到 8.4.3 节。如果你没有那么做，请按照本节中的步骤进行操作。

如果你没有设置笔记本和第 4 章的数据，请下载数据集。

将此文件保存到计算机的某个位置。除了将文件上传到 S3 之外，你不会对其进行任何操作，因此你可以使用下载目录或其他临时文件夹。

现在，跳转到 AWS S3，即 AWS 文件存储服务。

跳转到该页面后，创建或者导航到 S3 存储桶，以保存本书的数据（如果尚未创建 S3 存储桶，请参阅附录 B）。

在存储桶中，可以看到已创建的所有文件夹。如果尚未创建文件夹，请单击 Create Folder，创建一个文件夹来保存第 4 章的数据。（我们正在为第 4 章设置数据，因为本章使用的数据与该章相同。即使你没有仔细阅读第 4 章的内容，也可以像该章一样存储数据。）图 8-8 展示了如果你按照本书各章进行操作，可能拥有的文件夹结构。

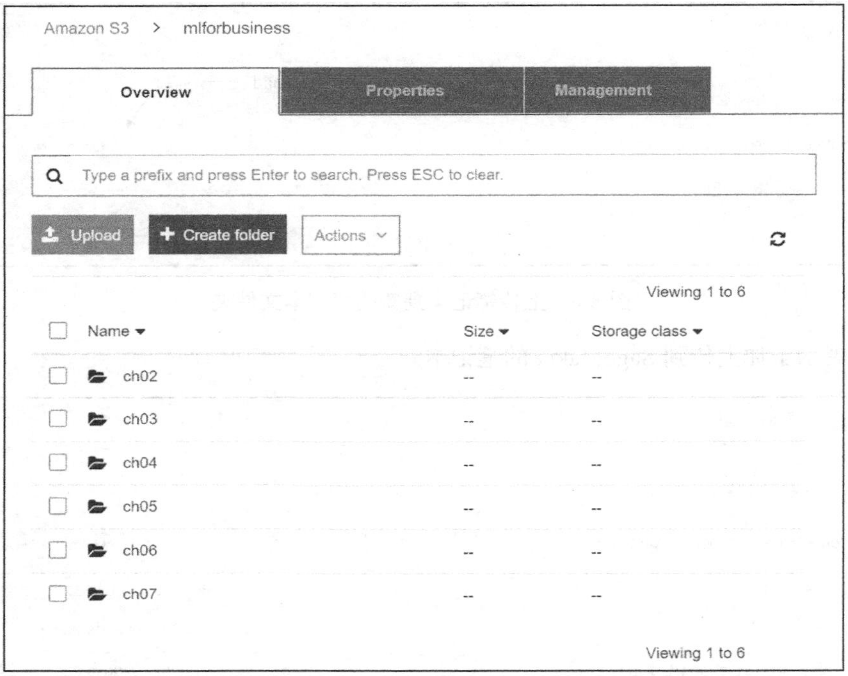

图 8-8 S3 文件夹结构的示例

在文件夹内，单击页面左上角的 Upload，找到刚刚保存的 CSV 数据文件，然后上传。完成此操作后，你将在文件夹中看到 inbound.csv 文件，如图 8-9 所示。保持此页面为打开状态，因为在运行笔记本时你需要获取文件的位置。

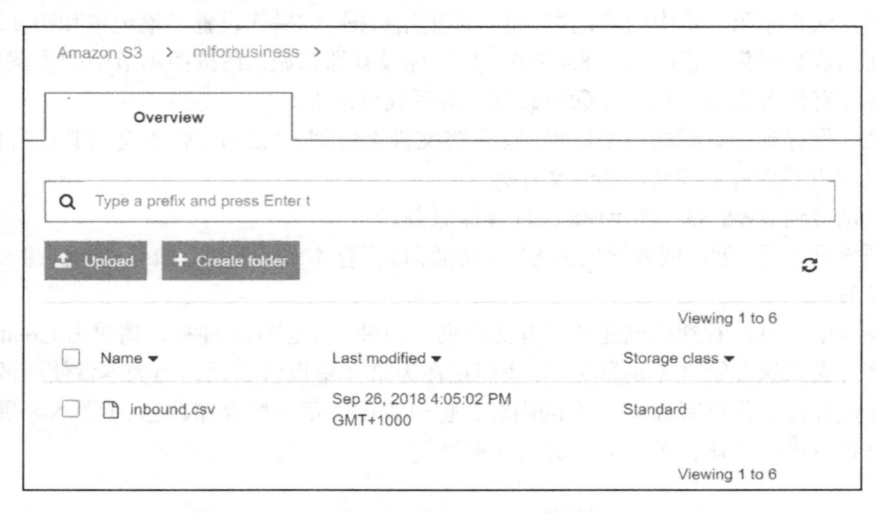

图 8-9 上传 CSV 数据后 S3 存储桶的示例

现在已在 SageMaker 上设置了 Jupyter 笔记本，并将数据加载到了 S3 上。你已准备好开始构建和部署模型，以通过 Web 提供预测服务。

8.4.3 运行笔记本并创建端点

现在你已有了一个正在运行的 Jupyter 笔记本实例并将数据上传到 S3 了，下面运行笔记本并创建端点。为此，请从菜单中选择 Cell，然后单击 Run All，如图 8-10 所示。

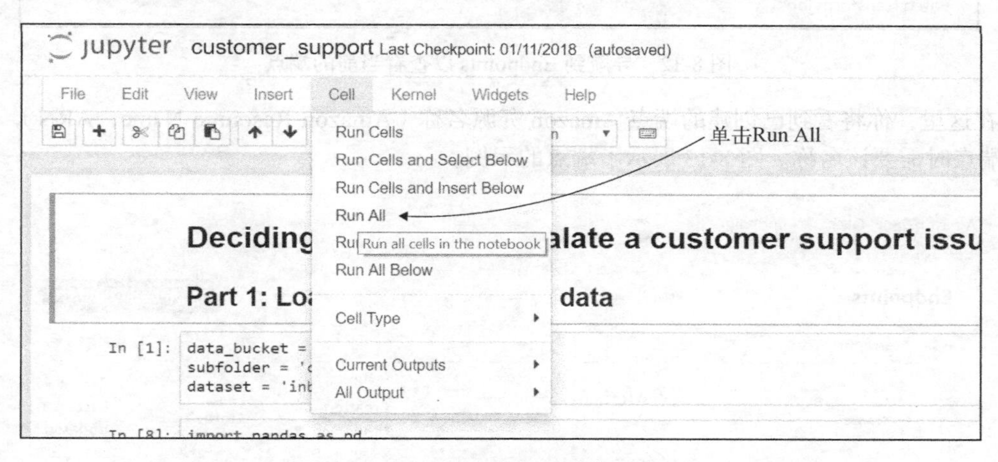

图 8-10 运行笔记本的所有代码单元格

大约 5 分钟后，笔记本中的所有单元格都将运行，你将创建一个端点。通过滚动到笔记本底部并检查倒数第 2 个单元格（在 Test the Model 标题下）的值，你可以看到所有单元格都运行了，如图 8-11 所示。

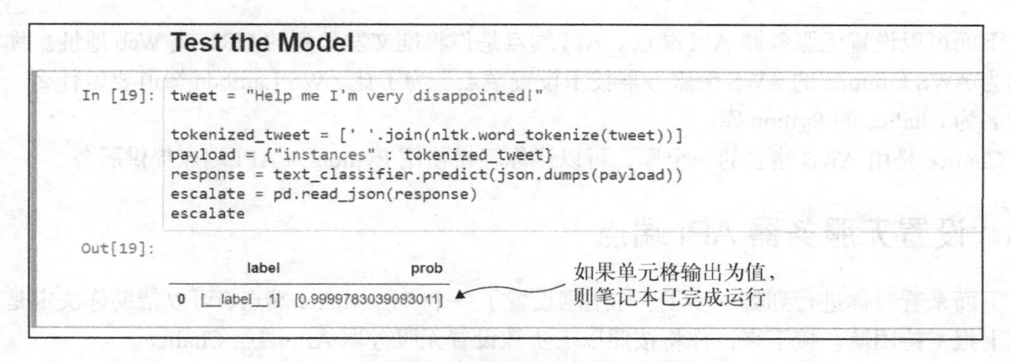

图 8-11 确定笔记本的所有单元格已经运行

运行笔记本后，可以通过单击 Endpoints 链接来查看端点，如图 8-12 所示。

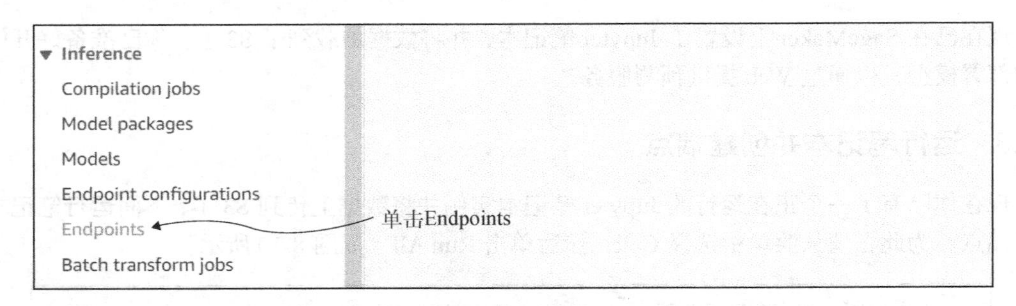

图 8-12 导航到 Endpoints 以查看当前的端点

在这里，你将看到已创建的端点 Amazon 资源名称（Amazon Resource Name，ARN），设置 API 端点时需要该名称。图 8-13 展示了端点的示例。

图 8-13 端点 ARN 的示例

下面可以设置无服务器 API 端点。API 端点是你将推文发送到的 URL 或 Web 地址。你将基于名为 AWS Lambda 的 AWS 无服务器技术设置端点。为了让 AWS Lambda 知道要做什么，你将安装名为 Chalice 的 Python 库。

Chalice 是由 AWS 建立的一个库，可以让你轻松使用 Python 为 API 端点提供服务。

8.5 设置无服务器 API 端点

下面来看看你进行到哪一步了。你刚刚设置了一个 SageMaker 端点，可以帮助你决定是否将推文上报支持团队。接下来，你将按照以下步骤设置无服务器 API 端点 Chalice。

(1) 设置 SageMaker 端点。

(2) 通过以下方式在本地计算机配置 AWS：

a. 创建证书；

b. 在本地计算机安装证书；

c. 配置证书。

(3) 创建一个 Web 端点。

(4) 提供决策服务。

有点讽刺的是，设置无服务器 API 端点要做的第一件事就是在计算机上设置软件。你需要的两个应用程序是 Python（3.6 或更高版本）和一个文本编辑器。

附录 E 中提供了安装 Python 的说明。尽管安装 Python 曾经是一件麻烦事，但在 Windows 操作系统中，通过将 Python 添加到 Microsoft Windows Store，安装 Python 变得容易多了。一段时间以来，Homebrew 软件包管理器使得在 Apple 计算机上安装 Python 变得更加容易。

如前所述，你还需要一个文本编辑器。Microsoft 的 Visual Studio Code（VS Code）是最容易设置的编辑器之一。它可以在 Windows、macOS 和 Linux 上运行。现在你已经准备好在计算机上运行 Python，并且文本编辑器已经准备就绪，可以开始设置无服务器端点。

8.5.1 在 AWS 账户上设置 AWS 证书

要访问 SageMaker 端点，无服务器 API 需要具有访问权限。因为你是在本地计算机而不是在 SageMaker 笔记本（正如你在本书前几章所做的那样）中编写代码，所以本地计算机还需要有访问 SageMaker 端点和 AWS 账户的权限。幸运的是，AWS 提供了一种简单的方法来实现这两种功能。

首先，你需要在 AWS 账户中创建证书。要设置证书，请在任意 AWS 页面中单击浏览器右上方的 AWS 用户名，如图 8-14 所示。

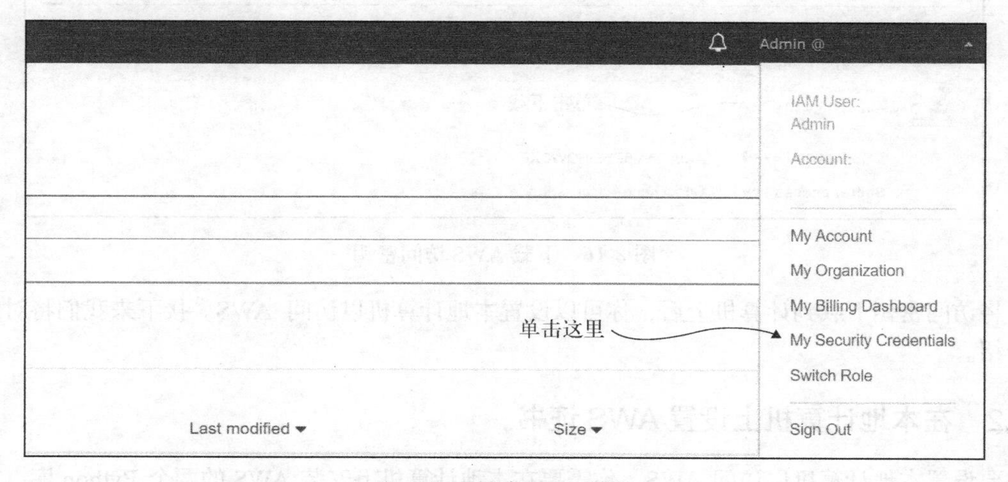

图 8-14 创建 AWS 证书

在打开的页面中，有一个 Create access key 按钮，可以让你创建**访问密钥**，这是一种用于访问 AWS 账户的证书类型。单击 Create access key 按钮。

图 8-15 展示了用于创建访问密钥的 AWS 用户界面。单击 Create access key 按钮后，你就能

以 CSV 文件格式下载安全证书了。

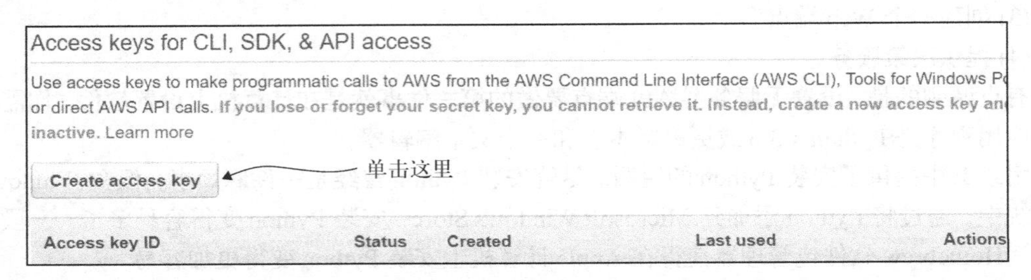

图 8-15　创建一个 AWS 访问密钥

注意　这是你唯一以 CSV 文件格式下载密钥的机会。

下载 CSV 文件并将其保存在你的计算机上只有你可以访问的某个位置，如图 8-16 所示。任何获得该密钥的人都可以使用你的 AWS 账户。

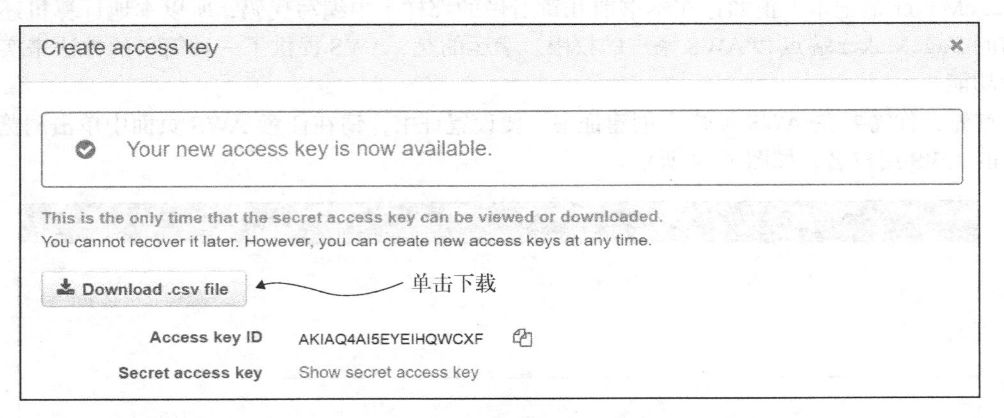

图 8-16　下载 AWS 访问密钥

将访问密钥下载到计算机上后，你可以设置本地计算机以访问 AWS。接下来我们将对此展开介绍。

8.5.2　在本地计算机上设置 AWS 证书

要设置本地计算机以访问 AWS，你需要在本地计算机上安装 AWS 的两个 Python 库。本节将介绍如何从 VS Code 安装这两个库，不过你也可以使用任何终端应用程序，例如 Unix 或者 macOS 上的 Bash，或 Windows 上的 PowerShell。

首先，在计算机上创建一个用于保存代码的文件夹。然后打开 VS Code，并单击 Open Folder 按钮，如图 8-17 所示。

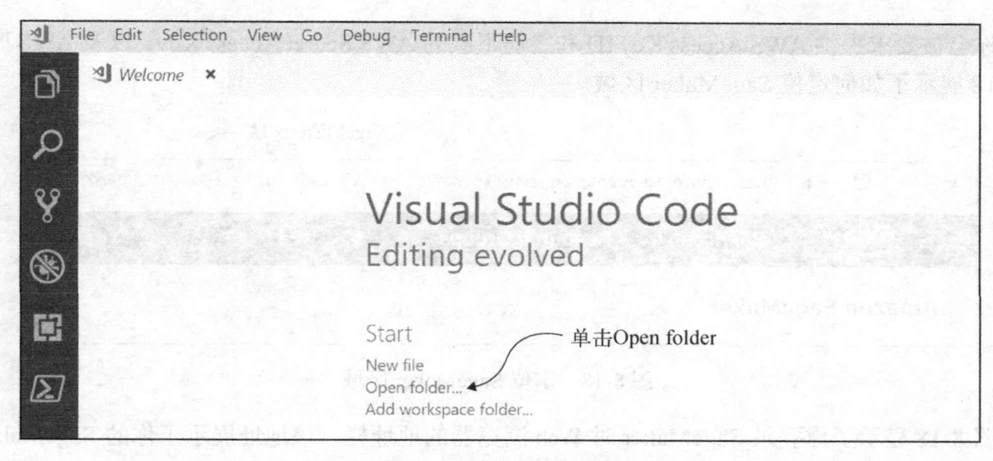

图 8-17 在 VS Code 中打开文件夹

在计算机上创建一个新文件夹来保存本章的文件。完成此操作后，就可以安装所需要的 Python 库了。

你将在本地计算机上编写的代码需要一些 Python 库，就像 SageMaker 运行需要 Python 库一样。本地计算机和 SageMaker 之间的区别在于，SageMaker 已拥有你需要安装的库，而本地计算机可能需要你自己安装这些库。

为了在计算机上安装 Python 库，你需要打开一个终端 shell。这是一种仅使用键盘就可以在计算机中输入命令的方法。通过按 Ctrl+Shift 组合键，可以在 VS Code 中打开终端窗口。或者，可以从菜单栏中选择 Terminal，然后选择 New Terminal，从 VS Code 打开终端窗口。

VS Code 底部出现了一个终端窗口，你可以在其中键入命令。下面可以安装访问 SageMaker 所需的 Python 库了。

你将安装的第一个库名为 boto3，该库可帮助你与 AWS 服务进行交互。SageMaker 本身使用 boto3 与 S3 等服务进行交互。要安装 boto3，请在终端窗口中键入：

```
pip install boto3
```

接下来，你需要安装命令行界面（command-line interface，CLI）库，该库允许你在计算机上停止和启动 AWS 服务。它还允许你设置在 AWS 中创建的证书。要安装 AWS CLI 库，请键入：

```
pip install awscli
```

安装了 boto3 和 CLI 库之后，就可以配置证书了。

8.5.3 配置证书

要配置 AWS 证书，请在终端窗口的提示符处运行以下命令：

```
aws configure
```

你会被要求提供 AWS Access Key ID 和之前下载的 AWS Secret Access Key，以及 AWS 区域。图 8-18 展示了如何定位 SageMaker 区域。

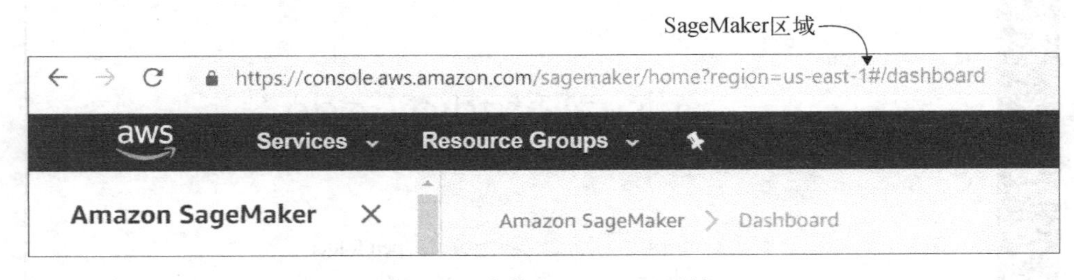

图 8-18　定位 SageMaker 区域

图 8-18 显示了你登录 SageMaker 时 Web 浏览器的地址栏。该地址展示了你的 SageMaker 服务位于哪个区域。在配置 AWS 证书时，请使用该区域。请注意，你可以将默认输出格式留空：

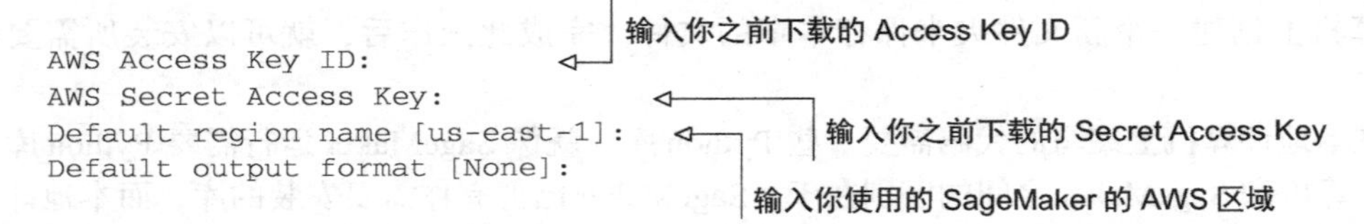

你已完成了本地计算机的 AWS 配置。回顾一下，你设置了 SageMaker 端点，然后在本地计算机上配置了 AWS。现在，你将创建 Web 端点，根据哪些推文需要上报给 Naomi 的支持团队来提供决策服务。下面更新一下整个过程的进度。

(1) 设置 SageMaker 端点。

(2) 在本地计算机上配置 AWS。

(3) 通过以下方式创建一个 Web 端点：

a. 安装 Chalice；

b. 编写端点代码；

c. 配置权限；

d. 更新 requirements.txt；

e. 部署 Chalice。

(4) 提供决策服务。

8.6　创建 Web 端点

这是我们首次使用 AWS 为 API 端点提供服务，也是本章的重点。你将使用名为 Lambda 函数的 AWS 技术创建无服务器函数，并使用名为 Amazon API Gateway 的 AWS 技术配置 API。然后，将部署 SageMaker 端点，以便任何地方的任何人都可以使用它。你只需几行代码就可以做到，就这么神奇！

8.6.1 安装 Chalice

Chalice 是 Amazon 的开源软件，可以自动创建和部署 Lambda 函数并配置 API 网关端点。在配置过程中，你将在计算机上创建一个文件夹来存储 Chalice 代码。Chalice 将负责打包代码并将其安装在你的 AWS 账户下。它可以这么做是因为在上一节中你使用 AWS CLI 配置了 AWS 证书。

最简单的安装方式是跳转到计算机的空文件夹。右击该文件夹以打开一个菜单，然后单击 Open with Code，如图 8-19 所示。或者，你也可以从 VS Code 中打开该文件夹，方法与图 8-17 中所示的方法相同。两种方法都可以，选择自己喜欢的方式即可。

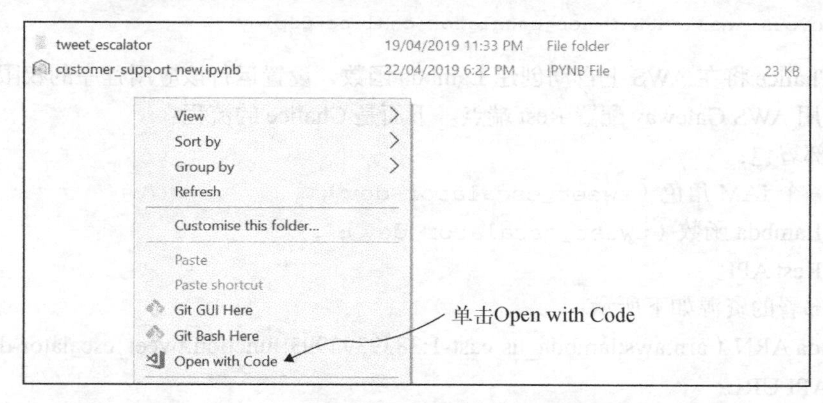

图 8-19 在文件夹中打开 VS Code 编辑器

要安装 Chalice，请在打开 VS Code 后，像配置 AWS CLI 一样进入终端窗口，然后键入以下命令：

```
pip install chalice
```

根据计算机的权限，如果这样会报错，则你可能需要键入以下命令：

```
pip install --user chalice
```

就像前面使用的 AWS CLI 一样，此命令在系统上创建一个 CLI 应用程序。现在已准备好使用 Chalice 了。

使用 Chalice 很简单。它有两个主要命令：

- ❑ new-project
- ❑ deploy

要创建一个名为 tweet_escalator 的新项目，请在提示符下运行以下命令：

```
chalice new-project tweet_escalator
```

如果你查看 VS Code 中的文件夹，会看到一个名为 tweet_escalator 的文件夹，其中包含 Chalice 自动创建的一些文件。我们马上就会讨论这些文件，但先要部署一个 Hello World 的应用程序。

在终端窗口中，你会看到在运行 chalice new-project tweet_escalator 之后，你仍位于打开 VS Code 的文件夹中。要导航到 tweet_escalator 文件夹，请键入：

```
cd tweet_escalator
```

你会看到你现在位于 tweet_escalator 文件夹中：

```
c:\\mlforbusiness\ch08\tweet_escalator
```

可以键入 chalice deploy 创建一个 Hello World 应用程序：

```
c:\\mlforbusiness\ch08\tweet_escalator chalice deploy
```

然后，Chalice 将在 AWS 上自动创建 Lambda 函数，设置运行该应用程序的权限（称为 IAM 角色），并使用 AWS Gateway 配置 Rest 端点。下面是 Chalice 的流程：

- 创建部署包；
- 创建一个 IAM 角色（tweet_escalator-dev）；
- 创建 Lambda 函数（tweet_escalator-dev）；
- 创建 Rest API。

Chalice 部署的资源如下所示：

- Lambda ARN（arn:aws:lambda_us-east-1:3839393993:function:tweet_escalator-dv）
- Rest API URL

可以通过单击终端中显示的 Rest API URL 来运行 Hello World 应用程序。这么做会打开 Web 浏览器，并以 JSON 格式展示{"hello":"world"}，如图 8-20 所示。

```
https://g8lqvzw5mj.execute-api.us-east-1.amazonaws.com/api/

{"hello":"world"}
```

图 8-20　Hello World

恭喜你！API 现在已启动且开始运行，你可以在 Web 浏览器中看到输出结果。

8.6.2　创建 Hello World API

现在可以使用 Hello World 应用程序了，下面配置 Chalice 以从端点返回决策结果。图 8-21 展示了在键入 chalice new-project tweet_escalator 时，Chalice 自动创建的文件，其中包括以下 3 个重要组成部分。

- 包含配置文件的.chalice 文件夹。该文件夹中唯一需要修改的文件是 policy-dev.json 文件，该文件设置了允许 Lambda 函数调用 SageMaker 端点的权限。
- 一个 app.py 文件，其中包含了访问端点（如在 Web 浏览器中查看）时运行的代码。
- 列出了应用程序运行所需的所有 Python 库的 requirements.txt 文件。

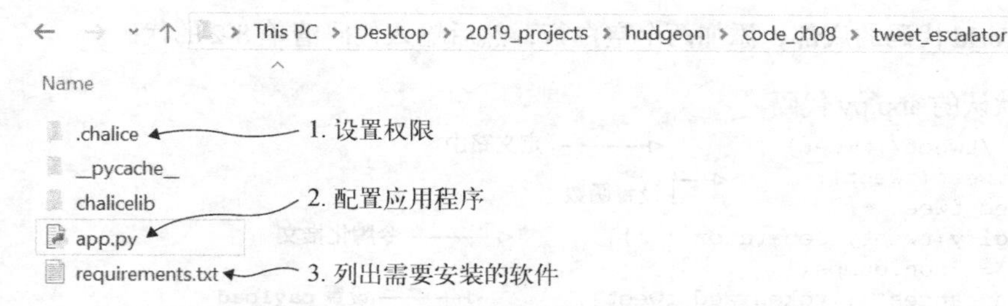

图 8-21　计算机上的 Chalice 文件夹的截图

代码清单 8-1 展示了 Chalice 自动创建的 app.py 文件中的代码。该应用程序只需要一个名称、一个路由和一个函数就可以工作。

代码清单 8-1　Chalice 的默认 app.py 代码

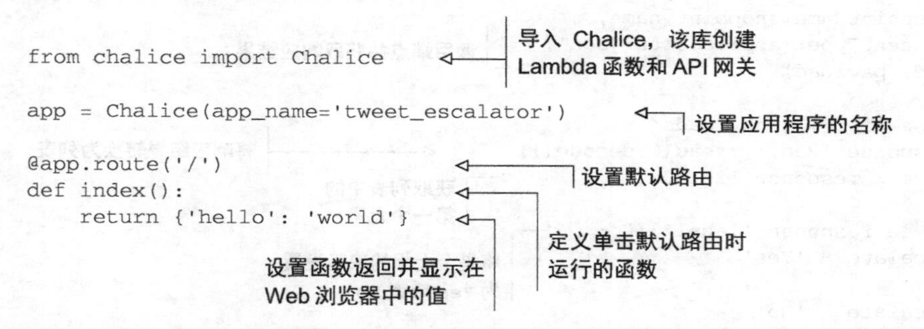

在代码清单 8-1 中，应用程序的名称（第 2 行）用于标识 AWS 上的 Lambda 函数和 API 网关的名称。路由（第 3 行）标识了运行该函数的 URL 位置。函数（第 4 行）是访问 URL 位置时运行的代码。

> **访问 URL**
>
> 访问 URL 的方法有很多。在本章中，我们将通过在浏览器的地址栏中输入 URL 来访问 URL。更常见的是，当调用 SageMaker 端点时，你会从另一个应用程序中访问 URL 位置。例如，你会在指派系统中实现一个应用程序，该应用程序会在 Naomi 的支持团队回复推文时使用。然后，该应用程序会将推文发送到 URL 位置，并读取返回的响应。最后，如果返回的响应建议将该推文上报，那么它将被路由到指派系统中的特定支持渠道。
>
> 构建这个应用程序超出了本书的范围。在本章中，你将只设置调用 SageMaker 端点的 URL 位置，并在 Web 浏览器中展示上报建议。

8.6.3　添加为 SageMaker 端点提供服务的代码

可以保留刚刚创建的 Hello World 代码，并将其作为 SageMaker 端点提供服务的代码的基础。

现在，在 Hello World 代码的底部，添加两个空白行，然后输入代码清单 8-2 的代码。

代码清单 8-2　默认的 app.py 代码

```
@app.route('/tweet/{tweet}')                          ◁—— 定义路由
def return_tweet(tweet):                         ◁┐ 设置函数
    tokenized_tweet = [
        slugify(tweet, separator=' ')]                ◁—— 令牌化推文
    payload = json.dumps(
        {"instances" : tokenized_tweet})              ◁—— 设置 payload

    endpoint_name = 'customer-support-slugify'        ◁┐
                                                       │ 标识 SageMaker 端点
    runtime = boto3.Session().client(
        service_name='sagemaker-runtime',
        region_name='us-east-1')                      ◁┐
                                                       │ 准备端点
    response = runtime.invoke_endpoint(
        EndpointName=endpoint_name,
        ContentType='application/json',               │ 调用端点并获取响应结果
        Body=payload)                                 ◁┘

    response_list = json.loads(
        response['Body'].read().decode())             ◁—— 将响应结果转换为列表
    response = response_list[0]                       ◁┐ 获取列表中的
                                                       │ 第一个元素
    if '1' in response['label'][0]:                   ◁┐
        escalate = 'Yes'                               │ 将是否上报的决策设置
    else:                                              │ 为 Yes 或者 No
        escalate = 'No'

    full_response = {                                 ◁┤ 设置完整的响应结果格式
        'Tweet': tweet,
        'Tokenised tweet': tokenized_tweet,
        'Escalate': escalate,
        'Confidence': response['prob'][0]
    }
    return full_response                              ◁—— 返回响应结果
```

就像你在代码清单 8-1 的第 3 行设置的`@app.route`一样，通过定义将要使用的路由作为代码的开始。无须像之前那样将路由定义为`/`，而是在代码清单 8-2 的第 1 行中将路由设置为`/tweet/{tweet}/`。这告诉 Lambda 函数监听访问 URL 路径/tweet/的所有内容，然后将其获取到的所有内容提交给 SageMaker 端点，例如，如果 Chalice 在以下位置为你创建一个端点：

```
https://ifs1qanztg.execute-api.us-east-1.amazonaws.com/api/
```

当你跳转到该端点时，它将返回`{"hello": "world"}`。同样，当你访问以下端点时，代码清单 8-2 的第 1 行代码会向 SageMaker 端点发送`I am angry`：

```
https://ifs1qanztg.execute-api.us-east-1.amazonaws.com/api/tweet/i-am-angry
```

代码`{tweet}`告诉 Chalice 把它在 URL 末尾获取到的所有内容都放到一个名为`tweet`的变

量中。在第 2 行的函数中，你正在使用第 1 行中的变量 `tweet` 作为该函数的输入。

第 3 行使用与 Jupyter 笔记本相同的函数来处理该推文。这样可以确保对发送到 SageMaker 端点的推文进行标准化的方法与训练模型的方法相同。第 4 行展示了 Jupyter 笔记本中的代码，它创建要发送到 SageMaker 端点的 `payload`。第 5 行是调用的 SageMaker 端点的名称。第 6 行确保端点已准备好响应发送给它的推文。第 7 行则将该推文发送到 SageMaker 端点。

第 8 行收到响应结果。SageMaker 端点的设计目标是接收推文列表并返回响应结果列表。对于本章的应用程序，你只发送了一条推文，因此第 9 行仅返回第一个结果。第 10 行将决策结果是否上报从 `0` 或 `1` 转换为 `No` 或 `Yes`。第 11 行定义了响应结果格式。第 12 行将响应结果返回到 Web 浏览器。

8.6.4 配置权限

此时，Chalice API 仍无法访问 AWS Lambda 函数。你需要授予 AWS Lambda 函数访问端点的权限。Hello World Lambda 函数无须配置权限即可工作，因为它不使用任何其他 AWS 资源。更新的函数需要访问 AWS SageMaker，否则将报错。

Chalice 提供了一个名为 policy-dev.json 的文件，用于设置权限。你可以在.chalice 文件夹中找到它，该文件夹与你刚刚使用的 app.py 文件在同一文件夹中。导航到.chalice 文件夹后，你将看到 policy-dev.json 文件。用 VS Code 打开它，并将其内容替换为代码清单 8-3 的内容。

注意 如果你不想打字或复制粘贴，可以下载 policy-dev.json 文件。

代码清单 8-3 policy-dev.json 的内容

```
{
    "Version": "2012-10-17",
    "Statement": [
        {
            "Sid": "VisualEditor0",
            "Effect": "Allow",
            "Action": [
                "logs:CreateLogStream",
                "logs:PutLogEvents",
                "logs:CreateLogGroup"
            ],
            "Resource": "arn:aws:logs:*:*:*"
        },
        {
            "Sid": "VisualEditor1",
            "Effect": "Allow",
            "Action": "sagemaker:InvokeEndpoint",    <-- 添加调用 SageMaker 端点的权限
            "Resource": "*"
        }
    ]
}
```

你的 API 现在有调用 SageMaker 端点的权限。在将代码部署到 AWS 之前，你还有一个步骤要执行。

8.6.5 更新 requirements.txt 文件

你需要指示 Lambda 函数安装 slugify，以便应用程序可以使用这个库。为此，可以将代码清单 8-4 中的内容添加到与 app.py 文件位于同一文件夹的 requirements.txt 文件中。

代码清单 8-4　requirements.txt 的内容

```
python-slugify
```

在准备好部署 Chalice 之前，更新 requirements.txt 是你需要做的最后一步。

8.6.6 部署 Chalice

最后，是时候部署代码以便访问端点了。在 VS Code 的终端窗口中，从 tweet_escalator 文件夹中，键入：

```
chalice deploy
```

这会在 AWS 上重新创建你的 Lambda 函数，其中增加了以下两点。

- 现在，Lambda 函数具有调用 SageMaker 端点的权限。
- Lambda 函数已安装了 slugify 库，因此该函数可以使用 slugify 库。

8.7 提供决策服务

总结一下，在本章中，你设置了 SageMaker 端点，在计算机上配置了 AWS，并创建和部署了 Web 端点。下面可以开始使用了。我们终于来到了最后一步：

(1) 设置 SageMaker 端点；

(2) 在本地计算机上配置 AWS；

(3) 创建一个 Web 端点；

(4) 提供决策服务。

要查看 API，请在运行 `chalice deploy` 之后单击终端窗口展示的 Rest API URL 链接，如图 8-22 所示。由于我们没有更改输出，因此仍展示 Hello World 页面，如图 8-23 所示。

```
 - Rest API URL: https://g8lqvzw5mj.execute-api.us-east-1.amazonaws.com/api/
```

图 8-22　在 Web 浏览器中用于访问端点的 Rest API URL

```
https://g8lqvzw5mj.execute-api.us-east-1.amazonaws.com/api/

{"hello":"world"}
```

图 8-23　仍然显示 Hello World 页面

要查看对推文的响应结果，你需要在浏览器的地址栏输入路由。输入的路由示例如图 8-24 所示。在浏览器地址栏的 URL 末尾（最后的/之后），键入 `tweet/the-text-of-the-tweet-with-dashes-instead-of-spaces`，然后按 Enter 键。

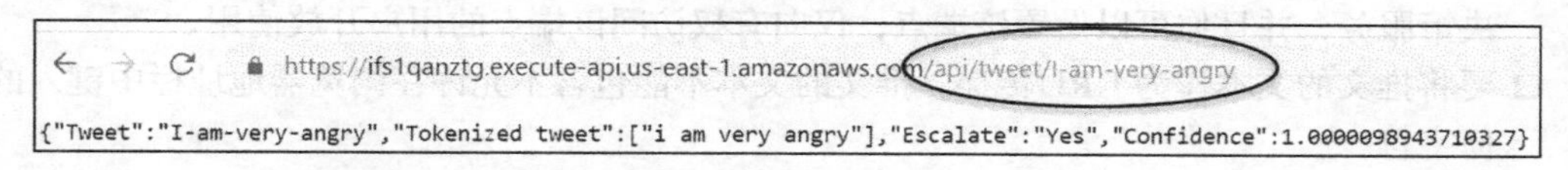

图 8-24　推文的响应结果：I am very angry（我很生气）

现在，网页上展示的响应结果将从`{"hello": "world"}`变为

```
{"Tweet":"I-am-very-angry","Tokenized tweet":["i am very angry"],
    "Escalate":"Yes","Confidence":1.0000098943710327}
```

响应结果展示从地址栏提取的推文、经过 slugify 处理后的令牌化推文、关于是否上报该推文的建议（在这个例子中，答案是 Yes），以及该建议的置信度。

要测试其他短语，只需要在地址栏中将其键入即可。例如，输入 `thanks-i-am-happy-with-your-service` 会生成图 8-25 所示的响应结果。不出所料，给出的建议是不要上报该推文。

图 8-25　推文的响应结果：thanks I am happy with your service（谢谢，我对你的服务很满意）

看到一条否定的推文［例如将“I am angry”（我很生气）变成“I am not angry”（我不生气）］的结果，这很有趣。你可能希望 API 建议不要上报，但通常并非如此。图 8-26 展示了对此推文的响应结果。可以看到它仍建议上报，但它的置信度要低得多，降到了 52%。

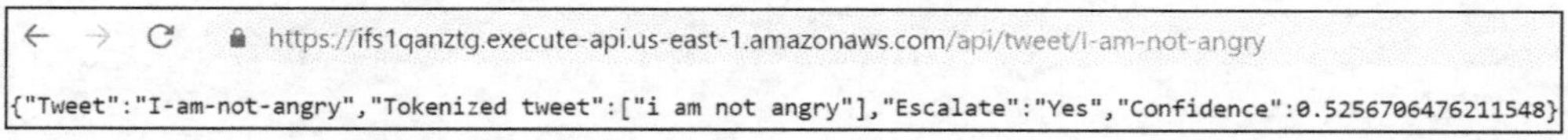

https://ifs1qanztg.execute-api.us-east-1.amazonaws.com/api/tweet/I-am-not-angry

{"Tweet":"I-am-not-angry","Tokenized tweet":["i am not angry"],"Escalate":"Yes","Confidence":0.5256706476211548}

图 8-26　推文的响应结果：I am not angry（我不生气）

要了解上报的原因，你需要查看推文的数据源。当你查看否定的推文时，会看到许多推文被标记为上报，因为否定的短语是表示沮丧的较长推文的一部分。例如，一个常见的推文模式是某人发推文：“I’m not angry, I’m just disappointed.”（我不生气，我只是失望。）

8.8　小结

- 为了在互联网上部署机器学习模型，你需要将该端点暴露给互联网。如今，你可以提供包含模型的 Web 应用程序，而不必担心设置 Web 服务器的复杂性。

- AWS Lambda 是可以按需启动的 Web 服务器，是一种更具成本效益的通过 API 提供预测的方式。
- SageMaker 端点还可以向 API 提供预测服务，然后这可用于通过 Web 向用户提供预测和决策服务，并且你可以设置该端点，仅向有权访问该端点的用户开放使用。
- 要将推文的文本作为 URL 传递，推文的文本不能包含不允许在浏览器地址栏中键入的任何字符。
- 可以使用 slugify（而非 NLTK）设置 SageMaker 端点来标准化推文。slugify 通常用于将文本转换为网站 URL。
- 可以在名为 AWS Lambda 的 AWS 无服务器技术上设置无服务器 API SageMaker 端点。为了让 AWS Lambda 知道该怎么做，你需要安装 Chalice Python 库。
- 要访问 SageMaker 端点，你的无服务器 API 必须具有访问权限。使用 Microsoft 的 VS Code，你可以通过创建访问密钥在 AWS 账户中设置证书，然后在本地计算机上设置 AWS 证书。
- 你可以在本地计算机上设置 AWS CLI 和 boto3 库，以便在本地计算机上使用 AWS 资源。
- 为了创建无服务器函数，你了解了 AWS Lambda 函数和 AWS API Gateway 服务，以及它们与 Chalice 一起使用有多么容易。
- 你部署了一个 API，该 API 返回是否将推文上报给 Naomi 支持团队的有关建议。

第 9 章

案例研究

本章要点

- ❑ 回顾本书的要点
- ❑ 两个公司如何使用机器学习来优化其业务
  - ■ 案例研究 1：在公司实施单个机器学习项目
  - ■ 案例研究 2：在公司的所有核心业务中实施机器学习

在本书，你已使用 AWS SageMaker 构建了常见业务问题的解决方案。这些解决方案涵盖了很多场景和方法。

- ❑ 使用 XGBoost 监督学习来解决审批路由的难题。
- ❑ 重新格式化数据，以便可以再次使用 XGBoost，但这次可以预测客户流失。
- ❑ 使用 BlazingText 和 NLP 技术来确定是否应将一条推文上报给支持团队。
- ❑ 使用无监督的随机裁剪森林算法来决定是否问询供应商的发票。
- ❑ 使用 DeepAR 根据历史趋势预测能耗。
- ❑ 补充天气预报和假期安排等数据集以改善 DeepAR 的预测结果。

在上一章中，你学习了如何使用 AWS 的无服务器技术在 Web 上提供预测和决策服务。下面将总结一下两家不同的公司如何在其业务中实施机器学习。

在第 1 章中，我们提出了观点：我们正处于业务生产率大幅增长的风口浪尖上，并且这种增长部分得益于机器学习。每家公司都希望提高生产率，但他们发现很难实现这一目标。在机器学习出现之前，如果一家公司想要提高生产率，就需要实施和整合一系列一流的软件或者改变其业务实践，以完全迎合其 ERP 系统的工作方式。这会大大减缓公司的变革步伐，因为其业务要么由许多不同的系统组成，要么就是一整套的系统（也就是 ERP 系统）。有了机器学习，公司可以将许多操作保留在其核心系统中，并使用机器学习来协助流程中的关键点进行自动化决策。使用这种方法，公司可以维持一个系统的坚实核心，但仍可以利用现有的最佳技术。

在第 2~7 章中，我们研究了如何在流程的特定节点上使用机器学习来做出决定（批准采购订单、重新联系有流失风险的客户、上报推文以及审核发票），以及如何使用机器学习根据历史数据和其他相关数据集（基于过去的使用情况和其他信息，如天气预报和将来临的假期）来进行预测。

我们在本章讨论的两个案例研究展示了在业务中采用机器学习时的几种不同观点。第一个案例研究关注的是一家劳务派遣公司，它使用了机器学习来自动化其求职者面试过程中的一个耗时部分。这家公司正在尝试使用机器学习，看它如何解决业务中的各种难题。第二个案例研究关注的是一家软件公司，该公司已拥有了机器学习的核心技术，但希望应用机器学习来加快更多的工作流程。下面来看看这些案例研究中的公司如何利用机器学习来优化其业务实践。

9.1　案例研究1：WorkPac

WorkPac是澳大利亚最大的私营劳务派遣公司之一。每天，成千上万的工人被外包给数千个客户。每天，为了维护一个合适的求职者资源库，WorkPac都会有团队对求职者进行面试。

面试过程可以看作一个流水线，求职者在最上层进入一个漏斗，然后随着他们往下走，被分为几个大类。招聘人员是某一特定类别的专家，他们会根据技能、经验、能力和兴趣这些元数据对求职者进行筛选。用这些筛选方法，可以为每个空缺职位找到合适的求职者。

图9-1显示了分类过程的简化视图。求职者简历进入漏斗的顶部，然后被分到不同的职位类别。

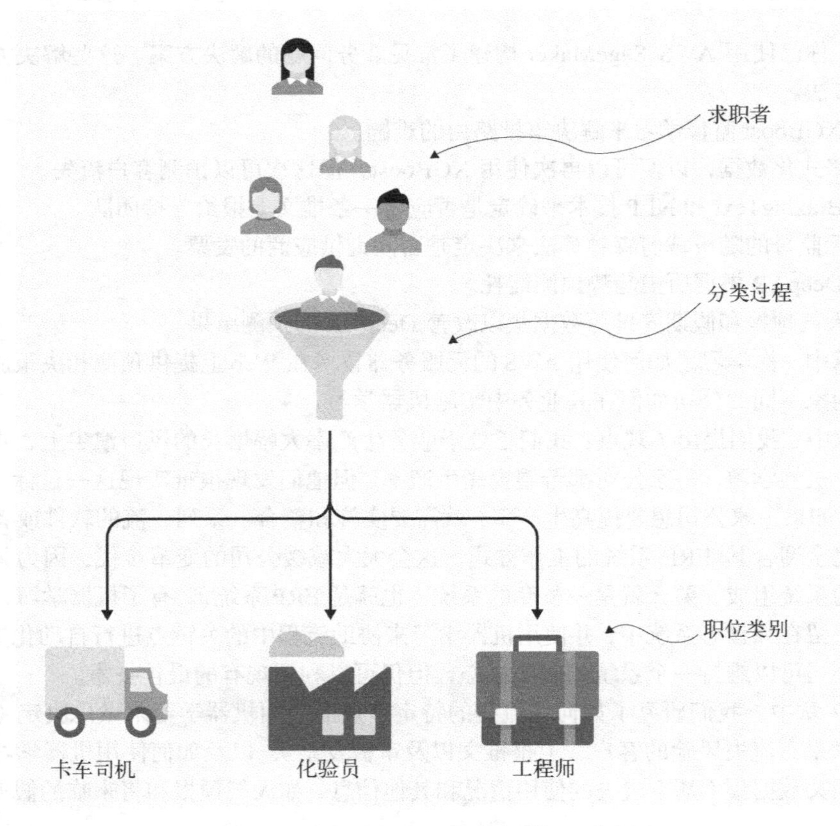

图9-1　将求职者分到不同类别的职位漏斗

自动化分类漏斗的好处可以想见，它可以腾出时间让招聘人员专注于收集有关求职者的元数据，而不是对求职者进行分类。使用机器学习模型进行分类的另一个好处是，在后续阶段，一些元数据的收集也可以自动化。

在实现机器学习应用程序之前，当求职者通过 WorkPac 的求职者门户网站提交简历时，普通的招聘人员会对简历分类，并有可能因为需要补充元数据转交给专业的招聘人员。通过这一流程后，其他招聘人员就可以找到求职者了。例如，如果求职者被归类为卡车司机，那么想要填补卡车司机职位空缺的招聘人员就可以找到他。

现在 WorkPac 已实现了机器学习应用程序，将最初的分类工作交由机器学习算法来完成。这个项目的下一阶段是实现一个聊天机器人，它可以提取一些元数据，进一步节省了招聘人员的宝贵时间。

9.1.1 项目设计

WorkPac 考虑了两种自动分类求职者的方法：

- 一个简单的求职者关键字分类系统；
- 一种对求职者进行分类的机器学习算法。

关键字分类系统风险低，但回报也低。就像第 2 章介绍的审批路由场景一样，**关键字分类**需要持续的时间和精力来识别新的关键字。举个例子，如果 Caterpillar 发布了一款名为 797F 的新型采矿卡车，那么 WorkPac 必须更新其关键字列表以将该术语与卡车司机相关联。采用机器学习方法可确保在制造商发布新车时，机器学习模型会将 797F 车与卡车司机联系起来。

机器学习方法会带来较高的回报，但也会带来较高的风险，因为这将是 WorkPac 首次交付机器学习项目。机器学习项目与标准 IT 项目不同。对于典型的 IT 项目，有定义项目和结果的标准方法。当运行一个 IT 项目时，你会事先知道最终的结果。你有一张地图，然后按照路线走到最后。但是，有了机器学习项目，你就更像一个探险家。随着你对地形了解更多，你的路线也会改变。机器学习项目需要较多的迭代和较少的先决条件。

为了帮助克服这些挑战，WorkPac 保留了 Blackbook.ai 的服务来协助他们。Blackbook.ai 是一家自动化和机器学习软件公司，该公司为其他业务提供服务。WorkPac 和 Blackbook.ai 制定了一个项目计划，通过分阶段交付解决方案，可以让他们建立起对机器学习方法的信任。该项目所经历的阶段通常是机器学习自动化项目的典型阶段。

- **第一阶段**：准备并测试模型以验证可以使用机器学习进行决策。
- **第二阶段**：在工作流程中实施概念验证（POC）。
- **第三阶段**：将流程嵌入公司的运营中。

9.1.2 第一阶段：准备并测试模型

第一阶段涉及构建机器学习模型以对现有简历进行分类。WorkPac 具有 20 多年的分类简历数据，因此他们有大量的数据可用于训练。Blackbook.ai 使用 OCR 技术从简历中提取文本，并在文本上对模型进行训练。Blackbook.ai 有足够的数据，他们可以通过在每个职位类别中选择相等数量的简历来平衡分类。在训练和调优模型后，该模型的 F 分数达到了 0.7，这是一个合适的分数。

F 分数

F 分数（也称为 F1 分数）是对机器学习模型性能的度量。在第 3 章中，你学习了如何创建一个混淆矩阵，显示假阳性和假阴性预测的数量。F 分数是总结机器学习模型结果的另一种方法。学习如何计算 F 分数的最佳方法是用例子来说明。

表 9-1 总结了机器学习算法对 50 个样本的预测结果。该算法试图预测是否应将某个特定求职者归类为卡车司机、化验员或工程师。

表 9-1　展示求职者预测结果的数据表

	预测（卡车司机）/ 位	预测（化验员）/ 位	预测（工程师）/ 位	总　计
实际的（卡车司机）	**11**	4	0	15
实际的（化验员）	4	**9**	2	15
实际的（工程师）	3	3	**14**	20
总　计	18	16	16	**50**

表格的第 1 行表明，实际情况中是卡车司机的 15 位求职者中，该算法正确地预测了 11 位卡车司机，错误地预测了 4 位化验员。该算法没有将任何卡车司机错判为工程师。同样，对于第 2 行（化验员），该算法正确地预测了 9 位化验员确实是化验员，但错误地预测了 4 位卡车司机和 2 位工程师。如果看第 1 行（实际是卡车司机），你会说 15 个预测中有 11 个是正确的，这被称为算法的**精确率**。11/15 的结果表示该算法对卡车司机的精确率约为 73%。

你还可以看数据的每一列。如果看第一列：预测结果（卡车司机），你会发现该算法预测了 18 位求职者为卡车司机。在这 18 个预测结果中，有 11 个是正确的，7 个是错误的，其中有 4 位化验员和 3 位工程师被错误地预测为卡车司机，这被称为算法的**召回率**。该算法正确地召回了 18 个预测结果中的 11 个（约为 61%）。

从这个例子中，可以看出精确率和召回率的重要性。73% 的精确率结果看起来不错，但当你考虑到只有 61% 的卡车司机的预测结果正确时，结果看起来就不那么令人满意。F 分数使用以下公式将这些数汇总为单个值：

$$((\text{精确率} \times \text{召回率}) / (\text{精确率} + \text{召回率})) \times 2$$

使用表中的值，计算结果为

$$((0.73 \times 0.61) / (0.73 + 0.61)) \times 2 \approx 0.66$$

因此第一行的 F 分数约为 0.66。请注意，如果你为多分类算法对整个表的 F 分数取平均值（如本例所示），则结果通常接近精确率。但是，查看每个类别的 F 分数对观察其中是否有完全不同的召回率结果非常有用。

在这个阶段，Blackbook.ai 开发并完善了他们的方法，用于将简历转换为可以输入其机器学习模型中的数据。在模型开发阶段，这个过程中的许多步骤是手动的，但 Blackbook.ai 计划自动执行这些步骤。在 F 分数超过 0.7 并有相应的流程自动化计划之后，Blackbook.ai 和 WorkPac 进入项目的第二阶段。

9.1.3　第二阶段：实施 POC

第二阶段涉及构建 POC，该 POC 将机器学习模型整合到 WorkPac 的工作流程中。像许多涉及机器学习的业务流程优化项目一样，这一部分比机器学习部分花费的时间更长。从风险角度来看，该项目的这一部分是一个标准 IT 项目。

在此阶段，Blackbook.ai 构建了一个工作流程，该流程将求职者上传的简历分类，然后将简历和分类结果呈现给相关业务的少数招聘人员。接着，Blackbook.ai 从招聘人员那里获取了反馈，并将他们的建议整合到工作流程中。工作流程得到批准后，他们进入了项目的最后阶段——实施和推广。

9.1.4　第三阶段：将流程嵌入公司的运营中

该项目的最后阶段是在整个 WorkPac 中推广该流程。这通常需要耗费大量时间，因为它涉及构建错误捕获机制，以便流程能在生产环境中运行，另外还涉及对员工进行新流程的培训。尽管很费时间，但此阶段的风险很低，只要第二阶段用户的反馈是积极的即可。

9.1.5　接下来的工作

现在，简历已被自动分类，WorkPac 可以构建并推出基于特定工作类型进行训练的聊天机器人，以从求职者那里获取元数据（例如工作经历和经验）。这使他们的招聘人员可以将工作重点放在最有价值的地方，而不用花费时间收集有关求职者的信息。

9.1.6　吸取的教训

机器学习项目中的耗时方面在于，需要获取数据以供模型使用。在这种情况下，数据存在于 PDF 格式的简历文档中。Blackbook.ai 无须花费时间来构建自己的 OCR 数据提取服务，而是通过使用商业简历数据提取服务来解决此问题。这样一来，他们就可以以较低的成本立即开始行动。如果这个服务的成本过高，则可以准备一个单独的业务案例，以内部应用程序代替 OCR 服务。

为了训练机器学习模型，Blackbook.ai 还需要有关现有文档的元数据。要获取此元数据，需要使用 SQL 查询从 WorkPac 的系统中提取信息，而从 WorkPac 的内部团队获取此数据非常耗时。WorkPac 和 Blackbook.ai 都同意应该在一次研讨会完成此工作，而不是随着时间的推移提出一系列请求。

9.2　案例研究 2：Faethm

Faethm 是一家以人工智能（AI）为核心的软件公司。Faethm 软件的核心是一个系统，该系统可以根据当前的员工队伍结构结合机器学习、机器人和自动化等新兴技术，预测几年后的公司会是什么样子。Faethm 的数据科学团队占到了其员工的四分之一以上。

9.2.1　AI 核心

以 AI 为核心的公司意味着什么呢？图 9-2 展示了 Faethm 平台的构建方式。请注意平台的每个方面是如何将数据向 Faethm 的 AI 引擎驱动。

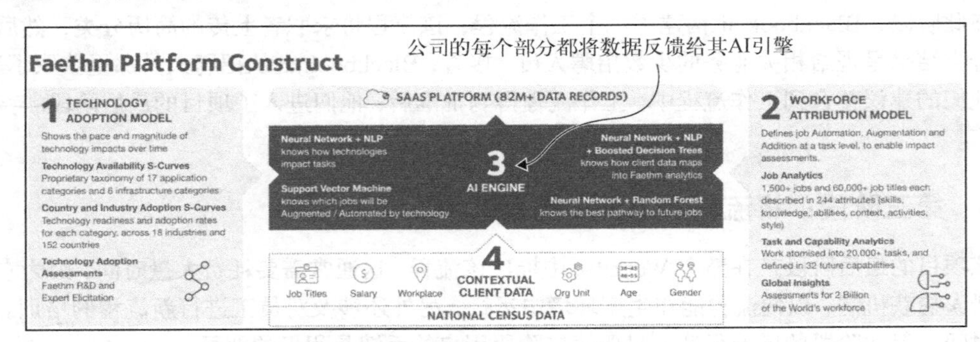

图 9-2　Faethm 运营模型的各个部分都将数据向其 AI 引擎驱动

Faethm 将其两个主要数据模型（技术采用模型和劳动力归属模型）与 AI 引擎中的客户数据相结合，以预测公司未来几年的变化。

9.2.2　使用机器学习优化 Faethm 公司的流程

这个案例研究的重点并不在于 Faethm 的 AI 引擎如何预测一家公司在未来几年的变化，而在于业务的更多运营环节：如何更快、更准确地吸引新用户？具体来说，如何才能更准确地将客户的员工与 Faethm 的职位类别进行匹配？这个过程适合 Faethm 的平台架构中展示的第 4 部分的“上下文客户数据”，如图 9-2 所示。

图 9-3 展示了一个公司的组织结构被转化为 Faethm 的职位分类。正确的职位分类很重要，因为分类后的职位会作为 Faethm 建模应用程序的起点。如果职位不能反映出客户当前的员工队伍，那么最终的结果会不正确。

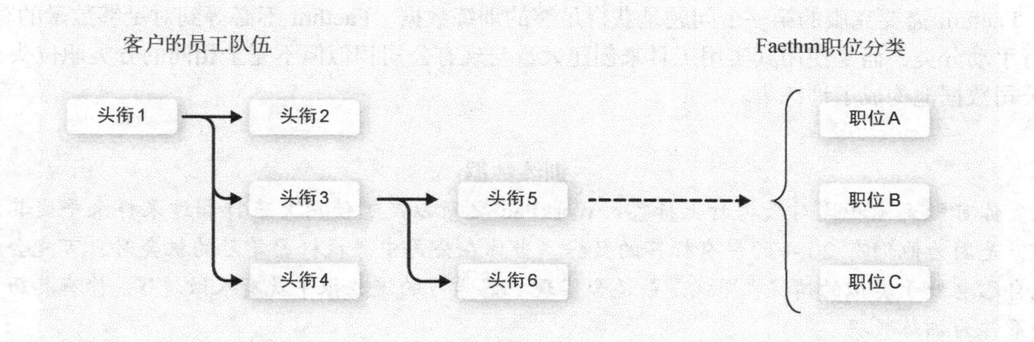

图 9-3　职位描述分类漏斗

乍一看，这与 WorkPac 面临的挑战类似，Faethm 和 WorkPac 都在对职位进行分类。关键的区别在于输入的数据。WorkPac 有 20 年有标签的简历数据，而 Faethm 只有几年的职位头衔数据。因此，Faethm 将项目分为四个阶段。

- 第一阶段：获取数据。
- 第二阶段：识别特征。
- 第三阶段：验证结果。
- 第四阶段：应用到生产环境中。

9.2.3　第一阶段：获取数据

Faethm 在 2017 年开始运营时，团队手动将客户的职位头衔数据归类。随着时间的推移，它开发了一些实用工具来加快这一过程，但对新客户的职位头衔进行分类仍需要专家等人员手动进行。Faethm 希望利用其丰富的机器学习专业知识来自动化这个过程。

Faethm 决定使用 SageMaker 的 BlazingText 算法。这在一定程度上是由于需要 BlazingText 通过子词创建向量来处理未收录词。

什么是未收录词

如第 4 章所述，BlazingText 将单词转换成名为**向量**的数字字符串。向量不仅代表一个单词，而且还代表它所处的不同上下文。如果机器学习模型仅能根据已有的全部单词创建向量，那么它对于没有出现过的单词就无能为力。

对于职位头衔，很多单词可能不会出现在训练数据中。例如，可以训练该模型来识别胃肠病学家（gastroenterologist）和神经系放射学家（neuroradiologist），但是当它遇到胃肠放射科学家（gastrointestinal radiologist）时可能会发懵。例如，BlazingText 的子词向量使该模型可以处理胃肠放射科学家之类的词，因为这些词是根据 gas、tro、radio 和 logist 创建的向量，即使这些术语只是基于该模型训练的词的子词。

Faethm 需要克服的第一个问题是获得足够的训练数据。Faethm 不必等到对足够数量的客户进行手动分类，而是使用其实用工具来创建大量与现有公司相似但不完全相同的分类职位头衔。其公司数据池构成了训练集。

训练数据

你可能无须担忧对数据打上标签。WorkPac 之所以能够使用欠采样和过采样来平衡其类别，是因为他们有 20 年的带有标签的数据。当你在公司中寻找机器学习的机会时，可能会发现自己也处于类似的情况，那就是最适合实现机器学习的流程很早就有人做过了，你有其历史决策作为训练数据。

Faethm 数据的另一个复杂之处在于其类别的不平衡。他们归类为某些头衔的工作岗位有数百个样本（例如，运营经理），而其他只有一个样本。为了解决这种不平衡的问题，Faethm 调整了每个类别的权重（就像你在第 3 章中使用 XGBoost 所做的那样）。现在，有了庞大的有标签的数据集，Faethm 可以开始构建模型了。

9.2.4　第二阶段：识别特征

一旦有了数据，Faethm 就会查看其他将可能对职位头衔进行角色分类的特征。在模型中发现的两个重要特征是行业和薪资。例如，咨询公司或银行的分析师通常与矿业公司的分析师角色不同，年收入 50 000 美元的运营经理与年收入 250 000 美元的运营经理角色也不尽相同。

通过请求每个员工的经理提供匿名的 employee_id，Faethm 能构建两个额外的特征：首先，每个职位都有直接下属的员工比例；其次，每个职位都有需要向其管理者汇报的员工比例。这两个特征的加入使准确率进一步得到了显著提高。

9.2.5　第三阶段：验证结果

在 SageMaker 中构建模型后，Faethm 能够自动将客户的员工队伍进行职位分类，以作为 Faethm 预测模型的输入。Faethm 随后对员工队伍进行了人工分类，并识别出异常情况。经过几轮调优和验证，Faethm 能够将流程应用到生产环境中。

9.2.6　第四阶段：应用到生产环境中

在生产环境中应用该算法只是用机器学习算法替代了人类决策。Faethm 的专家没有做出决定，而是把时间花在验证结果上。因为验证所需时间比分类所需时间少，所以他们的工作效率也得到了极大的提高。

9.3 结论

在案例研究中，你沿着一家刚刚开始机器学习的公司来到了一家将机器学习整合到内部方方面面的公司。本书的目的是为你提供在业务中使用机器学习的上下文和技能。

在整本书中，我们提供了一些示例，说明了如何将机器学习应用到业务活动中的决策点，从而不用让人参与其中。与基于规则的编程相比，通过使用机器学习应用程序而非人工进行决策，你可以获得双重好处，即结果更加一致并且更稳健。

本章展示了当今使用机器学习的公司对机器学习的不同观点。在你的公司中，以下每种观点都有助于评估你应解决的问题和原因。

9.3.1 观点 1：建立信任

WorkPac 和 Blackbook.ai 确保项目有可实现且可衡量的结果，并在整个项目过程中分块交付。这些公司还确保他们定期汇报进度，并在每个阶段都不做过高的承诺。这种方法使项目无须 WorkPac 的执行团队信心高涨就可以启动。

9.3.2 观点 2：正确获取数据

有两种理解**正确获取数据**的方式。这两种方式都很重要：理解该短语的第一种方式是，数据需要尽可能地准确和完整；第二种方式是，你需要正确构建提取数据并将其输入机器学习流程的整个过程。

当进入生产环境时，你需要能够将数据无缝地输入模型中。考虑一下如何执行此操作，如果可能，请在训练和测试过程中进行设置。如果你在开发过程中自动从源系统中提取数据，那么该过程会在进入生产环境时经过充分测试以确保稳健。

9.3.3 观点 3：设计操作模式以充分利用机器学习能力

一旦能在公司中使用机器学习，你就应该考虑如何在尽可能多的地方使用此功能，以及如何让尽可能多的事务通过模型来处理。Faethm 在考虑一项新计划时的第一个问题可能是，这如何为其 AI 引擎提供支持？在公司中，你寻找新的商机时会想问：“这个新的机会如何融入我们现有的模式，或者如何用来增强我们现有的能力？”

9.3.4 观点 4：在各个方面都使用了机器学习后，你的公司看起来怎么样

当公司从第一个机器学习项目发展到在各个方面使用机器学习时，会看起来大不相同，尤其是公司的员工队伍会发生变化。为这一变革做好准备的员工队伍是公司成功的关键。

介绍了这些观点和本书各章的技能之后，我们希望你准备好了应对自己公司的流程。如果答案是肯定的，那么我们已经完成了目标，祝你一切顺利。

9.4　小结

- 你与 WorkPac 公司一起开始了他们的第一个机器学习项目。
- 你看到了 Faethm 这家经验丰富的机器学习公司如何将机器学习融入其另一个流程中。

附录 A

注册 AWS

AWS 是 Amazon 的云服务。在撰写本书时，它在云服务市场上的份额超过了 Microsoft 和 Google 这两个最大的竞争对手。

AWS 包含大量服务，从服务器到存储，再到用于识别文本和图像的专用机器学习应用程序。实际上，使用云服务最困难的一个方面是了解每个组件的功能。我们鼓励你探索 AWS 服务的广度，但本书仅使用其中两个：S3（AWS 的文件存储服务）和 SageMaker（AWS 的机器学习平台）。

本附录将指导设置 AWS 账户，附录 B 将指导你设置和使用 S3，附录 C 将指导你设置和使用 SageMaker。如果你已有 AWS 账户，请跳过本附录并转到附录 B，附录 B 将向你展示如何配置 S3。

你需要提供你的信用卡号才能获得 AWS 账户，但除非你超过免费套餐限制，否则无须付费。

注意 你应该能够在不超出为新账户提供的免费套餐限制的情况下完成本书的所有练习。

A.1 注册 AWS

要注册 AWS，请访问 AWS 网站。

来到这里以后，单击 Sign Up 并浏览提示。第一个表单（要求你提供电子邮件地址、密码和用户名，如图 A-1 所示。

图 A-1 创建 AWS 账户：步骤 1（输入电子邮件地址、密码和用户名）

接下来，选择一种账户类型（本书使用 Personal）并输入其他详细信息，如图 A-2 所示。

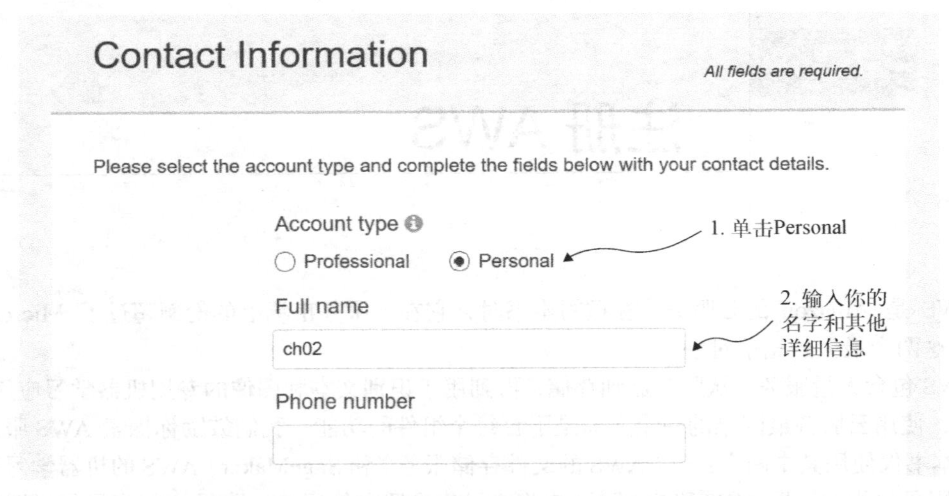

图 A-2　创建 AWS 账户：步骤 2（选择账户类型）

接下来，输入你信用卡的详细信息，如图 A-3 所示。

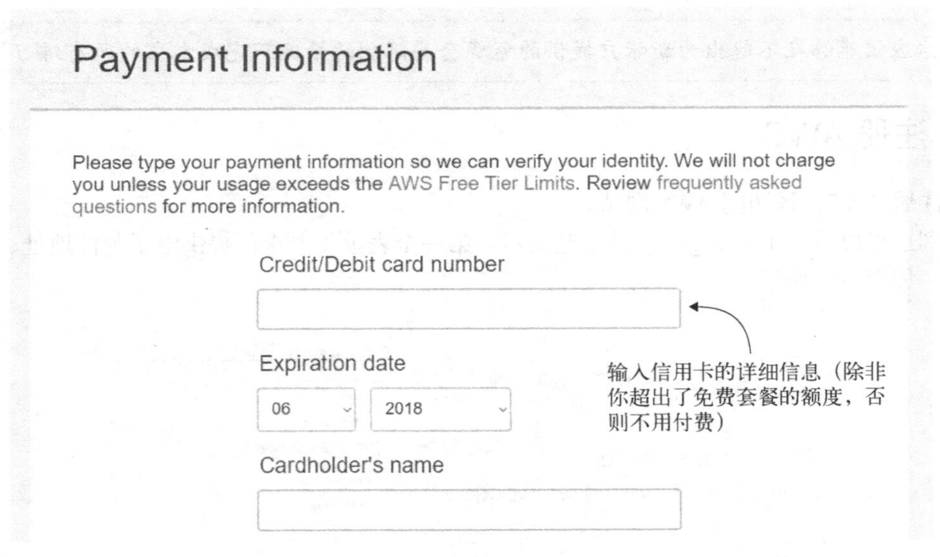

图 A-3　创建 AWS 账户：步骤 3（输入信用卡的详细信息）

下一页的表单与验证你的账户有关。作为计算服务提供商，精通技术的用户或许会尝试免费获得 AWS 服务。因此，验证过程包括几个步骤。第一步验证是通过键入令人讨厌的显示字符进行安全检查，如图 A-4 所示。

Phone Verification

AWS will call you immediately using an automated system. When prompted, enter the 4-digit number from the AWS website on your phone keypad.

Provide a telephone number

Please enter your information below and click the "Call Me Now" button.

1. 提供你的电话号码

Phone number Ext

Security Check

nyp63w

Please type the characters as shown above

2. 输入安全验证字符

Call Me Now

图 A-4 验证你的账户信息：匹配验证码

单击 Call Me Now 开始第二个验证步骤，在此你将收到来自 AWS 的自动呼叫。它将要求你键入页面上显示的 4 位数字，如图 A-5 所示。

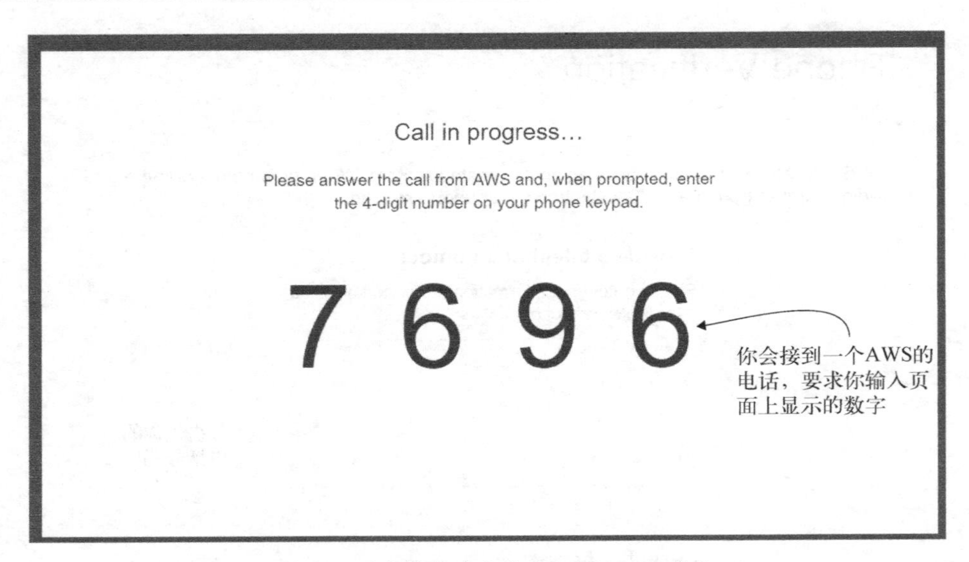

图 A-5　验证你的账户信息：输入 4 位数字

你现在已通过验证，可以继续进行下一步，如图 A-6 所示。

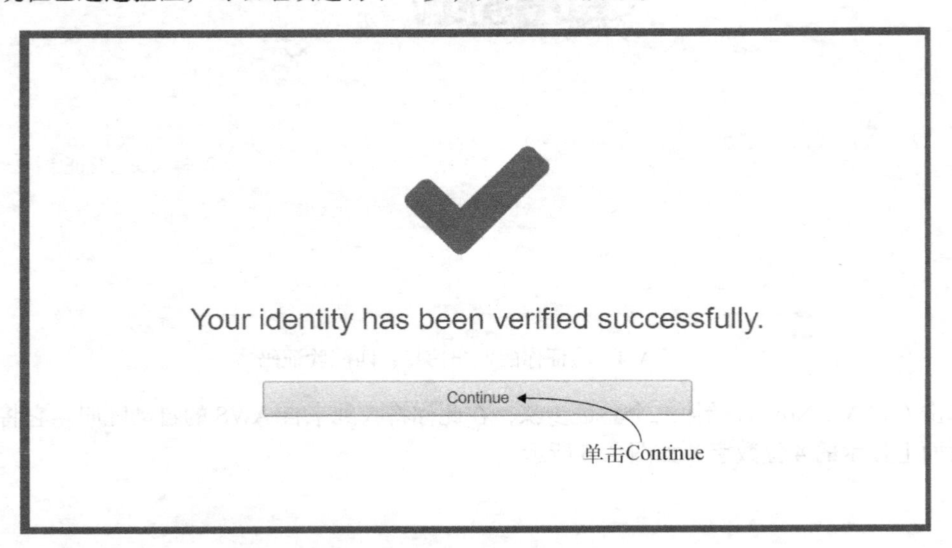

图 A-6　创建 AWS 账户：步骤 4（身份验证确认）

接下来，选择你所需的计划，如图 A-7 所示。免费计划足以满足本书的学习需求。

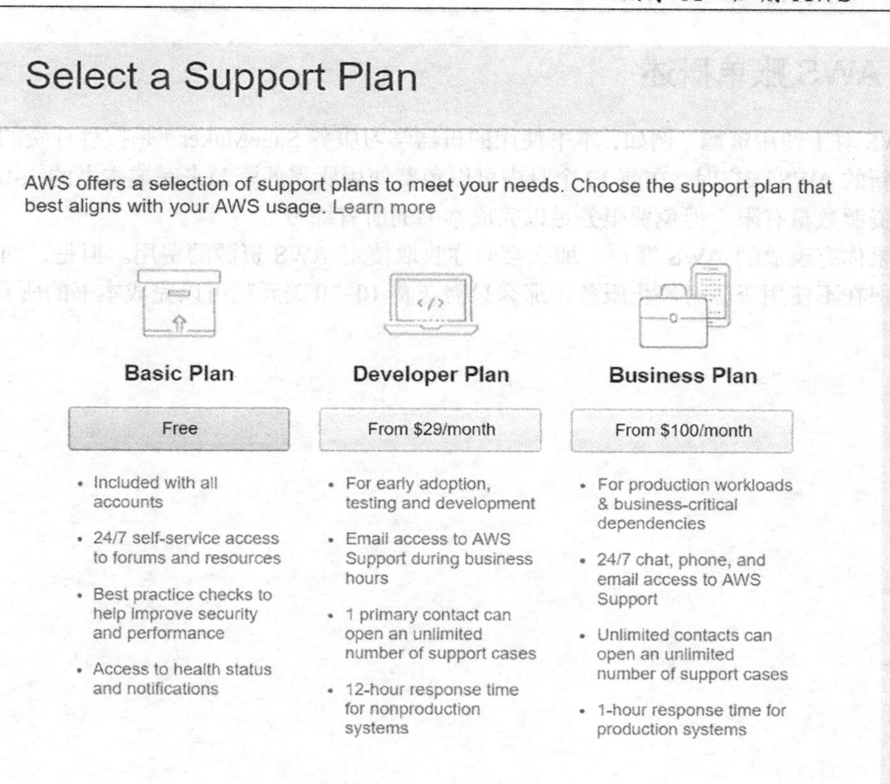

图 A-7　创建 AWS 账户：步骤 5（选择一个支持计划）

恭喜，你现在已完成了注册，如图 A-8 所示。在你登录 AWS 控制台并转向附录 B，以了解如何设置 S3 和 SageMaker 之前，先来看一下 AWS 的收费。

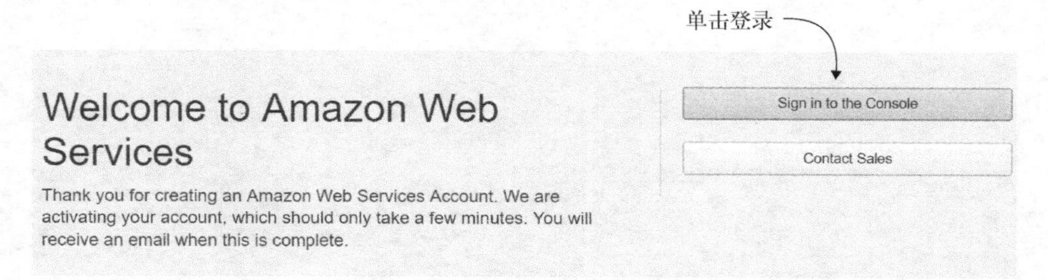

图 A-8　创建 AWS 账户：成功

A.2　AWS 账单概述

AWS 对于使用资源（例如，本书使用的机器学习服务 SageMaker）是按秒计费的。当你注册了一个新的 AWS 账户时，在前 12 个月内可以免费使用所需的资源来完成本书的练习。虽然可以使用的资源数量有限，但免费服务足以完成本书的所有练习。

如果你有现成的 AWS 账户，那么会向你收取使用 AWS 资源的费用。但是，如果你谨慎使用以确保在不使用资源时停止服务，那么只需花费 10~20 美元就可以完成本书的所有练习。

附录 B 设置并使用 S3 以存储文件

S3 是 AWS 的文件存储系统。在本书，你将使用 S3 来存储机器学习数据文件以及在 SageMaker 中创建机器学习模型后的数据文件。本附录将向你介绍如何设置一个存储桶来保存本书中的示例代码。

注意 如果你尚未注册 AWS，请转到附录 A，该附录提供了有关如何执行此操作的详细信息。

要登录 AWS 控制台，请访问 AWS 网站，输入你的电子邮件地址和密码。登录后，你将看到一个 AWS 标题。在 AWS 下的文本框中，键入 S3 以查找 S3 服务，然后按键盘上的 Enter 键。

AWS 使用**存储桶**的概念来确定你存储文件的位置。来到 S3 后要做的第一件事是，设置一个存储桶来存储本书中的文件。如果你已创建了存储桶，那么在转到 S3 后应该会看到一个显示存储桶的存储桶列表，如图 B-1 所示。

图 B-1 S3 中用来存储本书中用到的代码和数据的存储桶列表

你将在此存储桶中为本书中使用的每个数据集创建一个文件夹。这对你后面的所有工作来说是个好习惯：使用存储桶根据用户访问权限来区分工作内容；使用文件夹来区分数据集。

B.1 在 S3 中创建和设置存储桶

你可以将存储桶视为目录中的顶层文件夹。AWS 之所以将它们称为存储桶，是因为它们在全球范围内是唯一的。这意味着你的存储桶不能与其他人创建的存储桶同名。这样做的好处是，每个存储桶都可以在 Web 上分配唯一的地址，并且任何知道存储桶名称的人都可以跳转到该存储桶（当然，你需要先授予他们访问存储桶的权限，然后才能访问该存储桶或查看其中的内容）。第一次在新账户中打开 S3 服务时，系统会通知你，你没有任何存储桶，如图 B-2 所示。

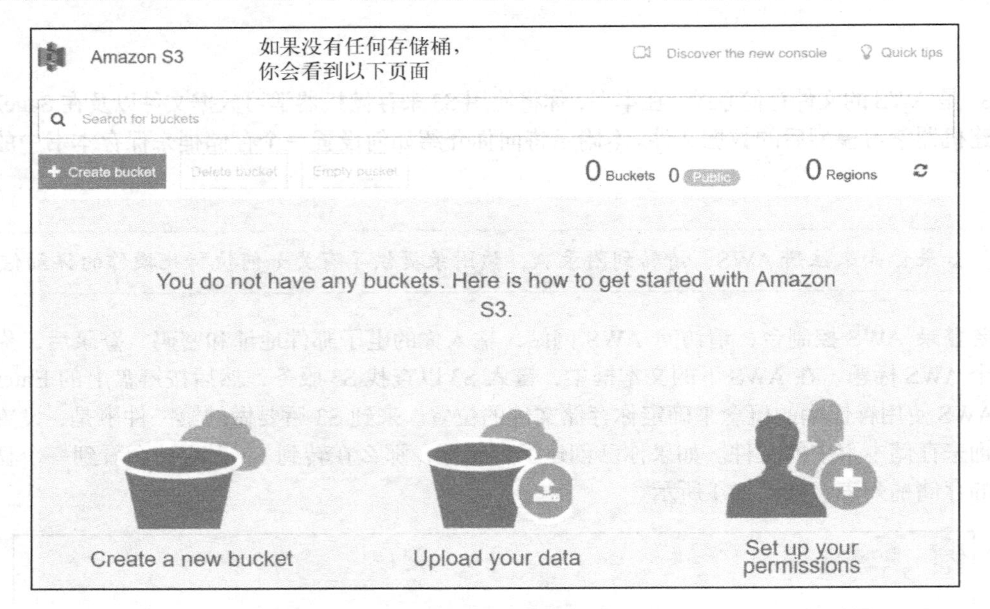

图 B-2 你创建存储桶之前的 S3 控制面板

要创建第一个存储桶，请单击 Create Bucket。现在，要求你提供有关存储桶的信息。向导将引导你完成 4 个步骤：

- ❑ 命名存储桶；
- ❑ 设置存储桶的属性；
- ❑ 设置权限；
- ❑ 查看设置。

B.1.1　步骤 1：命名存储桶

图 B-3 显示了向导的步骤 1，该步骤可帮助创建存储桶。

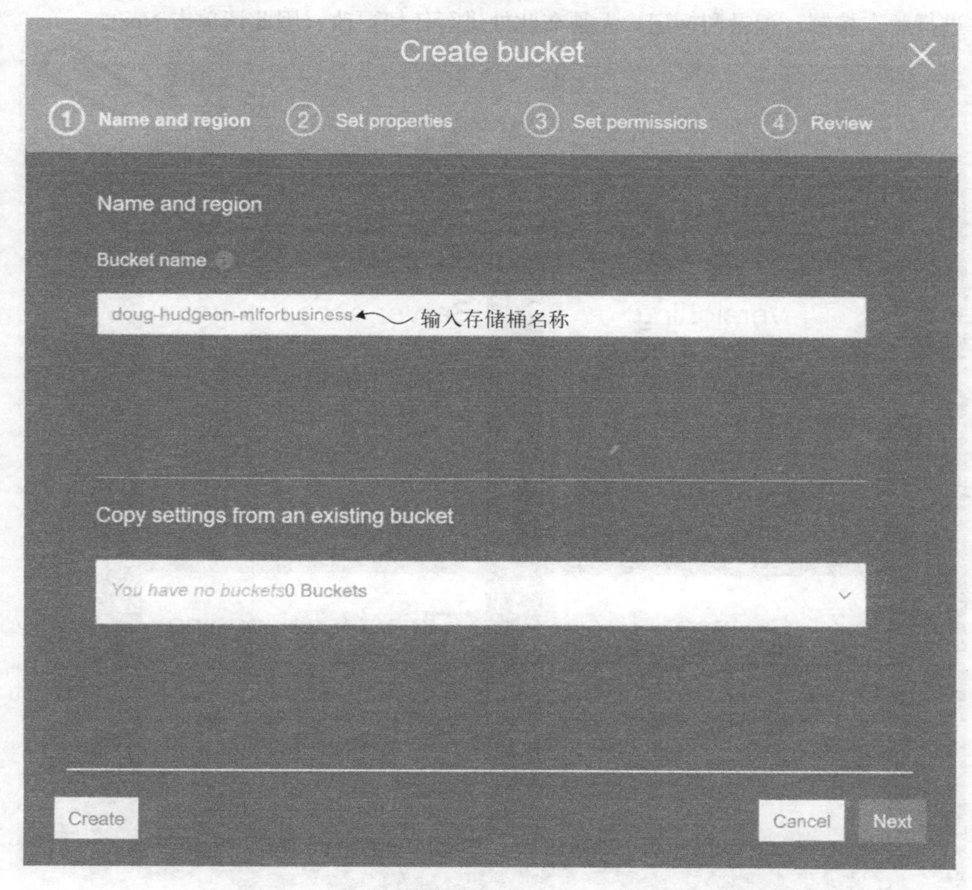

图 B-3　创建存储桶向导的步骤 1：命名存储桶

在此步骤中，你将为存储桶命名，并设置其相关信息。在本书中，出于练习的目的，创建一个唯一的存储桶名称（如你的名字），后面跟着 mlforbusiness。如果有人已经创建了一个具有相同名称的存储桶，那么可能需要在你的名字后面加上一些随机数。

注意　存储桶的名称只能包含可以显示在有效网址中的字符。这意味着它不能包含空格。通常也使用连字符（-）分隔单词。

B.1.2　步骤 2：设置存储桶的属性

接下来需要为存储桶设置属性，图 B-4 展示了步骤 2。在这里，你可以说明如何对存储桶中的文件进行版本控制、记录和标记。无须在此处进行任何更改，因此请单击 Next。

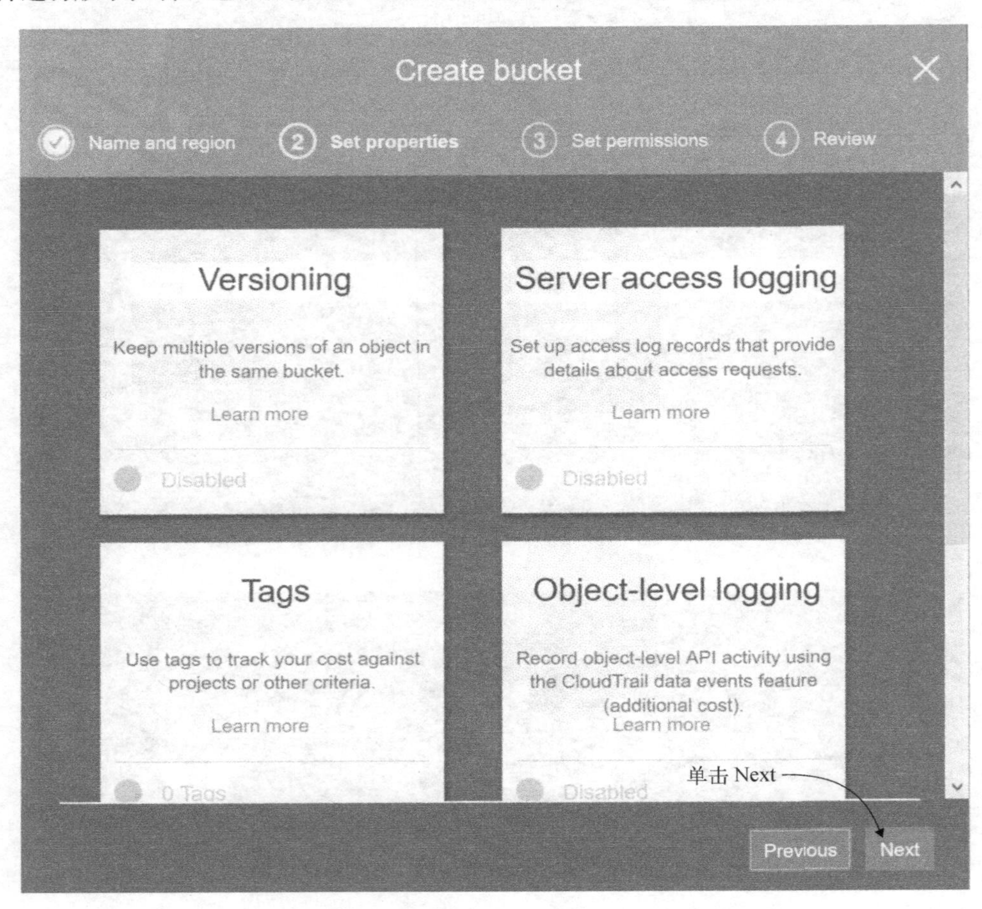

图 B-4　创建存储桶向导的步骤 2：设置属性

B.1.3　步骤 3：设置权限

权限使你可以指定谁可以访问你的存储桶，图 B-5 显示了步骤 3。在大多数情况下，你可能只希望自己访问存储桶，因此可以保留默认设置的权限。同样单击此页面上的 Next。

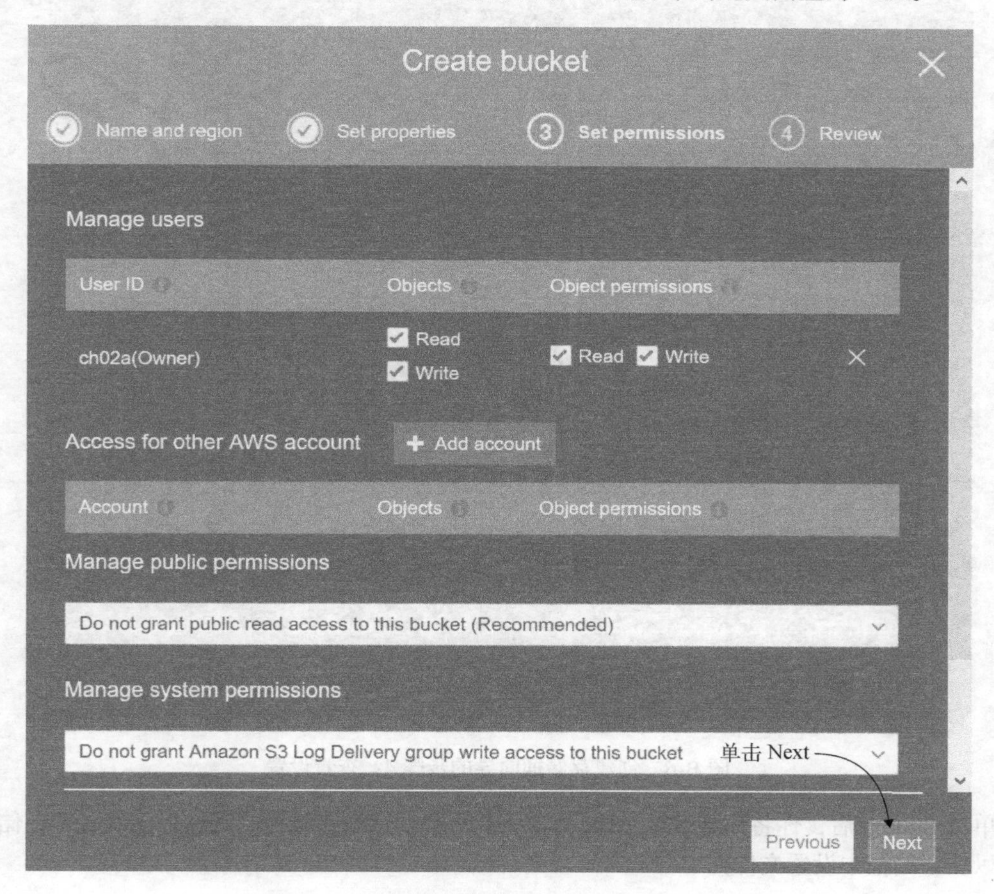

图 B-5　创建存储桶向导的步骤 3：设置权限

B.1.4　步骤 4：查看设置

在这里，你可以检查设置并进行任何必要的更改，如图 B-6 所示。如果你按照之前的说明进行操作，则无须进行任何更改，因此请单击 Create bucket。

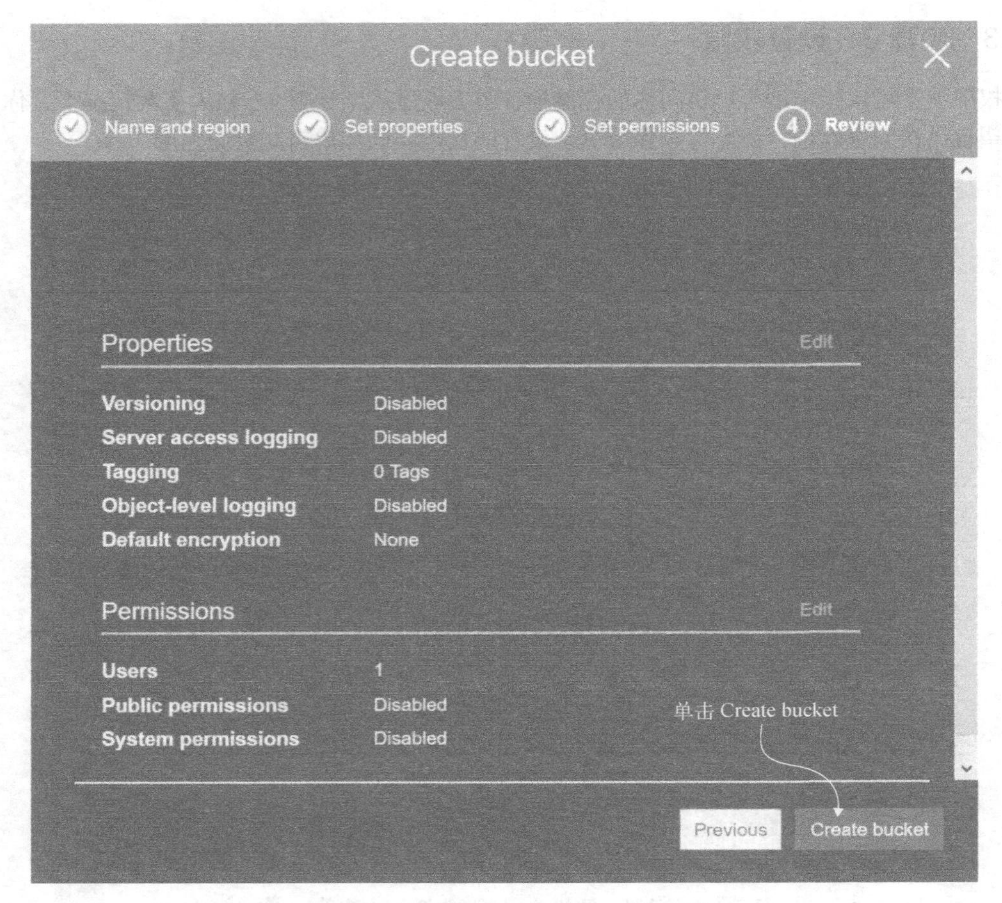

图 B-6　创建存储桶向导的步骤 4：查看设置

单击 Submit 后，你将回到 S3。图 B-7 显示了刚刚创建的存储桶。既然你已设置了存储桶，就可以在存储桶中设置文件夹了。

图 B-7　S3 中包含你刚刚创建的存储桶的存储桶列表

B.2 在S3中设置文件夹

上一节创建了一个存储桶来保存本书的所有文件和代码。本节将设置一个文件夹来保存第2章的文件和代码。一旦你掌握了这些要点，就可以轻松地为其他章设置文件夹了。

你可以将S3中的存储桶视为顶层文件夹。你将在此附录中创建的文件夹是该顶层文件夹的子文件夹。

在本书中，你在描述存储桶的内容时会看到诸如“文件夹”之类的术语，但该术语并不完全准确。实际上，在S3存储桶中没有文件夹之类的东西。只是在用户界面里看起来如此，但S3存储桶实际上并没有分层存储。

更准确地说，S3中的存储桶是你可以轻松限制访问的Web位置。S3存储桶中的每个文件都位于存储桶的顶层。在S3中创建文件夹时，它看起来像一个文件夹，但它只是存储在存储桶顶层的文件，其命名方式类似于文件夹。

例如，在本附录设置的存储桶中，你会创建一个名为ch02的文件夹，并将一个名为orders_with_predicted_value.csv的文件放入其中。实际上，你只是在存储桶中创建具有该名称的文件。若要使用更准确的术语，文件名是**键**，文件内容是**值**。因此，存储桶只是一个存储键/值对的Web位置。

你将在刚刚创建的存储桶中为你所使用的每个机器学习数据集创建一个单独的文件夹。首先，单击Create bucket，然后单击Create folder并将其命名为ch02，如图B-8所示。

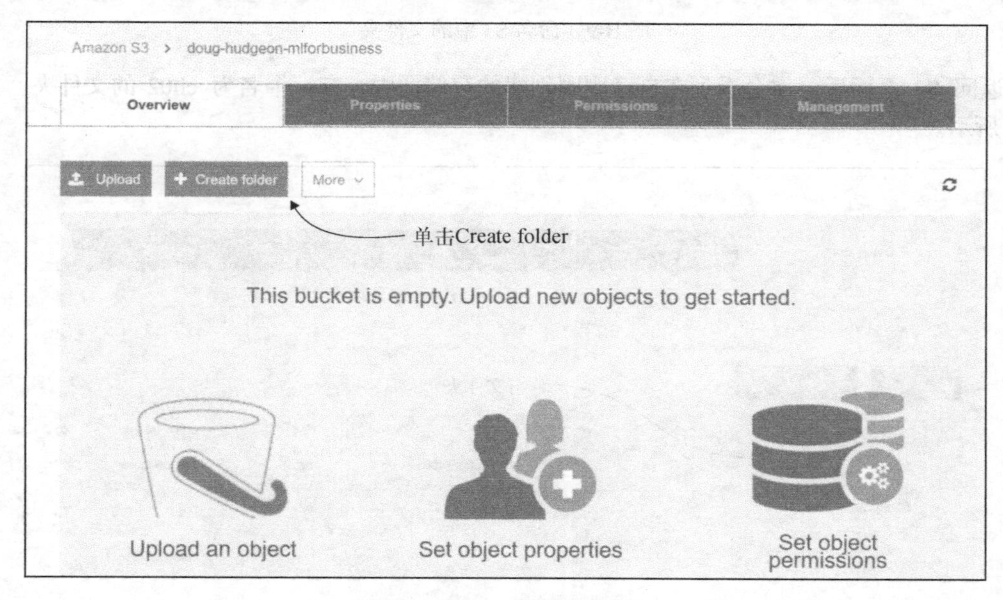

图B-8 在S3中创建文件夹

为存储桶命名后，请单击Save，如图B-9所示。

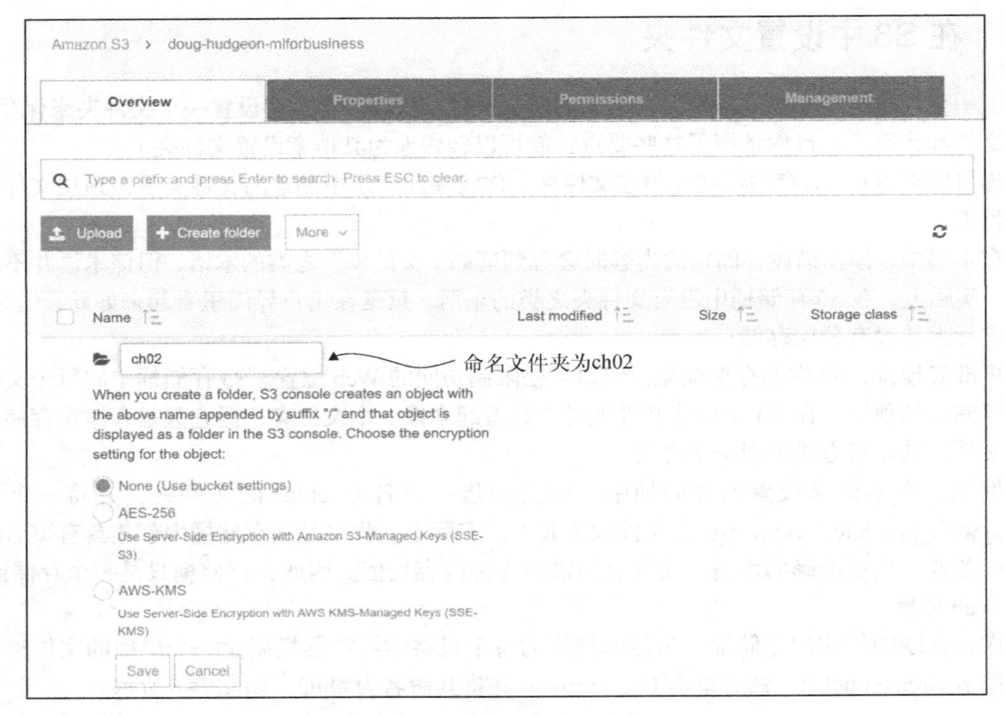

图 B-9　命名 S3 中的文件夹

返回 S3 页面后，你会看到在自己刚刚创建的存储桶中，有一个名为 ch02 的文件夹，如图 B-10 所示。

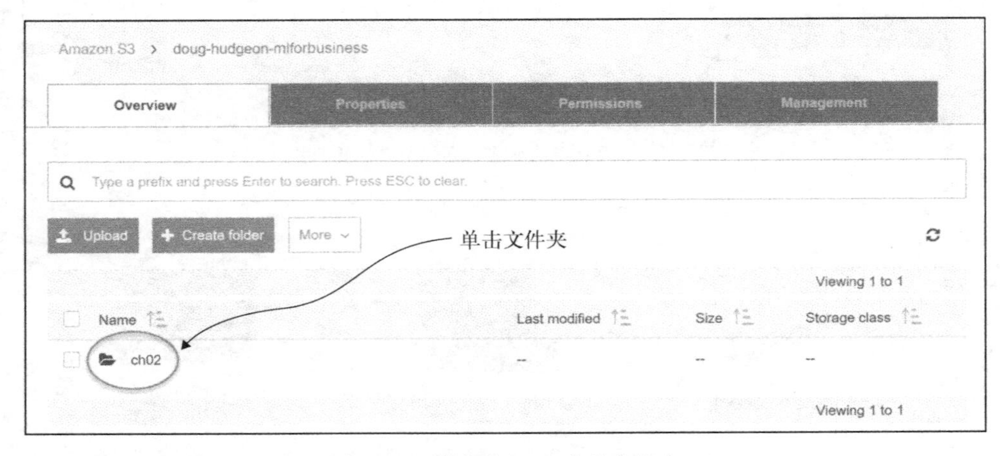

图 B-10　单击进入 S3 中的文件夹

现在你已在 S3 中设置好了文件夹，可以上传数据文件并开始在 SageMaker 中设置预测模型了。

B.3　将文件上传到 S3

要上传数据文件，请在单击文件夹后，下载数据文件。

然后单击 Upload，将其上传到 ch02 文件夹，如图 B-11 所示。

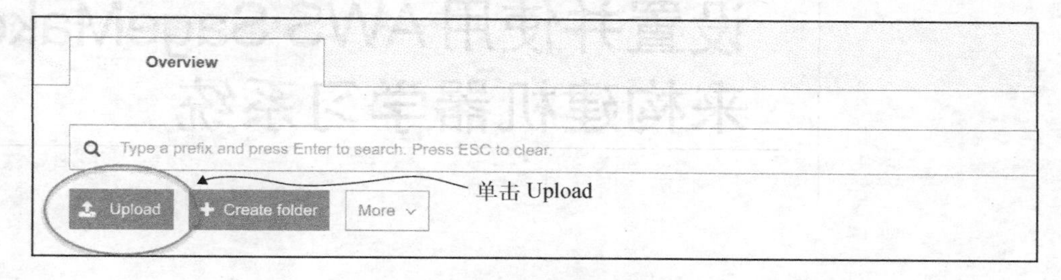

图 B-11　上传数据至 S3

上传文件后，它将出现在 S3 中，如图 B-12 所示。

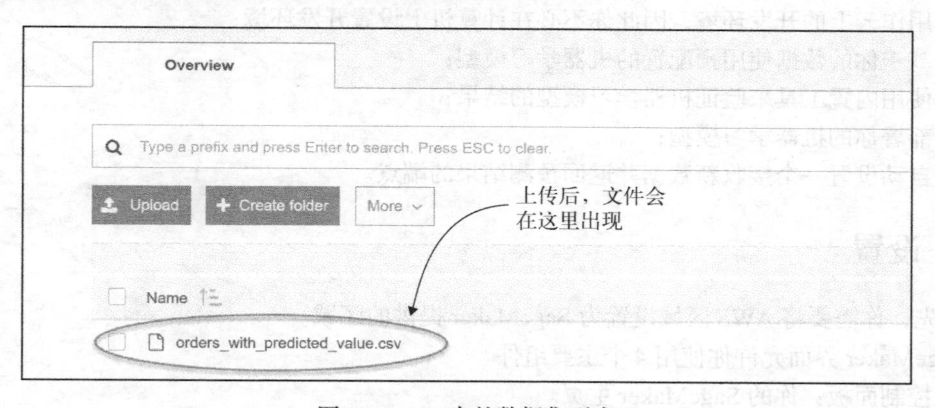

图 B-12　S3 中的数据集列表

在附录 C 中，你将学习如何设置 AWS SageMaker。

附录 C

设置并使用 AWS SageMaker 来构建机器学习系统

SageMaker 是 Amazon 用于构建和部署机器学习模型的环境。让我们看一下它提供的功能。SageMaker 具有革命性，因为它

- 用作云上的开发环境，因此你不必在计算机上设置开发环境；
- 基于你的数据使用预配置的机器学习模型；
- 使用内置工具来验证机器学习模型的结果；
- 部署你的机器学习模型；
- 自动设置一个接收新数据并返回预测结果的端点。

C.1 设置

首先，你需要将 AWS 区域设置为 SageMaker 提供的区域。

SageMaker 界面允许你使用 4 个主要组件。

- **控制面板**：你的 SageMaker 主页。
- **笔记本实例**：承载笔记本的 EC2 服务器。
- **模型**：你在 Jupyter 笔记本中创建的机器学习模型。
- **端点**：托管模型并允许你进行预测的 EC2 服务器。

首先将设置 SageMaker 来处理数据。下一节将指导你完成此操作。然后，在第 2 章中，你将了解如何开始使用 SageMaker 以及如何上传要使用的文件；还将学习如何访问该文件。

C.2 从控制面板开始

当你第一次导航到 SageMaker 服务时，你会看到一个工作流程，其中包含一个橙色按钮，显示 Create Notebook Instance。单击它来设置服务器以运行 Jupyter 笔记本。

C.3　创建笔记本实例

图 C-1 显示了设置笔记本实例所需完成的字段。第一个字段设置你的笔记本实例名称。在本书各章，你将使用相同的实例名称——mlforbusiness。

Notebook instance settings

Notebook instance name

为笔记本实例输入一个名称

Maximum of 63 alphanumeric characters. Can include hyphens (-), but not spaces. Must be unique within your account in an AWS Region.

Notebook instance type

ml.t2.medium

选择ml.t2.medium

IAM role

Notebook instances require permissions to call other services including SageMaker and S3. Choose a role or let us create a role with the **AmazonSageMakerFullAccess** IAM policy attached.

AmazonSageMaker-ExecutionRole-20181104T065503

创建一个新的IAM角色来运行笔记本实例

Custom IAM role ARN

arn:aws:iam::YourAccountID:role/YourRole

VPC - *optional*

Your notebook instance will be provided with SageMaker provided internet access because a VPC setting is not specified.

No VPC

Lifecycle configuration - *optional*

Customize your notebook environment with default scripts and plugins.

No configuration

Encryption key - *optional*

Encrypt your notebook data. Choose an existing KMS key or enter a key's ARN.

No Custom Encryption

Volume Size In GB - *optional*

Your notebook instance's volume size in GB. Minimum of 5GB. Maximum of 16384GB (16TB).

5

图 C-1　要创建新实例，你需要填写 3 个信息字段：实例名称、实例类型和 IAM 角色。

接下来是笔记本实例类型（将运行 Jupyter 笔记本的 AWS 服务器的类型）。这会设置笔记本将使用的服务器的大小。对于你将在本书中使用的数据集，中型服务器就足够了，因此选择 ml.t2.medium。

第三个设置是 IAM 角色。最好创建一个新角色来运行你的笔记本实例。单击 Create New Role，通过选择带有该标签的选项，授予其访问任何 S3 存储桶的权限，然后单击 Create Role。之后，其他都可以选择默认值。

AWS 和资源

AWS 服务器具有各种性能选项。除非你采用免费套餐（注册后即可使用 12 个月），否则 AWS 会向你收取使用计算机资源的费用，其中包括 AWS 服务器。幸运的是，它们按秒收费。但你可能想要确保使用最小的服务器。

对于本书的练习，ml.t2.medium 服务器足以处理我们的数据集。在撰写本文时，此服务器的成本低于每小时 0.05 美元。

C.4　启动笔记本实例

现在，你会在列表中看到笔记本实例。当 SageMaker 为你设置 EC2 服务器时，状态显示挂起的时间约 5 分钟。为避免来自 AWS 的意外费用，请记住回到这里，并在 EC2 服务器准备就绪后单击 Actions 下显示的 Stop 链接。

当你看到 Actions 下出现 Open 时，请单击它，Jupyter 笔记本在另一个选项卡中启动。你距离完成（第一个）机器学习模型仅几步之遥。

C.5　将笔记本上传到笔记本实例

笔记本实例启动后，你会看到一个目录表，其中包含几个文件夹。这些文件夹包含样本 SageMaker 模型，但我们现在不再关注这些。相反，如图 C-2 所示，通过单击 New 并在下拉菜单底部选择 Folder，创建一个新文件夹来保存本书的代码。

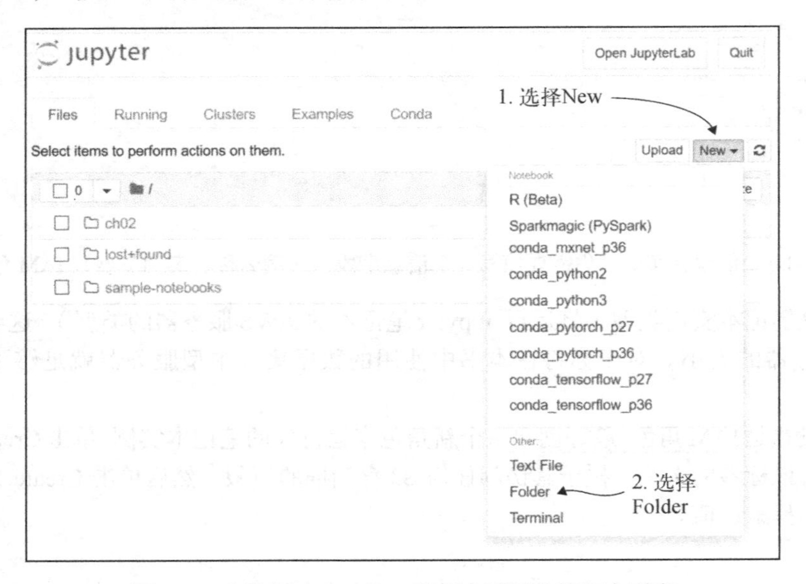

图 C-2　在你的 SageMaker 实例中可用的笔记本列表

勾选 Untitled Folder 旁边的复选框时，会出现 Rename 按钮。单击此按钮并将文件夹名称更改为 ch02，然后单击 ch02 文件夹以查看空的笔记本列表。图 C-3 显示了空的笔记本列表。

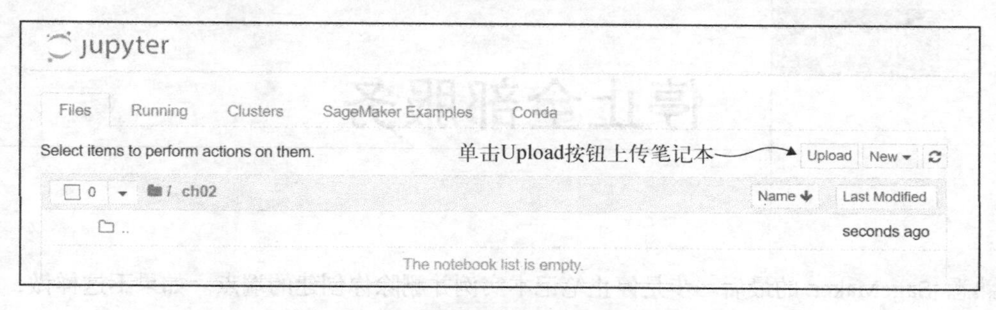

图 C-3　空的笔记本列表和 Upload 按钮

就像我们已经准备好你上传到 S3 的 CSV 数据一样，我们也已经准备好了现在要使用的 Jupyter 笔记本。

然后单击 Upload 按钮，将笔记本 tech-approval-required 上传到此文件夹。

上传文件后，你会在列表中看到笔记本，图 C-4 展示了你的笔记本列表。单击 tech-approval-required.ipynb 将其打开。

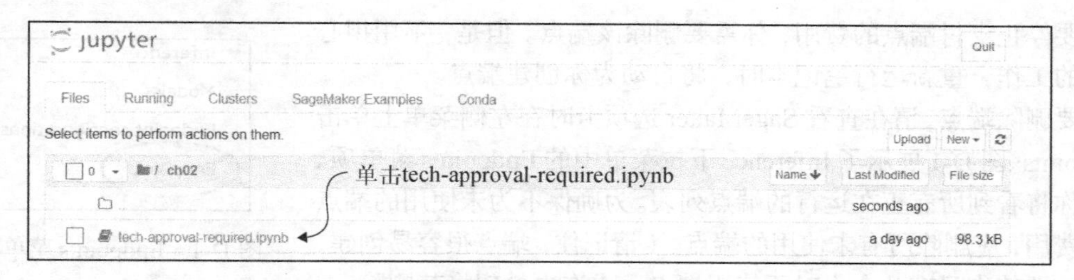

图 C-4　笔记本列表：tech-approval-required.ipynb

你距离完成机器学习模型还有几步之遥。

C.6　运行笔记本

你可以在一个笔记本单元格中运行代码，也可以在多个单元格中运行代码。要在一个单元格中运行代码，请单击该单元格以将其选中，然后按 Ctrl+Enter 组合键。这样做时，你会在单元格的左侧看到一个星号（*），这意味着该单元格中的代码正在运行。当星号变为数字时，代码就完成了运行。（数字表示自打开笔记本以来已运行了多少个单元格。）

要在多个单元格（或整个笔记本）中运行代码，请在 Jupyter 笔记本顶部的工具栏中单击 Cell，然后单击 Run All。

好了。现在，你可以开始研究第 2 章的场景，并开始创建机器学习应用程序了。

附录 D

停止全部服务

熟悉 SageMaker 的最后一步是停止笔记本实例并删除你创建的端点。如果不这样做，AWS 将持续每小时为笔记本实例和端点向你收取几美分的费用。停止笔记本实例并删除端点需要你执行以下操作。

- ❑ 删除端点。
- ❑ 停止笔记本实例。

D.1 删除端点

要停止支付端点的费用，你需要删除该端点。但是，不用担心你做的工作，重新运行笔记本时，将自动为你创建端点。

要删除端点，请在查看 SageMaker 选项卡时在左侧菜单上单击 Endpoints。图 D-1 展示了 Inference 下拉菜单中的 Endpoints 菜单项。

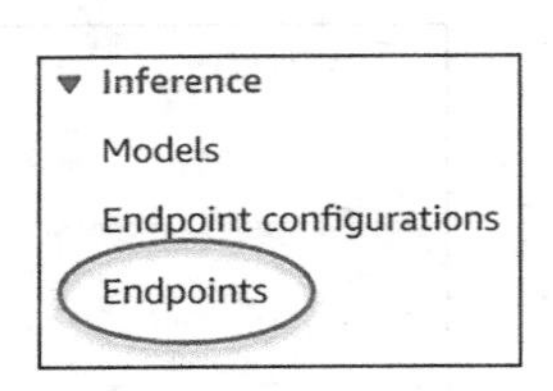

图 D-1 Endpoints 菜单项

你将看到所有正在运行的端点列表。为确保不为未使用的端点支付费用，应删除所有未使用的端点。（请记住，端点很容易创建，因此，即使你只有几个小时不使用端点，或许也希望将其删除。）图 D-2 显示了端点列表以及运行的端点。

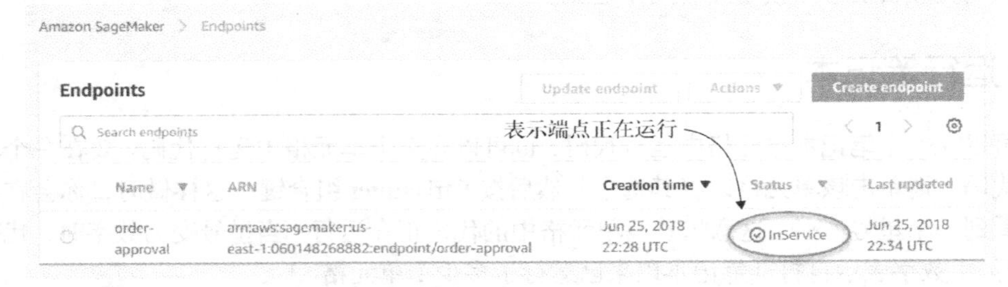

图 D-2 端点列表展示了运行的端点。删除你不使用的端点

要删除端点，请单击 order-approval 名称左侧的单选按钮。然后单击 Actions 菜单项并单击出现的 Delete 菜单项，如图 D-3 所示。

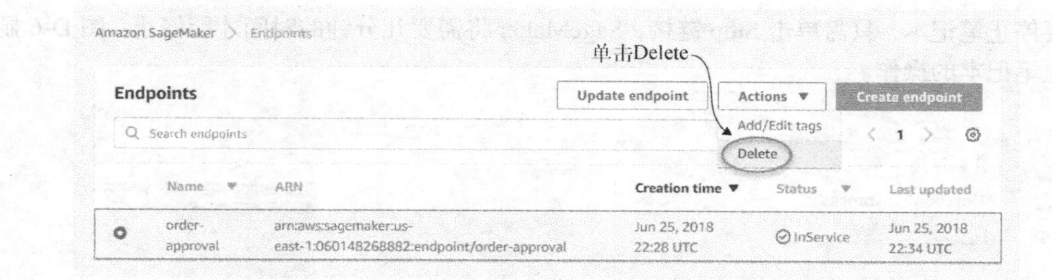

图 D-3 允许你删除端点的下拉选项

现在已删除了该端点，因此你将不再为此支付 AWS 费用。当你在 Endpoints 页面看到 "There are currently no resources" 时，可以确认所有端点已删除，如图 D-4 所示。

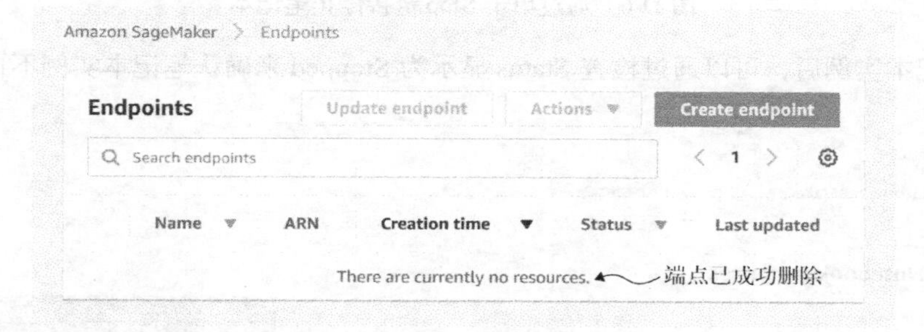

图 D-4 验证是否已删除所有端点

D.2 停止笔记本实例

最后一步是停止笔记本实例。与端点不同，无须删除笔记本。你只需将其停止，以便再次启动它，且它可以使用 Jupyter 笔记本中的所有代码。要停止笔记本实例，请单击 SageMaker 左侧菜单中的 Notebook instances。图 D-5 显示了 SageMaker 菜单中的 Notebook instances 选项。

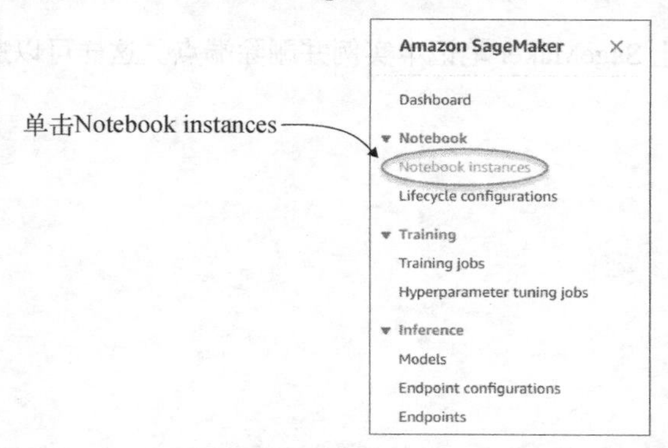

图 D-5 SageMaker 菜单中的 Notebook instances 菜单项

要停止笔记本，只需单击 Stop 链接，SageMaker 将需要几分钟的时间才能停止。图 D-6 显示了停止笔记本的操作。

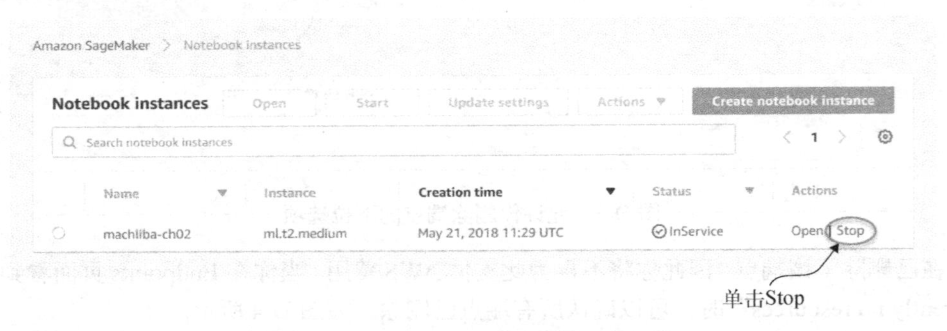

图 D-6　通过单击 Stop 链接停止笔记本

停止笔记本实例后，可以通过检查 Status 显示为 Stopped 来确认笔记本实例不再运行，如图 D-7 所示。

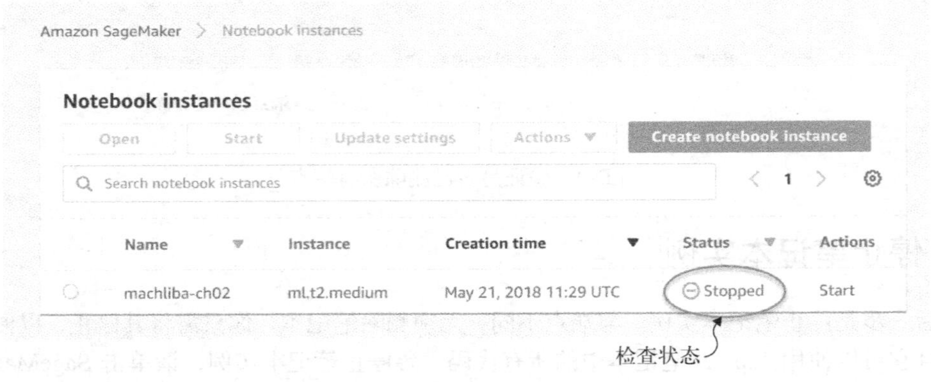

图 D-7　验证笔记本实例已停止

恭喜，你已成功停止 SageMaker 笔记本实例并删除端点。这样可以避免产生不必要的费用。

附录 E

安装 Python

在过去的几年里，在计算机上安装 Python 变得越来越容易。如果你使用 Microsoft Windows，则可以直接从 Windows 应用程序商店安装。就本书而言，你可以接受所有默认设置。

如果你使用的是 macOS 或 Linux 系统的计算机，则可能已安装了 Python，但可能是 Python 2.7，而不是 Python 3.*x*。要安装最新版本，请跳转到 Python 网站的 Download Python 页面。

该网站将展示一个 Download Python 按钮，该按钮应该设置为你所需的操作系统版本。如果未检测到你的操作系统，页面下方有指向正确版本的链接。同样，就本书而言，接受所有默认设置，然后回到第 8 章。